Lectures on Differentiable Manifolds

미분다양체론 입문

김진홍 지음

2021년도 대한민국학술원 선정
교육부 우수학술도서

KYOWOO

미분다양체론은 보통 대학교 수준에서 미분기하학개론을 수강한 후에 배우게 되는 과목이다. 이 책은 대학교에서 수강하는 미분기하학개론 강의와 대학원에서 수강하는 미분기하학 강의를 이어주는 가교의 역할을 할 수 있도록 쓰여 졌다.

이 책은 저저가 대학교 과정에서 강의한 “다양체 해석학” 과목의 강의노트를 기본으로 작성되었다. 이 과목에서는 Do Carmo의 훌륭한 저서 “Differential Forms and Applications”을 주교재로 채택하여 강의하였다. 따라서 이 책은 그 내용과 구성 면에서 상당 부분 Do Carmo의 저서 영향을 받았음을 부인할 수 없다. 이 외에도 이 강의에서는 “Differential Forms in Algebraic Topology”(Bott와 Tu 저), “An Introduction to Manifolds”(Tu 저), “An Introduction to Differentiable Manifolds and Riemannian Geometry”(Boothby 저), 그리고 “A Comprehensive Introduction to Differentiable Geometry”(Spivak 저) 등을 참고하였다. 따라서 Bott, Tu, Boothby, 그리고 Spivak 등의 저서도 이 책의 내용과 구성에 크게 영향을 주었다.

이 책은 모두 7개의 장으로 이루어져 있고 각 장은 대략 2개에서 4개의 절로 구성되어 있다. 각 절의 끝에는 학습한 내용의 이해의 폭을 넓히기 위해 해당하는 절의 내용과 연관된 연습문제를 제시하였다. 연습문제에서는 각 문제를 가능하면 세부 단계별로 제시함으로써 세부단계가 그 문제의 해답 역할을 하도록 하여 책의 말미에 별도의 해답을 제공하지 않아도 큰 문제가 없도록 하였다.

이 책을 구성하고 있는 각 장의 내용을 간단히 소개하면 다음과 같다.

먼저 제1장에서는 유클리드 공간 $\mathbb{R}^n$ 상에서 미분형식의 정의, 미분형식의 연산, 그리고 미분형식의 당김과 외미분을 자세히 설명했다.

제2장에서는 방향성을 갖는 미분다양체의 특별한 경우로 1차원 미분다양체인 곡선 상에서 정의된 1차 미분형식의 적분과 여러 가지 흥미로운 성질을 알아보았다.

제3장에서는 먼저 일반적인 차원의 미분다양체의 정의와 다양한 예를 소개한 후, 유클리드 공간 $\mathbb{R}^n$ 상에서 정의된 미분형식을 미분다양체 상으로 확장하였다. 그 외에도 미분다양체에서 정의된 벡터장과 벡터장 사이의 리연산과 그 성질을 정리했다.

제4장에서는 n차원 미분다양체 상에서 n차 미분형식의 적분을 정의하고 적분의 응용으로 스토크스 정리와 푸앵카레 보조정리를 서술하고 자세히 증명했다.

제5장에서는 미분형식에 관한 여러 가지 성질을 이용하여 2차원 미분다양체인 곡면의 기하학적인 성질을 자세히 알아보았다. 특히 구조방정식, 카르탕의 보조정리, 가우스의 위대한 정리, 제1기본형식 및 제2기본형식과 관련된 여러 가지 성질을 증명했다.

제6장에서는 2차원 곡면의 대역적인 성질인 가우스–보네 정리와 모스 정리를 자세히 알아보았다. 가우스–보네 정리와 모스 정리는 기하학과 위상수학을 연결해 주는 아주 중요한 수학적 결과이다.

마지막으로 제7장에서는 일반적인 n차원 미분다양체 상에서 정의된 미분형식의 응용으로 드람코호몰로지를 정의하고 몇 가지 중요한 성질과 브라우어 부동점정리를 증명했다.

대학교 과정의 미분기하학은 보통 곡선과 곡면에 대한 심오한 사실을 다룬다. 반면에 대학원 과정의 미분기하학은 3차원 이상의 고차원 미분다양체에 관한 내용으로 채워져 있다. 대학원에서 수강하게 되는 미분다양체론은 구체적인 내용과 더불어 상당히 추상적인 내용도 포함하고 있기 때문에 이것을 처음 배우게 되는 학생들이 어려움을 느끼는 경우가 많다.

3차원 공간에 살고 있는 인간은 4차원 이상의 미분다양체를 실제로 볼 수 없기 때문에 고차원 미분다양체를 이해하는 것이 쉽지 않다는 것은 어찌 보면 당연한 일이다. 하지만 이것은 비단 미분다양체론이 고차원 미분다양체를 다루기 때문만이 아니라, 학교라는 시스템의 최종 단계에 해당하는 대학원 과정에서는 학생들이 아주 엄밀한 논의를 전개하도록 요구하고 있으며 기존의 지식을 바탕으로 높은 수준의 일반화를 할 수 있는 수준까지 기초적인 지식과 응용 능력을 습득하도록 지도하고 있기 때문이다. 이런 이유로 대학원에 처음 입학한 많은 학생들은 종종 급격한 지식의 절벽에 직면하며 학문적 심오함에 대한 경외심과 환희를 느끼지만 동시에 학문적 충격을 경험하기도 한다.

이 책은 학부 과정에서 미분다양체를 배운 학생이 대학원에서 미분다양체론을 본격적으로 배우기 위해 필요한 기본적인 지식을 소개하는 것을 목표로 하고 있다. 따라서 이 책의 제목을 “미분다양체론 입문”으로 정했다. 이 같은 목표를 달성하기 위해, 이 책에서는 대학원 미분다양체론에서 다루는 내용 중에 대학교 수준에서 중요하지 않다고 판단되는 내용을 대부분 생략하고 아주 기본적이고 필요한 내용만을 엄선하였다. 뿐만 아니라 증명도 가능하면 학생들이 이해하기 쉽게 서술하기 위해 많은 노력을 기울였다.

아무쪼록 이 책이 대학교 미분기하학 내용과 더 높은 수준의 미분기하학 내용 사이의 괴리를 극복하게 하고, 대학원에서 경험할 수 있는 학문적 충격을 완화할 수 있는 역할을 훌륭하게 수행하여 학생들이 도달하고자 했던 목표를 어려움 없이 이룰 수 있도록 도와주기를 바란다.

책의 내용 중에 의도하지 않게 잘못된 부분도 있을 수 있으니 이 점 너그럽게 양해해 주기 바란다.

무등산 자락 연구실에서

지은이 씀

CHAPTER

Lectures on Differentiable Manifolds

1 미분형식

일반적으로 미분형식의 개념을 n차원 미분다양체 상에서 정의할 수 있다. 미분형식은 n차원 미분다양체의 각 점의 n차원 접공간에서 정의되고 각각의 n차원 접공간은 n차원 벡터공간 $\mathbb{R}^n$과 동형이다. 따라서 이 장에서는 먼저 $\mathbb{R}^n$ 상에서 정의된 미분형식에 관해 자세히 다룬다.

1.1 미분형식의 정의

논의를 간단히 하기 위해, 이 절에서는 먼저 3차원 벡터공간 $\mathbb{R}^3$ 상에서 미분형식을 정의한다. 하지만 이 장에서 소개되는 미분형식의 정의는 n차원 미분다양체의 특별한 경우인 유클리드 공간 $\mathbb{R}^n$의 열린 부분집합으로 아무런 어려움 없이 확장된다. 따라서 이 장에서 설명된 미분형식에 관한 여러 가지 성질을 특별한 언급 없이 $\mathbb{R}^n$의 열린 부분집합에서도 자유롭게 이용한다.

이를 위해, 먼저 다음 정의가 필요하다.

정의 1.1.1

(1) 임의의 점 $p \in \mathbb{R}^3$에 대하여, p를 시작점으로 하는 모든 벡터 $q-p\,(q \in \mathbb{R}^3)$들의 모임을 $T_p\mathbb{R}^3$(또는 $\mathbb{R}^3_p$)로 나타내고 $T_p\mathbb{R}^3$를 **p에서의 접공간**(tangent space at p)이라 한다. 즉

$$T_p\mathbb{R}^3 = \{q-p \mid q \in \mathbb{R}^3\}$$

이다. 이때 $q-p \in T_p\mathbb{R}^3$를 p**에서 접벡터**(tangent vector)라 부른다([그림 1.1]).

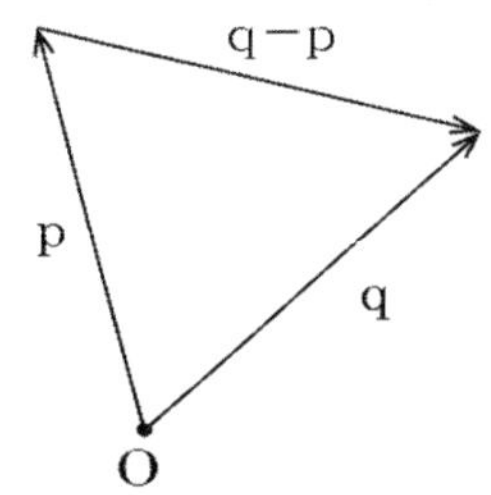

[그림 1.1]

시작점을 강조하기 위해, $q-p$를 $\mathbb{R}^3$의 벡터로 보고 $q-p \in T_p\mathbb{R}^3$를 종종 $(q-p)_p$ 또는 순서쌍 $(p, q-p)$로 나타내기도 한다. 이때 p를 $q-p$의 **작용점**(point of application), $q-p$를 $(q-p)_p$의 **벡터부분**(vector part)이라 한다.

(2) 모든 점 p에서의 접공간 $T_p\mathbb{R}^3$의 합집합

$$T\mathbb{R}^3 = \bigcup_{p \in \mathbb{R}^3} T_p\mathbb{R}^3$$

을 $\mathbb{R}^3$**의 접공간**(tangent space)이라 한다.

예제 1.1.2

$\{e_1 = (1,0,0), e_2 = (0,1,0), e_3 = (0,0,1)\}$가 $\mathbb{R}^3$의 **표준기저**(standard basis)일 때, 임의의 점 $p \in \mathbb{R}^3$에 대하여

$$(e_1)_p,\ (e_2)_p,\ (e_3)_p$$

는 p에서 출발하는 표준기저의 접벡터를 나타낸다. 특히 $p = \mathbf{0} = (0,0,0)$일 때,

$$(e_1)_0,\ (e_2)_0,\ (e_3)_0$$

은 원점 $\mathbf{0} = (0,0,0)$을 출발하는 표준기저의 접벡터이다. 앞으로 $\mathbf{0} = (0,0,0)$를 간단히 0로 나타낸다. □

점 $p \in \mathbb{R}^3$의 접공간 $T_p\mathbb{R}^3$는 다음과 같이 정의된 덧셈과 스칼라곱에 관해 3차원 벡터공간이 된다.

$$v_p + w_p = (v+w)_p, \quad r \cdot v_p = (r \cdot v)_p, \quad v_p, w_p \in T_p\mathbb{R}^3, \ r \in \mathbb{R}$$

접공간 $T_p\mathbb{R}^3$가 위의 덧셈과 스칼라곱에 관해 3차원 벡터공간이 된다는 사실의 증명은 그리 어렵지 않으므로 자세한 증명은 독자에게 맡긴다.

정의 1.1.3

(1) $\mathbb{R}^3$ 상의 **벡터장**(vector field) v는 다음 조건을 만족하는 함수이다.

$$v : \mathbb{R}^3 \to T\mathbb{R}^3 = \bigcup_{p \in \mathbb{R}^3} T_p\mathbb{R}^3, \quad p \mapsto v(p) \in T_p\mathbb{R}^3$$

(2) 각각의 점 $p \in \mathbb{R}^3$에서 p에 의존하는 실수의 값을 갖는 함수 a_1, a_2, a_3를 이용하여 $v(p)$를 다음과 같이 나타낼 수 있다.

$$v(p) = \sum_{i=1}^{3} a_i(p)(e_i)_p \quad \text{또는} \quad v = \sum_{i=1}^{3} a_i e_i$$

이때 a_1, a_2, a_3가 모두 미분가능이면 벡터장 v가 **미분가능**(differentiable)이라고 말한다. 특히 v가 무한 번 미분가능할 때, v가 **매끈하다**(smooth)라고 말한다.

이 책에서는 특별한 언급이 없으면 미분가능인 벡터장은 모두 매끈한 벡터장을 의미하는 것으로 한다.

정의 1.1.4

각각의 접공간 $T_p\mathbb{R}^3$에 대하여, 모든 선형범함수(linear functional)

$$\varphi : T_p\mathbb{R}^3 \to \mathbb{R}$$

들의 모임을 p**에서의 쌍대접공간**(dual tangent space at p)이라 하고 $T_p^*\mathbb{R}^3$로 나타낸다. 이때 $T_p^*\mathbb{R}^3$는 3차원 벡터공간이다. 또한 모든 점에서의 쌍대접공간의 합집합 $\bigcup_{p\in\mathbb{R}^3} T_p^*\mathbb{R}^3$을 $\mathbb{R}^3$**의 쌍대접공간**(dual tangent space)이라 하고 $T^*\mathbb{R}^3$로 나타낸다.

정의 1.1.5

각각의 $i=1,2,3$에 대하여 $x_i:\mathbb{R}^3\to\mathbb{R}$가

$$x_i:\mathbb{R}^3\to\mathbb{R},\ \ (a_1,a_2,a_3)\mapsto a_i$$

일 때, $(dx_i)_p$를 다음과 같이 정의하자.

$$(dx_i)_p(v_p)=\frac{d}{dt}\bigg|_{t=0} x_i(p+tv),\ \ v_p\in T_p\mathbb{R}^3$$

보조정리 1.1.6

임의의 접벡터 $v_p,w_p\in T_p\mathbb{R}^3$와 임의의 실수 $r,s\in\mathbb{R}$에 대하여,

$$(dx_i)_p(rv_p+sw_p)=r(dx_i)_p(v_p)+s(dx_i)_p(w_p)$$

이 성립한다. 따라서 $(dx_i)_p\in T_p^*\mathbb{R}^3$이다.

증명 증명을 위해

$$p=(p_1,p_2,p_3),\ \ v=(v_1,v_2,v_3),\ \ w=(w_1,w_2,w_3)$$

라 할 때, 각각의 $i=1,2,3$에 대하여

$$\begin{aligned}(dx_i)_p(rv_p+sw_p)&=\frac{d}{dt}\bigg|_{t=0} x_i(p+t(rv+sw))=\frac{d}{dt}\bigg|_{t=0}(p_i+t(rv_i+sw_i))\\&=rv_i+sw_i=r\frac{d}{dt}\bigg|_{t=0} x_i(p+tv_p)+s\frac{d}{dt}\bigg|_{t=0} x_i(p+tw)\\&=r(dx_i)_p(v_p)+s(dx_i)_p(w_p)\end{aligned}$$

이다. 따라서 보조정리가 성립한다. ■

보조정리 1.1.7

$\{(dx_1)_p,(dx_2)_p,(dx_3)_p\}$가 p에서의 쌍대접공간 $T_p^*\mathbb{R}^3$의 기저이다

증명 (i) 먼저 $(dx_1)_p,(dx_2)_p,(dx_3)_p$가 일차독립임을 보인다. 이를 위해 $p=(p_1,p_2,p_3)$일 때,

$$(dx_i)_p((e_j)_p) = \frac{d}{dt}\bigg|_{t=0} x_i(p+te_j) = \frac{d}{dt}\bigg|_{t=0}(p_i + t\delta_{ij})$$
$$= \delta_{ij} = \begin{cases} 1, i = j, \\ 0, i \neq j \end{cases}$$

이 성립함을 이용한다. 실제로 만약

$$\sum_{j=1}^{3} a_j(p)(dx_j)_p = 0$$

이면

$$0 = \sum_{j=1}^{3} a_j(p)(dx_j)_p((e_i)_p) = \sum_{j=1}^{3} a_j(p)\delta_{ji} = a_i(p)$$

이다. 따라서 모든 $i = 1, 2, 3$에 대하여 $a_i(p) = 0$이다. 즉 $(dx_1)_p$, $(dx_2)_p$, $(dx_3)_p$가 일차독립이다.

(ii) 한편 $T_p^*\mathbb{R}^3$은 3차원이 벡터공간이므로 $\{(dx_1)_p, (dx_2)_p, (dx_3)_p\}$는 $T_p^*\mathbb{R}^3$의 기저이다.

■

정의 1.1.8

(1) $\mathbb{R}^3$ 상의 **1차 외형식**(exterior form of degree 1) ω는 다음과 같이 정의된 함수이다.

$$\omega : \mathbb{R}^3 \to T^*\mathbb{R}^3 = \bigcup_{p \in \mathbb{R}^3} T_p^*\mathbb{R}^3, \quad p \mapsto \omega(p) \in T_p^*\mathbb{R}^3$$

기호를 간단히 하기 위해, 앞으로 종종 $\omega(p)$를 간단히 ω_p로 나타내기도 한다.

(2) 각각의 점 $p \in \mathbb{R}^3$에 대하여 p에 의존하는 실수의 값을 갖는 함수 a_1, a_2, a_3를 이용하여 $\omega(p)$를 다음과 같이 표현할 수 있다.

$$\omega(p) = \sum_{i=1}^{3} a_i(p)(dx_i)_p \quad \text{또는} \quad \omega = \sum_{i=1}^{3} a_i dx_i$$

이때 a_1, a_2, a_3가 모두 미분가능이면 ω가 **미분가능**(differentiable)이라고 말하고 ω를 **1차 미분형식**(differential form of degree 1)이라 한다. 특히 ω가 무한 번 미분가능할 때, ω가 **매끈하다**(smooth)라고 말한다.

벡터장의 경우와 같이, 이 책에서는 특별한 언급이 없으면 미분가능인 미분형식은 모두 매끈한 미분형식을 의미하는 것으로 한다.

정의 1.1.9

(1) 각각의 점 $p\in\mathbb{R}^3$에 대하여, $\Lambda^2(T_p^*\mathbb{R}^3)$을 다음과 같은 교대형식(alternating form)의 조건을 만족하는 모든 쌍선형범함수(bi-linear functional)

$$\varphi : T_p\mathbb{R}^3 \times T_p\mathbb{R}^3 \to \mathbb{R}$$

들의 모임이라 하자.

$$\varphi(v_1,v_2) = -\varphi(v_2,v_1),\ \ v_1,v_2 \in T_p\mathbb{R}^3$$

(2) 이때 $\Lambda^2(T^*\mathbb{R}^3)$를 모든 점 $p\in\mathbb{R}^3$에서의 벡터공간 $\Lambda^2(T_p^*\mathbb{R}^3)$의 합집합으로 다음과 같이 정의한다.

$$\Lambda^2(T^*\mathbb{R}^3) = \bigcup_{p\in\mathbb{R}^3} \Lambda^2(T_p^*\mathbb{R}^3)$$

$\Lambda(T_p^*\mathbb{R}^3)$는 함수들의 덧셈과 스칼라곱에 관해 3차원 벡터공간이 된다([보조정리 1.1.11] 참고).

예제 1.1.10

$\varphi_1,\varphi_2\in T_p\mathbb{R}^3$일 때, 다음과 같이 정의된 쌍선형범함수

$$\varphi_1\wedge\varphi_2 : T_p\mathbb{R}^3 \times T_p\mathbb{R}^3 \to \mathbb{R},\ \ (\varphi_1\wedge\varphi_2)(v_1,v_2) = \det(\varphi_i(v_j))$$

는 행렬의 성질에 의해 $\Lambda^2(T_p^*\mathbb{R}^3)$의 원소이다. 예를 들어, $(dx_i)_p\wedge(dx_j)_p$는 $\Lambda^2(T_p^*\mathbb{R}^3)$의 원소이고 앞으로 이것을 $(dx_i\wedge dx_j)_p$ 또는 $dx_i\wedge dx_j$로 간단히 나타낸다. 특히, 다음 성질이 성립한다.

$$(dx_i\wedge dx_j)_p = -(dx_j\wedge dx_i)_p,\ \ (dx_i\wedge dx_i)_p = 0$$

□

보조정리 1.1.11

$\mathscr{B} = \{(dx_i\wedge dx_j)_p \mid 1\le i<j\le 3\}$가 3차원 벡터공간 $\Lambda^2(T_p^*\mathbb{R}^3)$의 기저이다. 따라

서 다음이 성립한다.

$$\dim_{\mathbb{R}} \Lambda^2(T_p^*\mathbb{R}^3) = \binom{3}{2} = 3$$

(증명) (i) 먼저 $\mathscr{B}$가 일차독립임을 보인다. 실제로

$$\sum_{1 \le i < j \le 3} a_{ij} dx_i \wedge dx_j = 0$$

일 때, 임의의 $1 \le k < l \le 3$에 대하여

$$\begin{aligned} 0 = \sum_{1 \le i < j \le 3} a_{ij}(dx_i \wedge dx_j)(e_k, e_l) &= \sum_{1 \le i < j \le 3} a_{ij} \det\begin{pmatrix} dx_i(e_k) & dx_i(e_l) \\ dx_j(e_k) & dx_j(e_l) \end{pmatrix} \\ &= \sum_{1 \le i < j \le 3} a_{ij} \det\begin{pmatrix} \delta_{ik} & \delta_{il} \\ \delta_{jk} & \delta_{jl} \end{pmatrix} \\ &= \sum_{1 \le i < j \le 3} a_{ij}(\delta_{ik}\delta_{jl} - \delta_{il}\delta_{jk}) \\ &= a_{kl} \end{aligned}$$

이 성립한다. 따라서 모든 $1 \le i < j \le 3$에 대하여 $a_{ij} = 0$이다. 즉 $\mathscr{B}$가 일차독립이다.

(2) 다음으로 $\mathscr{B}$가 $\Lambda^2(T_p^*\mathbb{R}^3)$을 생성함을 보인다. 실제로 임의의 $f \in \Lambda^2(T_p^*\mathbb{R}^3)$에 대하여 $\mathscr{B}$에 의해 생성된 $\Lambda^2(T_p^*\mathbb{R}^3)$의 원소 g를 다음과 같이 정의하자.

$$g = \sum_{1 \le i < j \le 3} f(e_i, e_j) dx_i \wedge dx_j$$

그러면 모든 $1 \le k < l \le 3$에 대하여 다음이 성립함을 위의 (i)과 같이 보일 수 있다.

$$g(e_k, e_l) = f(e_k, e_l)$$

따라서 $f = g$이다. 즉 $\mathscr{B}$가 $\Lambda^2(T_p^*\mathbb{R}^3)$를 생성한다. ■

정의 1.1.12

(1) $\mathbb{R}^3$ 상의 **2차 외형식**(exterior form of degree 2) ω는 다음과 같이 정의된 함수이다.

$$\omega : \mathbb{R}^3 \to \Lambda^2(T^*\mathbb{R}^3) = \bigcup_{p \in \mathbb{R}^3} \Lambda^2(T_p^*\mathbb{R}^3), \quad p \mapsto \omega(p) \in \Lambda^2(T_p^*\mathbb{R}^3)$$

(2) 각각의 점 $p \in \mathbb{R}^3$에 대하여 p에 의존하는 실수의 값을 갖는 함수

$$a_{ij}, \quad 1 \le i < j \le 3$$

를 이용하여 $\omega(p)$를 다음과 같이 표현할 수 있다.

$$\omega(p) = \sum_{1 \le i < j \le 3} a_{ij}(p)(dx_i \wedge dx_j)_p \quad \text{또는} \quad \omega = \sum_{1 \le i < j \le 3} a_{ij} dx_i \wedge dx_j$$

이때 $a_{ij}, 1 \le i < j \le 3$가 모두 미분가능이면 ω가 **미분가능**(differentiable)이라고 말하고 **2차 미분형식**(differential form of degree 2)이라 한다. 특히 ω가 무한 번 미분가능할 때, ω가 **매끈하다**(smooth)라고 말한다.

위의 논의를 다음과 같이 n차원 벡터공간 $\mathbb{R}^n$까지 일반화할 수 있다.

정의 1.1.13

(1) 각각의 점 $p \in \mathbb{R}^n$와 $0 \le k \le n$에 대하여, $\Lambda^k(T_p^*\mathbb{R}^n)$을 다음과 같은 교대형식의 조건을 만족하는 모든 다중선형범함수(multi-linear functional)

$$\varphi : \underbrace{T_p\mathbb{R}^n \times \cdots \times T_p\mathbb{R}^n}_{k\text{번}} \to \mathbb{R}$$

들의 모임이라 하자.

$$\varphi(v_1, v_2, \cdots, v_i, v_{i+1}, \cdots, v_k) = -\varphi(v_1, v_2, \cdots, v_{i+1}, v_i, \cdots, v_k), \quad 1 \le i \le k-1$$

단, 여기서 $v_1, v_2, \cdots, v_i, v_{i+1}, \cdots, v_k \in T_p\mathbb{R}^n$이고 $\Lambda^0(T_p^*\mathbb{R}^n) \cong \mathbb{R}$로 정의한다.

(2) 이때 $\Lambda^k(T^*\mathbb{R}^n)$를 모든 점 $p \in \mathbb{R}^n$에서의 벡터공간 $\Lambda^k(T_p^*\mathbb{R}^n)$의 합집합으로 다음과 같이 정의한다.

$$\Lambda^k(T^*\mathbb{R}^n) = \bigcup_{p \in \mathbb{R}^n} \Lambda^k(T_p^*\mathbb{R}^n)$$

기호를 간단히 하기 위해, 앞으로 종종 $\Lambda^k(T^*\mathbb{R}^n)$을 간단히 $\Lambda^k(\mathbb{R}^n)$ 또는 $\Omega^k(\mathbb{R}^n)$으로 나타낸다.

예제 1.1.14

$\varphi_1, \varphi_2, \cdots, \varphi_k \in T_p^*\mathbb{R}^n$일 때, 다중선형범함수

$$\varphi_1 \wedge \varphi_2 \wedge \cdots \wedge \varphi_k : T_p\mathbb{R}^n \times \cdots \times T_p\mathbb{R}^n \to \mathbb{R}$$

를 다음과 같이 정의하자.

$$(\varphi_1 \wedge \varphi_2 \wedge \cdots \wedge \varphi_k)(v_1, v_2, \cdots, v_k) = \det(\varphi_i(v_j))$$

그러면 행렬의 성질에 의해 $\varphi_1 \wedge \varphi_2 \wedge \cdots \wedge \varphi_k$는 $\Lambda^k(T_p^*\mathbb{R}^n)$의 원소이다. 예를 들어,

$$(dx_{i_1})_p \wedge (dx_{i_2})_p \wedge \cdots \wedge (dx_{i_k})_p, \ \ 1 \le i_1 < i_2 < \cdots < i_k \le n$$

는 $\Lambda^k(T_p^*\mathbb{R}^n)$의 원소이고 앞으로 이것을

$$(dx_{i_1} \wedge dx_{i_2} \wedge \cdots \wedge dx_{i_k})_p \quad \text{또는} \ dx_{i_1} \wedge dx_{i_2} \wedge \cdots \wedge dx_{i_k}$$

로 간단히 나타낸다. □

다음 보조정리의 증명은 [보조정리 1.1.11]과 비슷하여 생략한다([연습문제 1.1]의 문제 4 참고).

보조정리 1.1.15

$$\mathscr{B} = \left\{ (dx_{i_1} \wedge dx_{i_2} \wedge \cdots \wedge dx_{i_k})_p \mid 1 \le i_1 < i_2 < \cdots < i_k \le n \right\}$$

일 때, $\mathscr{B}$가 $\dfrac{n!}{k!(n-k)!}$ 차원 벡터공간 $\Lambda^k(T_p^*\mathbb{R}^n)$의 기저이다. 따라서 다음이 성립한다.

$$\dim_{\mathbb{R}} \Lambda^k(T_p^*\mathbb{R}^n) = \binom{n}{k} = \frac{n!}{k!(n-k)!}$$

정의 1.1.16

(1) $0 \le k \le n$에 대하여 $\mathbb{R}^n$ 상의 k**차 외형식**(exterior form of degree k) ω는 다음과 같이 정의된 함수이다.

$$\omega : \mathbb{R}^n \to \Lambda^k(T^*\mathbb{R}^n) = \bigcup_{p \in \mathbb{R}^n} \Lambda^k(T_p^*\mathbb{R}^n), \ \ p \mapsto \omega(p) \in \Lambda^k(T_p^*\mathbb{R}^n)$$

(2) 각각의 점 $p \in \mathbb{R}^n$에 대하여 p에 의존하는 실수의 값을 갖는 함수

$$a_{i_1 i_2 \cdots i_k}, \ \ 1 \le i_1 < i_2 < \cdots < i_k \le n$$

를 이용하여 $\omega(p)$를 다음과 같이 표현할 수 있다.

$$\omega(p) = \sum_{1 \le i_i < i_2 < \cdots < i_k \le n} a_{i_1 i_2 \cdots i_k}(p)(dx_{i_1} \wedge \cdots \wedge dx_{i_k})_p$$

또는

$$\omega = \sum_{1 \le i_1 < i_2 < \cdots i_k \le n} a_{i_1 i_2 \cdots i_k} dx_{i_1} \wedge \cdots \wedge dx_{i_k}$$

이때 $a_{i_1 i_2 \cdots i_k}$, $1 \le i_1 < i_2 < \cdots i_k \le n$가 모두 미분가능이면 ω가 **미분가능**(differentiable)이라고 말하고 k**차 미분형식**(differential form of degree k)이라 한다. 특히 ω가 무한 번 미분가능할 때, ω가 **매끈하다**(smooth)라고 말한다. 0차 미분형식은 그 정의에 의해 $\mathbb{R}^n$ 상에서 정의된 실수의 값을 갖는 미분가능인 함수이다.

기호를 간단히 하기 위해, $I = \{i_1, i_2, \ldots, i_k \mid i_1 < i_2 < \cdots < i_k\} \subset \{1, 2 \ldots, n\}$일 때

$$\omega(p) = \sum_{1 \le i_i < i_2 < \cdots < i_k \le n} a_{i_1 i_2 \cdots i_k}(p)(dx_{i_1} \wedge \cdots \wedge dx_{i_k})_p \in \Lambda^k(T_p^* \mathbb{R}^n)$$

를 다중첨자(multi-index)를 이용하여

$$\omega(p) = \sum_{I \subset \{1, 2, \ldots, n\}} a_I(p) dx_I(p)$$

로 간단히 나타내기도 한다.

▶▶ 연습문제 1.1

1. $\mathbb{R}$ 상에서 정의된 n차원 벡터공간 V에 대하여 다음 물음에 답하라.

(1) $f: V \to \mathbb{R}$가 항등적으로 영이 아닌 선형범함수일 때, f의 핵(kernel)의 차원 $\dim \ker(f)$가 $n-1$임을 보여라.

(2) $f: V \to \mathbb{R}$와 $g: V \to \mathbb{R}$가 항등적으로 영이 아닌 선형범함수이고 $\ker f = \ker g$일 때, $g = cf$을 만족하는 실수 $c \neq 0$가 존재함을 보여라.

(**힌트** : (1) f가 항등적으로 영이 아닌 선형범함수이므로 $\text{rank}(f) = 1$이다.
따라서 $n = \dim V = \text{null}(f) + \text{rank}(f) = \dim \ker(f) + 1$이 성립한다.
즉, $\dim \ker(f) = n-1$이다.)

(2) $\mathcal{B} = \{e_1, e_2, \ldots, e_{n-1}\}$가 $\ker(f)$의 기저일 때, $\mathcal{B}$를 V의 기저 $\{e_1, e_2, \ldots, e_n\}$로 확장하자. 그런 다음 f와 g를 다음과 같이 나타내자.

$$f = \sum_{i=1}^{n} a_i e_i^*, \quad g = \sum_{i=1}^{n} b_i e_i^*, \quad a_i, b_i \in \mathbb{R}$$

한편 $\ker(f) = \ker(g) = \text{span}\,\mathcal{B}$이므로

$$a_j = f(e_j) = 0, \quad b_j = g(e_j) = 0, \quad j = 1, 2, \ldots, n-1$$

이다. 따라서 $f = a_n e_n^*$, $a_n \neq 0$이고 $g = b_n e_n^*$, $b_n \neq 0$이다. 즉

$$f = a_n e_n^* = \frac{a_n}{b_n} b_n e_n^* = cg, \quad c = \frac{a_n}{b_n} \neq 0$$

이 성립한다.)

2. $\mathbb{R}$ 상에서 정의된 n차원 벡터공간 V와 k차 다중선형범함수

$$\varphi: V \times V \times \cdots \times V \to \mathbb{R}$$

에 대하여 다음과 같이 정의된 두 집합 $\mathscr{B}$와 $\mathscr{C}$를 고려하자.

$$\mathscr{B} = \{u_1, u_2, \ldots, u_k\} \subset V, \quad \mathscr{C} = \{v_1, v_2, \ldots, v_k\} \subset V$$

임의의 $i = 1, 2, \ldots, k$에 대하여

$$u_i = \sum_{j=1}^{k} a_{ij} v_j$$

를 만족하는 $k \times k$-행렬 $A = (a_{ij})$가 존재할 때, 다음 등식이 성립함을 보여라.

$$\varphi(u_1, u_2, \ldots, u_k) = \det A \cdot \varphi(v_1, v_2, \ldots, v_k)$$

3. 다음 물음에 답하라.

(1) 쌍선형범함수 $\varphi : \mathbb{R}^n \times \mathbb{R}^n \to \mathbb{R}$가 교대형식이 될 필요충분조건은

$$\varphi(v,v) = 0,\ \ v \in \mathbb{R}^n$$

임을 보여라.

(2) 다중선형범함수

$$\varphi : \underbrace{\mathbb{R}^n \times \cdots \times \mathbb{R}^n}_{k\text{번}} \to \mathbb{R}$$

가 교대형식이 될 필요충분조건은

$$\varphi(v_1, v_2, \cdots, v_i, \cdots, \underbrace{\ \ v_i\ \ }_{j-\text{번째}}, \cdots, v_k) = 0,\ \ 1 \le i < j \le n$$

임을 보여라. 단, 여기서 $v_1, v_2, \cdots, v_i, v_{i+1}, \cdots, v_k \in \mathbb{R}^n$이다.

4. 다음 물음에 답하라.

(1) 임의의 $1 \le i_1 < i_2 < \cdots < i_k \le n$와 $1 \le j_1 < j_2 < \cdots < j_k \le n$에 대하여 다음 등식을 증명하라.

$$(dx_{i_1} \wedge dx_{i_2} \wedge \cdots \wedge dx_{i_k})(e_{j_1}, e_{j_2}, \cdots, e_{j_k}) = \delta_{i_1 j_1} \delta_{i_2 j_2} \cdots \delta_{i_k j_k}$$

(2) 다음과 같이 주어진 집합 $\mathscr{B}$가 $\dfrac{n!}{k!(n-k)!}$ 차원 벡터공간 $\Lambda^k(T_p^*\mathbb{R}^n)$의 기저임을 보여라.

$$\mathscr{B} = \left\{ (dx_{i_1} \wedge dx_{i_2} \wedge \cdots \wedge dx_{i_k})_p \mid 1 \le i_1 < i_2 < \cdots < i_k \le n \right\}$$

5. $\mathbb{R}^3$의 임의의 점 $p = (p_1, p_2, p_3)$에 대하여, $\omega_p \in \Lambda^2(T_p^*\mathbb{R}^3)$를 다음과 같이 정의하자.

$$\omega_p(u,v) = p_3 \det \begin{vmatrix} u_1 & v_1 \\ u_2 & v_2 \end{vmatrix},\ \ u = (u_1, u_2, u_3),\ v = (v_1, v_2, v_3) \in T_p\mathbb{R}^3$$

(1) ω가 $\mathbb{R}^3$ 상에서 정의된 2차 미분형식임을 보여라.

(2) ω_p를 기저 $\{(dx_i \wedge dx_j)_p \mid 1 \le i < j \le 3\}$의 일차결합으로 나타낼 때,

$$\omega_p = p_3 (dx_1 \wedge dx_2)_p$$

임을 보여라.

1.2 미분형식의 연산

이 절에서는 미분형식의 연산인 덧셈과 외적에 관한 기본적인 성질을 알아본다.

기호를 간단히 하기 위해, 앞으로 특별한 언급이 없으면 $[n]=\{1,2,3,\ldots,n\}$이고 I,J 등은

$$I=\{i_1,i_2\ldots,i_k \mid i_1<i_2<\cdots<i_k\}\subset[n],\ J=\{j_1,j_2\ldots,j_s \mid j_1<j_2<\cdots<j_s\}\subset[n]$$

을 의미하는 것으로 한다. 또한 집합 I의 원소의 개수를 $|I|=k$ 등으로 나타낸다.

정의 1.2.1

임의의 두 미분형식 $\varphi,\psi\in\Lambda^k(T^*\mathbb{R}^n)$에 대하여

$$\varphi=\sum_{I\subset[n]}a_I\,dx_I,\quad \psi=\sum_{I\subset[n]}b_I\,dx_I$$

일 때, φ와 ψ의 **합**(sum)을 다음과 같이 정의한다.

$$\varphi+\psi=\sum_{I\subset[n]}(a_I+b_I)dx_I$$

예제 1.2.2

$\varphi=x_1dx_1-x_2dx_2+x_3dx_3$이고 $\psi=-x_1dx_2+x_3^2dx_3$일 때, φ와 ψ의 합 $\varphi+\psi$는 다음과 같다.

$$\varphi+\psi=x_1dx_1-(x_1+x_2)dx_2+(x_3+x_3^2)dx_3$$

□

정의 1.2.3

임의의 두 미분형식 $\varphi\in\Lambda^k(T^*\mathbb{R}^n)$와 $\psi\in\Lambda^s(T^*\mathbb{R}^n)$에 대하여

$$\varphi=\sum_{I\subset[n]}a_I\,dx_I,\quad \psi=\sum_{J\subset[n]}b_J\,dx_J$$

일 때, φ와 ψ의 **외적**(exterior product)을 다음과 같이 정의한다.

$$\varphi\wedge\psi=\sum_{I,J\subset[n]}a_Ib_J\,dx_I\wedge dx_J$$

예제 1.2.4

(1) $\mathbb{R}^3$ 상에서 $\varphi = x_1dx_1 - x_2dx_2 + x_3dx_3$이고 $\psi = -x_1dx_2 + x_3^2dx_3$일 때, φ와 ψ의 외적 $\varphi\wedge\psi$는 다음과 같다.

$$\varphi\wedge\psi = -x_1^2dx_1\wedge dx_2 + x_1x_3^2dx_1\wedge dx_3 + (x_1x_3 - x_2x_3^2)dx_2\wedge dx_3$$

(2) $\mathbb{R}^3$ 상에서 $\varphi = x_1dx_1 - x_2dx_2 + x_3dx_3$일 때, $\varphi\wedge\varphi = 0$이다.

(3) $\mathbb{R}^4$ 상에서 $\omega = dx_1\wedge dx_2 + dx_3\wedge dx_4$일 때, 다음이 성립한다.

$$\omega\wedge\omega = 2dx_1\wedge dx_2\wedge dx_3\wedge dx_4 \neq 0$$

□

미분형식의 덧셈과 외적에 관해 다음 성질이 성립한다.

보조정리 1.2.5

ω, φ, θ가 각각 k차, s차, r차 미분형식일 때, 다음이 성립한다.

(1) $(\omega\wedge\varphi)\wedge\theta = \omega\wedge(\varphi\wedge\theta)$

(2) $\omega\wedge\varphi = (-1)^{ks}\varphi\wedge\omega$

(3) $r = s$일 때, $\omega\wedge(\varphi+\theta) = \omega\wedge\varphi + \omega\wedge\theta$

증명 (1)과 (3)의 증명은 거의 자명하므로 (2)만 증명한다. (2)를 증명하기 위해, 먼저

$$\omega = \sum_{I\subset[n]} a_I\,dx_I,\ \ \varphi = \sum_{J\subset[n]} b_J\,dx_J$$

라 하자. 이때 다음이 성립한다.

$$\begin{aligned}
\omega\wedge\varphi &= \sum_{I,J\subset[n]} a_Ib_J\,dx_I\wedge dx_J \\
&= \sum_{I,J\subset[n]} a_Ib_J\,dx_{i_1}\wedge\cdots\wedge dx_{i_k}\wedge dx_{j_1}\wedge\cdots\wedge dx_{j_s} \\
&= \sum_{I,J\subset[n]} a_Ib_J(-1)dx_{i_1}\wedge\cdots\wedge dx_{i_{k-1}}\wedge dx_{j_1}\wedge dx_{i_k}\wedge dx_{j_2}\wedge\cdots\wedge dx_{j_s} \\
&= \sum_{I,J\subset[n]} a_Ib_J(-1)^k dx_{j_1}\wedge dx_{i_1}\wedge\cdots\wedge dx_{i_k}\wedge dx_{j_2}\wedge\cdots\wedge dx_{j_s} \\
&\cdots \\
&= \sum_{J,I\subset[n]} b_Ja_I(-1)^{ks}dx_{j_1}\wedge\cdots\wedge dx_{j_s}\wedge dx_{i_1}\wedge\cdots\wedge dx_{i_k} \\
&= (-1)^{ks}\varphi\wedge\omega
\end{aligned}$$

■

[보조정리 1.2.5 (1)]에 의해 앞으로 $(\omega \wedge \varphi) \wedge \theta$를 $\omega \wedge \varphi \wedge \theta$로 나타내도록 한다. 또한 [보조정리 1.2.5 (2)]에 의해 다음이 성립한다.

따름정리 1.2.6

ω와 φ가 각각 k차와 s차 미분형식일 때, 다음이 성립한다.

(1) k와 s가 모두 홀수일 때,

$$\omega \wedge \varphi = -\varphi \wedge \omega$$

(2) k가 홀수이고 s가 짝수이거나 k가 짝수이고 s가 홀수일 때,

$$\omega \wedge \varphi = \varphi \wedge \omega$$

(3) k가 홀수일 때,

$$\omega \wedge \omega = 0$$

증명 (1), (2), (3)을 증명하기 위해 다음 등식을 이용하면 된다.

$$\omega \wedge \varphi = (-1)^{ks} \varphi \wedge \omega$$

실제로 (3)를 증명하기 위해, k가 홀수이면 k^2도 홀수이므로

$$\omega \wedge \omega = (-1)^{k^2} \omega \wedge \omega = -\omega \wedge \omega$$

이다. 따라서 $2\omega \wedge \omega = 0$이다. 즉 $\omega \wedge \omega = 0$이다. ■

예제 1.2.7

(1) $\omega = dx_1 \wedge dx_2$일 때, [예제 1.1.14]에 의해 다음이 성립한다.

$$\omega(e_1, e_2) = (dx_1 \wedge dx_2)(e_1, e_2) = \det\begin{pmatrix} 1 & 0 \\ 0 & 1 \end{pmatrix} = 1, \quad \omega(e_2, e_1) = \det\begin{pmatrix} 0 & 1 \\ 1 & 0 \end{pmatrix} = -1$$

(2) $\theta = dx_2 \wedge dx_1 = -\omega$일 때, 비슷한 방법으로 다음이 성립한다.

$$\theta(e_1, e_2) = (dx_2 \wedge dx_1)(e_1, e_2) = \det\begin{pmatrix} 0 & 1 \\ 1 & 0 \end{pmatrix} = -1, \quad \theta(e_2, e_1) = \det\begin{pmatrix} 1 & 0 \\ 1 & 1 \end{pmatrix} = 1$$

□

일반적으로 다음 보조정리가 성립한다. 이 보조정리는 [예제 1.1.14]와 부합한다.

보조정리 1.2.8

$\varphi_1, \varphi_2, \ldots, \varphi_k$가 모두 1차 미분형식일 때, 외적 $\varphi_1 \wedge \varphi_2 \wedge \cdots \wedge \varphi_k$가 다음과 같이 주어진다.

$$(\varphi_1 \wedge \varphi_2 \wedge \cdots \wedge \varphi_k)(v_1, v_2, \ldots, v_k) = \det(\varphi_i(v_j)), \quad v_1, v_2, \ldots, v_k \in T_p\mathbb{R}^n$$

증명 보조정리의 식은 양변 모두 $v_1, v_2, \ldots, v_k$에 관해 다중선형성(multi-linearlity)을 만족하므로 표준기저 $\{e_1, e_2, \ldots, e_n\}$에 관해서만 보조정리를 증명하면 충분하다.

이를 위해, 먼저 각각의 $1 \le l \le k$에 대하여 φ_l를 다음과 같이 나타내자.

$$\varphi_l = \sum_{j_l = 1}^{n} a_{lj_l} dx_{j_l}$$

이때,

$$\begin{aligned}\varphi_1 \wedge \varphi_2 \wedge \cdots \wedge \varphi_k &= \left(\sum_{j_1=1}^{n} a_{1j_1} dx_{j_1}\right) \wedge \cdots \wedge \left(\sum_{j_k=1}^{n} a_{kj_k} dx_{j_k}\right) \\ &= \sum_{j_1, j_2, \ldots, j_k} a_{1j_1} a_{2j_2} \cdots a_{kj_k} dx_{j_1} \wedge \cdots \wedge dx_{j_k}\end{aligned}$$

이므로

$$\begin{aligned}&(\varphi_1 \wedge \cdots \wedge \varphi_k)(e_{i_1}, \ldots, e_{i_k}) = \left(\sum_{j_1, j_2, \ldots, j_k} a_{1j_1} a_{2j_2} \cdots a_{kj_k} dx_{j_1} \wedge \cdots \wedge dx_{j_k}\right)(e_{i_1}, \ldots, e_{i_k}) \\ &= \sum_{j_1, j_2, \ldots, j_k} a_{1j_1} a_{2j_2} \cdots a_{kj_k} (dx_{j_1} \wedge \cdots \wedge dx_{j_k})(e_{i_1}, \ldots, e_{i_k})\end{aligned}$$

이 성립한다.

한편, 임의의 $1 \le i_1 < i_2 < \cdots < i_k \le n$에 대하여 다음 등식이 성립한다.

$$\begin{aligned}(dx_{j_1} \wedge \cdots dx_{j_k})(e_{i_1}, \ldots, e_{i_k}) &= \det(dx_{j_l}(e_{i_s})) \\ &= \begin{cases} \operatorname{sign}(j_1 j_2 \cdots j_k), & \{i_1, i_2, \ldots, i_k\} = \{j_1, j_2, \ldots, j_k\}, \\ 0, & \{i_1, i_2, \ldots, i_k\} \ne \{j_1, j_2, \ldots, j_k\} \end{cases}\end{aligned}$$

단, 여기서 $\operatorname{sign}(j_1 j_2 \cdots j_k)$는 치환(permutation)

$$f : \{i_1, i_2, \ldots, i_k\} \to \{i_1, i_2, \ldots, i_k\}, \quad f(i_l) = j_l, \quad l = 1, 2, \ldots, k$$

을 호환(transposition)의 합성으로 나타낼 때, 호환의 개수가 짝수이면 1이고 홀수이면 -1인 정수이다.

따라서 각각의 $1 \le l \le k$에 대하여

$$\varphi_l(e_{i_s}) = a_{li_s}, \quad 1 \le i_1 < i_2 < \cdots < i_s < \cdots < i_k \le n$$

이므로

$$
\begin{aligned}
(\varphi_1 \wedge \cdots \wedge \varphi_k)(e_{i_1},\dots,e_{i_k}) &= \sum_{j_1,j_2,\dots,j_k} a_{1j_1}a_{2j_2}\cdots a_{kj_k}(dx_{j_1}\wedge \cdots \wedge dx_{j_k})(e_{i_1},\dots,e_{i_k}) \\
&= \sum_{\{j_1,j_2,\dots,j_k\}=\{i_1,i_2,\dots,i_k\}} \mathrm{sign}(j_1 j_2 \cdots j_k)\, a_{1j_1}a_{2j_2}\cdots a_{kj_k} \\
&= \det\begin{pmatrix} a_{1i_1} \cdots a_{1i_k} \\ a_{2i_1} \cdots a_{2i_k} \\ \cdots \\ a_{ki_1} \cdots a_{ki_k} \end{pmatrix} \\
&= \det(\varphi_l(e_{i_s}))
\end{aligned}
$$

가 성립한다. 앞에서 언급한 바와 같이, 보조정리의 등식이 각 성분에 관해 다중선형성을 만족하고 표준기저에 관해 성립하므로 증명이 완료된다.

■

▶▶ 연습문제 1.2

1. $\alpha = zdx - dz$와 $X = y\dfrac{\partial}{\partial x} + x\dfrac{\partial}{\partial y}$가 각각 $\mathbb{R}^3$에서 정의된 1차 미분형식과 벡터장일 때, $\alpha(X) = yz$임을 보여라.

2. 다음 물음에 답하라.
   (1) φ가 k차 닫힌형식일 때, $\varphi \wedge \varphi$가 다시 $2k$차 닫힌형식임을 보여라.
   (닫힌형식의 정의는 [정의 2.1.8] 참고)
   (2) 임의의 홀수 k에 대하여 φ가 k^2차 미분형식일 때, $\varphi \wedge \varphi = 0$임을 보여라.

3. φ, ψ, θ가 다음과 같이 $\mathbb{R}^3$ 상에 정의된 미분형식일 때, 다음을 계산하라.

$$\begin{aligned}&\varphi = xdx + ydy + z\,dz,\\ &\psi = zdx \wedge dy + xdy \wedge dz + ydz \wedge dx,\\ &\theta = zdx\end{aligned}$$

   (1) $\varphi \wedge \psi$
   (2) $\theta \wedge \varphi \wedge \psi$
   (3) $\varphi \wedge dz + dy \wedge \varphi$
   (4) $\theta \wedge \psi \wedge \psi$

4. ω가 $\mathbb{R}^{2n}$ 상에서 다음과 같이 정의된 2차 미분형식일 때, $\underbrace{\omega \wedge \omega \wedge \cdots \wedge \omega}_{n-\text{번}}$를 계산하라.

$$\omega = dx_1 \wedge dx_2 + dx_3 \wedge dx_4 + \cdots + dx_{2n-1} \wedge dx_{2n}$$

5. 임의의 $1 \le i_1 < i_2 < \cdots < i_k \le n$와 표준기저 $\{e_1, e_2, \ldots, e_n\}$에 대하여, 다음 등식이 성립함을 보여라.

$$\begin{aligned}(dx_{j_1} \wedge \cdots \wedge dx_{j_k})(e_{i_1}, \ldots, e_{i_k}) &= \det(dx_{j_l}(e_{i_s}))\\ &= \begin{cases}\operatorname{sign}(j_1 j_2 \cdots j_k), & \{i_1, i_2, \ldots, i_k\} = \{j_1, j_2, \ldots, j_k\},\\ 0, & \{i_1, i_2, \ldots, i_k\} \ne \{j_1, j_2, \ldots, j_k\}\end{cases}\end{aligned}$$

6. α와 γ가 각각 $\mathbb{R}^n$ 상에서 정의된 영이 아닌 1차 미분형식과 k차 미분형식일 때, $\alpha \wedge \gamma = 0$일 필요충분조건은 $\gamma = \alpha \wedge \beta$를 만족하는 $(k-1)$차 미분형식 β가 존재하는 것임을 보여라.

(**힌트** : 임의의 점 $p \in \mathbb{R}^n$에 대하여 $\{\alpha_1 = \alpha, \alpha_2, ..., \alpha_n\}$가 $T_p^*\mathbb{R}^n$의 기저일 때, γ를 다음과 같이 나타내자.

$$\gamma = \sum_{J=\{(j_1, j_2, ..., j_k) \mid 1 \le j_1 < j_2 < \cdots < j_k \le n\}} c_J \alpha_J$$

그러면 $\alpha \wedge \gamma = \sum_J c_J \alpha \wedge \alpha_J$이다. 따라서 $j_1 = 1$이면 $\alpha \wedge \alpha_J - 0$이므로

$$0 = \alpha \wedge \gamma = \sum_{J,\, j_1 \neq 1} c_J \alpha \wedge \alpha_J$$

가 성립한다. 한편 각각의 점 p에서

$$\{\alpha \wedge \alpha_J \mid j_1 \neq 1\text{을 만족하는 } J\}$$

는 $\Lambda^{k+1}(T_p^*\mathbb{R}^n)$의 기저의 일부이므로 $j_1 \neq 1$을 만족하는 모든 J에 대하여 $c_J = 0$이다. 따라서

$$\begin{aligned}\gamma = \sum_{J,\, j_1 = 1} c_J \alpha_J &= \alpha \wedge \sum_{J,\, j_1 = 1} c_J \alpha_{j_2} \wedge \alpha_{j_3} \wedge \cdots \wedge \alpha_{j_k} \\ &= \alpha \wedge \beta, \ \beta = \sum_{J,\, j_1 = 1} c_J \alpha_{j_2} \wedge \alpha_{j_3} \wedge \cdots \wedge \alpha_{j_k}\end{aligned}$$

가 성립한다.)

1.3 미분형식의 당김과 외미분

이 절에서는 미분형식의 함수에 의한 당김(pull-back)과 외미분(exterior differentiation)에 관한 정의와 기본적인 성질을 알아본다.

앞으로, 미분가능인 함수 $f:\mathbb{R}^n \to \mathbb{R}^m$와 각각의 점 $p\in\mathbb{R}^n$에 대하여

$$df_p \text{ 또는 } (f_*)_p : T_p\mathbb{R}^n \to T_{f(p)}\mathbb{R}^m$$

는 $p\in\mathbb{R}^n$에서 f의 미분사상을 나타내는 것으로 한다.

정의 1.3.1

미분가능인 함수 $f:\mathbb{R}^n \to \mathbb{R}^m$에 대하여, 다음이 성립한다.

(1) 임의의 $g\in\Lambda^0(T^*\mathbb{R}^m)$에 대하여 $f^*(g)$가 각각의 점 $p\in\mathbb{R}^n$에서

$$f^*(g)_p = (g\circ f)(p) = g(f(p))$$

을 만족하는 미분형식일 때, 함수 f의 **당김**(pullback) f^*를 다음과 같은 함수로 정의한다.

$$f^*:\Lambda^0(T^*\mathbb{R}^m) \to \Lambda^0(T^*\mathbb{R}^n),\ g\mapsto f^*(g)$$

(2) 임의의 $k>0$와 임의의 $\omega\in\Lambda^k(T^*\mathbb{R}^m)$에 대하여 $f^*(\omega)$가 각각의 점 $p\in\mathbb{R}^n$에서

$$f^*(\omega)_p(v_1,v_2,\dots,v_k) = \omega_{f(p)}((f_*)_p(v_1),(f_*)_p(v_2),\dots,(f_*)_p(v_k)),\ v_1,v_2,\dots,v_k\in T_p\mathbb{R}^n$$

을 만족하는 미분형식일 때, 함수 f의 **당김** f^*를 다음과 같은 함수로 정의한다.

$$f^*:\Lambda^k(T^*\mathbb{R}^m) \to \Lambda^k(T^*\mathbb{R}^n),\ \omega\mapsto f^*(\omega)$$

함수의 당김에 관해 다음 성질이 성립한다.

보조정리 1.3.2

미분가능인 함수 $f:\mathbb{R}^n \to \mathbb{R}^m$, $g:\mathbb{R}^m \to \mathbb{R}$와 $\varphi,\psi\in\Lambda^k(T^*\mathbb{R}^m)$에 대하여, 다음이 성립한다.

(1) $f^*(\varphi+\psi)=f^*\varphi+f^*\psi$

(2) $f^*(g\varphi)=(g\circ f)f^*(\varphi)$

(3) $\varphi_1,\varphi_2,\ldots,\varphi_k\in\Lambda^1(T^*\mathbb{R}^m)$일 때,

$$f^*(\varphi_1\wedge\varphi_2\wedge\cdots\wedge\varphi_k)=f^*\varphi_1\wedge f^*\varphi_2\wedge\cdots\wedge f^*\varphi_k$$

증명 (1)과 (2)의 증명은 거의 자명하므로 (3)만 자세히 증명한다. 실제로 각각의 $p\in\mathbb{R}^n$과 임의의 $v_1,v_2,\ldots,v_k\in T_p\mathbb{R}^n$에 대하여

$$\begin{aligned}&f^*(\varphi_1\wedge\varphi_2\wedge\cdots\wedge\varphi_k)(v_1,v_2,\ldots,v_k)\\&=(\varphi_1\wedge\varphi_2\wedge\cdots\wedge\varphi_k)(f_*(v_1),f_*(v_2),\ldots,f_*(v_k))\\&=\det(\varphi_i(f_*(v_j)))=\det(f^*(\varphi_i)(v_j))\\&=(f^*(\varphi_1)\wedge f^*(\varphi_2)\wedge\cdots\wedge f^*(\varphi_k))(v_1,v_2,\ldots,v_k)\end{aligned}$$

이 성립한다. 단, 여기서 기호를 간단히 하기 위해 첨자에 붙어야 하는 p를 생략했다. 따라서

$$f^*(\varphi_1\wedge\varphi_2\wedge\cdots\wedge\varphi_k)=f^*\varphi_1\wedge f^*\varphi_2\wedge\cdots\wedge f^*\varphi_k$$

이다. ■

예제 1.3.3

$(x_1,x_2,\ldots,x_n)$과 $(y_1,y_2,\ldots,y_m)$이 각각 $\mathbb{R}^n$과 $\mathbb{R}^m$의 좌표함수(coordinate)일 때, 미분 가능인 함수 $f\cdot\mathbb{R}^n\to\mathbb{R}^m$를 다음과 같이 나타낼 수 있다.

$$y_i=f_i(x_1,x_2,\ldots,x_n),\ \ 1\le i\le m$$

이때 $\omega=\sum_{I\subset[m]}a_I\,dy_I\in\Lambda^k(T^*\mathbb{R}^m)$에 대하여 ω의 f에 의한 당김 $f^*(\omega)$는 다음과 같이 주어진다.

$$\begin{aligned}f^*(\omega)&=\sum_{I=\{i_1,i_2,\ldots,i_k\}\subset[m]}f^*(a_I)\,f^*(dy_{i_1})\wedge f^*(dy_{i_2})\wedge\cdots\wedge f^*(dy_{i_k})\\&=\sum_{I=\{i_1,i_2,\ldots,i_k\}\subset[m]}f^*(a_I)\,df_{i_1}\wedge df_{i_2}\wedge\cdots\wedge df_{i_k}\\&=\sum_{I\subset[m]}a_I(f_1,f_2,\ldots,f_m)df_I\end{aligned}$$

여기서 마지막 등식을 얻기 다음 사실을 이용하였다.

$$f^*(dy_{i_j})(v)=dy_{i_j}(f_*(v))=d(y_{i_j}\circ f)(v)=df_{i_j}(v),\ \ v\in T\mathbb{R}^n$$

□

보조정리 1.3.4

미분가능인 함수 $f:\mathbb{R}^n \to \mathbb{R}^m$, $g:\mathbb{R}^p \to \mathbb{R}^n$와 $\varphi \in \Lambda^k(T^*\mathbb{R}^m)$, $\psi \in \Lambda^s(T^*\mathbb{R}^m)$에 대하여, 다음이 성립한다.

(1) $f^*(\varphi \wedge \psi) = f^*\varphi \wedge f^*\psi$

(2) $(f \circ g)^*(\varphi) = g^*(f^*(\varphi))$

증명 증명을 위해, [예제 1.3.3]에서 사용했던 기호를 계속해서 이용한다.

(1) φ와 ψ를 먼저 다음과 같이 나타내자.

$$\varphi = \sum_{I \subset [m]} a_I dy_I \in \Lambda^k(T^*\mathbb{R}^m),\ \psi = \sum_{J \subset [m]} b_J dy_J \in \Lambda^s(T^*\mathbb{R}^m)$$

이때 [예제 1.3.3]의 계산에 의해 다음이 성립한다.

$$\begin{aligned} f^*(\varphi \wedge \psi) &= f^*\left(\sum_{I, J \subset [m]} a_I b_J dy_I \wedge dy_J\right) \\ &= \sum_{I, J \subset [m]} a_I(f_1, f_2, \ldots, f_m) b_J(f_1, f_2, \ldots, f_m) df_I \wedge df_J \\ &= \left(\sum_{I \subset [m]} a_I(f_1, f_2, \ldots, f_m) df_I\right) \wedge \left(\sum_{J \subset [m]} b_J(f_1, f_2, \ldots, f_m) df_J\right) \\ &= f^*\varphi \wedge f^*\psi \end{aligned}$$

(2) φ가

$$\varphi = \sum_{I \subset [m]} a_I dy_I \in \Lambda^k(T^*\mathbb{R}^m)$$

일 때, 다음이 성립한다.

$$\begin{aligned} (f \circ g)^*(\varphi) &= \sum_{I \subset [m]} a_I((f \circ g)_1, (f \circ g)_2, \ldots, (f \circ g)_m) d(f \circ g)_I \\ &= \sum_{I \subset [m]} a_I(f_1(g_1, g_2, \ldots, g_n), \ldots, f_m(g_1, g_2, \ldots, g_n)) df_I(dg_1, dg_2, \ldots, dg_n) \\ &= g^*(f^*(\varphi)) \end{aligned}$$

■

정의 1.3.5

$\omega = \sum_{I \subset [n]} a_I dx_I \in \Lambda^k(T^*\mathbb{R}^n)$에 대하여, ω의 **외미분**(exterior differentiation) $d\omega \in \Lambda^{k+1}(T^*\mathbb{R}^n)$를 다음과 같이 정의한다.

$$d\omega = \sum_{I \subset [n]} da_I \wedge dx_I,\ da_I = \sum_{i=1}^{n} \frac{\partial a_I}{\partial x_i} dx_i$$

그러면 다음과 같은 함수 d가 존재한다.

$$d : \Lambda^k(T^*\mathbb{R}^n) \to \Lambda^{k+1}(T^*\mathbb{R}^n),\ \omega \mapsto d\omega$$

예제 1.3.6

(1) $\omega = x_1^2 dx_2 + x_3 dx_4$일 때,

$$d\omega = d(x_1^2) \wedge dx_2 + d(x_3) \wedge dx_4 = 2x_1 dx_1 \wedge dx_2 + dx_3 \wedge dx_4$$

(2) $\omega = -\dfrac{y}{x^2+y^2+1}dx + \dfrac{x}{x^2+y^2+1}dy$ 일 때,

$$\begin{aligned} d\omega &= d\left(-\frac{y}{x^2+y^2+1}\right) \wedge dx + d\left(\frac{x}{x^2+y^2+1}\right) \wedge dy \\ &= \left(\frac{\partial}{\partial x}\left(-\frac{y}{x^2+y^2+1}\right)dx + \frac{\partial}{\partial y}\left(-\frac{y}{x^2+y^2+1}\right)dy\right) \wedge dx \\ &+ \left(\frac{\partial}{\partial x}\left(\frac{x}{x^2+y^2+1}\right)dx + \frac{\partial}{\partial y}\left(\frac{x}{x^2+y^2+1}\right)dy\right) \wedge dy \\ &= \frac{2}{(x^2+y^2+1)^2}dx \wedge dy \end{aligned}$$

이다.

(3) $\mathbb{R}^2 - \{(0,0)\}$ 상에서 정의된

$$\omega = -\frac{y}{x^2+y^2}dx + \frac{x}{x^2+y^2}dy$$

에 대하여, 위의 (2)와 같이 직접 계산을 통해 $d\omega = 0$임을 보일 수 있다. □

보조정리 1.3.7

미분가능인 함수 $f : \mathbb{R}^n \to \mathbb{R}^m$와

$$\alpha \in \Lambda^p(T^*\mathbb{R}^m),\ \varphi, \psi \in \Lambda^s(T^*\mathbb{R}^n),\ \omega \in \Lambda^k(T^*\mathbb{R}^n)$$

에 대하여, 다음이 성립한다.

(1) $d(\varphi + \psi) = d\varphi + d\psi$

(2) $d(\omega \wedge \psi) = d\omega \wedge \psi + (-1)^k \omega \wedge d\psi$

(3) $d(d(\omega)) = 0$

(4) $d(f^*\alpha) = f^* d\alpha$

증명 (1)은 자명하므로 (2), (3), (4)만 자세히 증명한다.

(2) ω와 ψ를 먼저 다음과 같이 나타내자.

$$\omega = \sum_{I \subset [n]} a_I \, dx_I \in \Lambda^k(T^*\mathbb{R}^n), \ \psi = \sum_{J \subset [n]} b_J \, dx_J \in \Lambda^s(T^*\mathbb{R}^n)$$

이때 다음이 성립한다.

$$\begin{aligned} d(\omega \wedge \psi) &= d\left(\sum_{I, J \subset [n]} a_I b_J \, dx_I \wedge dx_J\right) = \sum_{I, J \subset [n]} d(a_I b_J) \wedge dx_I \wedge dx_J \\ &= \sum_{I, J \subset [n]} b_J da_I \wedge dx_I \wedge dx_J + \sum_{I, J \subset [n]} a_I db_J \wedge dx_I \wedge dx_J \\ &= d\omega \wedge \psi + (-1)^k \sum_{I, J \subset [n]} a_I \, dx_I \wedge db_J \wedge dx_J \\ &= d\omega \wedge \psi + (-1)^k \omega \wedge d\psi \end{aligned}$$

(3) ω가 미분가능인 함수 f일 때, 다음이 성립한다.

$$\begin{aligned} d(d(\omega)) = d(df) &= d\left(\sum_{i=1}^{n} \frac{\partial f}{\partial x_i} dx_i\right) = \sum_{i=1}^{n} d\left(\frac{\partial f}{\partial x_i}\right) \wedge dx_i \\ &= \sum_{i=1}^{n}\left(\sum_{j=1}^{n} \frac{\partial}{\partial x_j}\left(\frac{\partial f}{\partial x_i}\right) dx_j\right) \wedge dx_i \\ &= \sum_{1 \le i < j \le n} \left(\frac{\partial^2 f}{\partial x_i \partial x_j} - \frac{\partial^2 f}{\partial x_j \partial x_i}\right) dx_i \wedge dx_j \\ &= 0 \end{aligned}$$

다음으로, $0 < k \le n$이고 $\omega \in \Lambda^k(T^*\mathbb{R}^n)$일 때에는 등식의 선형성(linearity)에 의해

$$\omega = a_I dx_I, \ |I| = k, \ a_I \ne 0$$

인 경우만 증명하면 충분하다. 실제로

$$d\omega = da_I \wedge dx_I + a_I d(dx_I) = da_I \wedge dx_I + a_I d(1) \wedge dx_I = da_I \wedge dx_I$$

이므로

$$d(d\omega) = d(da_I) \wedge dx_I = 0 \wedge dx_I = 0$$

이다.

(4) 위의 (3)과 같이 α가 미분가능인 함수 g일 때 먼저 등식을 증명한다. 실제로 다음이 성립한다.

$$\begin{aligned} f^*(d\alpha) = f^*(dg) &= f^*\left(\sum_{i=1}^{m} \frac{\partial g}{\partial y_i} dy_i\right) = \sum_{i=1}^{m} \frac{\partial g}{\partial y_i}(f_1, f_2, \ldots, f_m) df_i \\ &= \sum_{i=1}^{m}\sum_{j=1}^{n} \frac{\partial g}{dy_i} \frac{\partial f_i}{dx_j} dx_j = \sum_{j=1}^{n} \frac{\partial (g \circ f)}{dx_j} dx_j = d(g \circ f) \\ &= d(f^*(g)) \end{aligned}$$

또한 $0 < k \le m$이고 $\alpha \in \Lambda^k(T^*\mathbb{R}^m)$일 때에는

$$\alpha = \sum_{I \subset [m]} a_I \, dx_I$$

라 할 때, 다음이 성립함을 알 수 있다.

$$\begin{aligned} d(f^*\alpha) &= d\left(\sum_{I\subset[m]} f^*(a_I)f^*(dx_I)\right) = \sum_{I\subset[m]} d(f^*a_I)\wedge f^*dx_I \\ &= \sum_{I\subset[m]} f^*(da_I)\wedge f^*dx_I = \sum_{I\subset[m]} f^*(da_I\wedge dx_I) \\ &= f^*\left(\sum_{I\subset[m]} da_I\wedge dx_I\right) \\ &= f^*(d\alpha) \end{aligned}$$

■

$\mathbb{R}^n$과 $\mathbb{R}^m$의 열린 부분집합 사이에서 정의된 미분가능인 함수와 미분형식에 대해서도 위의 [보조정리 1.3.7]이 성립함을 쉽게 알 수 있다.

(예제) 1.3.8

$\mathbb{R}^2$의 열린 부분집합

$$U = \{(\theta,\varphi) \mid 0 < \theta < 2\pi,\ 0 < \varphi < \pi\}$$

에서 정의된 구면좌표계(spherical coordinates)

$$f(\theta,\varphi) = (\sin\varphi\cos\theta, \sin\varphi\sin\theta, \cos\varphi)$$

와 $\mathbb{R}^3 - \{(0,0,0)\}$ 상에서 정의된 2차 미분형식

$$\omega = -\frac{1}{4\pi}(x_1dx_2\wedge dx_3 - x_2dx_1\wedge dx_3 + x_3dx_1\wedge dx_2)$$

에 대하여 다음이 성립한다.

$$\begin{aligned} f^*(\omega) &= -\frac{1}{4\pi}(\sin\varphi\cos\theta d(\sin\varphi\sin\theta)\wedge d(\cos\varphi) - \sin\varphi\sin\theta d(\sin\varphi\cos\theta)\wedge d(\cos\varphi) \\ &\quad + \cos\varphi d(\sin\varphi\cos\theta)\wedge d(\sin\varphi\sin\theta)) \\ &= \frac{1}{4\pi}\sin\varphi\, d\theta\wedge d\varphi \end{aligned}$$

□

다음 사실은 앞으로 특별한 언급 없이 자주 사용된다.

보조정리 1.3.9

벡터공간 $\mathbb{R}^n$ 상에서 정의된 기본내적(standard inner product)

$$\langle v_1, v_2 \rangle = \sum_{i=1}^{n} a_i b_i,\quad v_1 = \sum_{i=1}^{n} a_i e_i,\quad v_2 = \sum_{i=1}^{n} b_i e_i$$

에 대하여 $\mathbb{R}^n$과 쌍대공간(dual space) $(\mathbb{R}^n)^*$은 서로 동형이다.

증명 증명을 위해, 먼저 $\mathbb{R}^n$과 $(\mathbb{R}^n)^*$ 사이에 다음과 같은 함수 Φ를 정의한다.

$$\Phi : \mathbb{R}^n \to (\mathbb{R}^n)^*,\quad v \mapsto \langle v, \cdot \rangle$$

그러면 Φ는 동형사상(isomorphism)임을 다음과 같이 보일 수 있다.

(i) Φ가 준동형사상이다. 실제로 임의의 실수 λ, μ와 $v_1, v_2 \in \mathbb{R}^n$에 대하여 다음이 성립한다.

$$\Phi(\lambda v_1 + \mu v_2) = \langle \lambda v_1 + \mu v_2, \cdot \rangle = \lambda \langle v_1, \cdot \rangle + \mu \langle v_2, \cdot \rangle = \lambda \Phi(v_1) + \mu \Phi(v_2)$$

(ii) Φ가 단사함수이다. 실제로 만약 $\Phi(v) = 0$이면 모든 $w \in \mathbb{R}^n$에 대하여

$$\langle v, w \rangle = 0$$

이다. 따라서 $v = 0$이다. 즉 $\ker(\Phi) = \{0\}$이다.

(iii) 위의 (i)과 (ii)에 의해 $\mathbb{R}^n$과 $(\mathbb{R}^n)^*$가 모두 n차원 벡터공간이므로 Φ는 전사함수이다.

■

▶▶ 연습문제 1.3

1. φ, ψ, θ가 다음과 같이 $\mathbb{R}^3$ 상에서 정의된 미분형식일 때, 다음을 계산하라.

$$\begin{aligned}\varphi &= xdx + ydy + zdz,\\ \psi &= zdx \wedge dy + xdy \wedge dz + ydz \wedge dx,\\ \theta &= zdx\end{aligned}$$

(1) $d\varphi \wedge \varphi$ (2) $d\psi$ (3) $d\theta \wedge \varphi$

2. ρ, φ, θ가 $\mathbb{R}^3$의 구면좌표를 나타낼 때,

$$x = \rho\sin\varphi\cos\theta,\ \ y = \rho\sin\varphi\sin\theta,\ \ z = \rho\cos\varphi$$

라 하자. 이때, $dx, dy, dz, dx \wedge dy \wedge dz$를 $d\rho, d\varphi, d\theta$를 이용하여 나타내라.

(힌트 : $dx \wedge dy \wedge dz = \rho^2 \sin\varphi d\rho \wedge d\varphi \wedge d\theta$.)

3. $f : \mathbb{R}^m \to \mathbb{R}^n$가 미분가능인 함수이고 ω가 $\mathbb{R}^n$에서 정의된 k차 미분형식일 때, 만약 $m < n$이고 $k > m$이면 $f^*\omega = 0$임을 보여라.

4. 3차원 단위구

$$S^3 = \{(x,y,z,w) \in \mathbb{R}^4 \mid x^2 + y^2 + z^2 + (w-1)^2 = 1\}$$

일 때, 임의의 점 $p = (x,y,z,w) \in S^3 - \{(0,0,0,2)\}$를 p와 $(0,0,0,2)$를 잇는 직선과 xyz−공간이 만나는 점으로 보내는 입체사영(stereographic projection)

$$\pi : S^3 - \{(0,0,0,2)\} \to \mathbb{R}^3 \cong \{(x,y,z,0) \in \mathbb{R}^4 \mid x,y,z \in \mathbb{R}\}$$

에 대하여 다음 물음에 답하라.

(1) 입체사영 π를 구체적으로 찾아라.

(2) $\alpha = \frac{1}{2}dz + \frac{1}{4}xdy$일 때, $\beta = \pi^*\alpha$가 다음과 같이 주어짐을 보여라.

$$\beta = \frac{1}{(2-w)^3}\big((2x - xw)dy + (2-w)^2 dz + (2z - zw + xy)dw\big),\ \ (x,y,z,w) \in S^3$$

(3) $\mathbb{R}^3$ 상에서 정의된 1차 미분형식 $\alpha = dz + xdy$에 대하여

$$\alpha \wedge d\alpha = \frac{1}{8}dx \wedge dy \wedge dz \neq 0$$

임을 보여라.

(4) 위의 (2)와 같이 S^3 상에서 정의된 1차 미분형식 β에 대하여 $\beta \wedge d\beta$가 영이 되는 점이 있으면 모두 찾아라.

(힌트 : $\pi(x,y,z,w) = \left(\frac{2x}{2-w}, \frac{2y}{2-w}, \frac{2z}{2-w}, 0\right)$ 가 성립함을 이용한다.)

5. 미분가능인 함수 $f : \mathbb{R}^n \to \mathbb{R}^n$가

$$f(x_1, x_2, \dots, x_n) = (y_1, y_2, \dots, y_n)$$

이고 $\omega = dy_1 \wedge dy_2 \wedge \cdots \wedge dy_n$일 때, 다음 등식을 보여라.

$$f^* \omega = \det(df) dx_1 \wedge dx_2 \wedge \cdots \wedge dx_n$$

6. $\mathbb{R}^n$에서 정의된 1차 미분형식

$$\omega = \sum_{i=1}^{n} a_i dx_i$$

에 대하여 다음 물음에 답하라.

(1) 임의의 $1 \le i \le n$에 대하여 다음 등식을 증명하라.

$$\begin{aligned} a_i(x_1, x_2, \dots, x_n) &= \int_0^1 \frac{d}{dt}(t a_i(tx_1, tx_2, \dots, tx_n)) dt \\ &= \int_0^1 a_i(tx_1, tx_2, \dots, tx_n) dt + \int_0^1 t \sum_{j=1}^{n} x_j \frac{\partial}{\partial x_j} a_i(tx_1, tx_2, \dots, tx_n) dt \end{aligned}$$

(2) 다음 등식을 보여라.

$$d\omega = \sum_{1 \le i < j \le n} \left(\frac{\partial a_j}{\partial x_i} - \frac{\partial a_i}{\partial x_j} \right) dx_i \wedge dx_j$$

(3) $d\omega = 0$일 필요충분조건은

$$\frac{\partial a_j}{\partial x_i} = \frac{\partial a_i}{\partial x_j}, \quad 1 \le i < j \le n$$

임을 보여라.

(4) $d\omega = 0$일 때, 다음과 같이 정의된 함수 $f : \mathbb{R}^n \to \mathbb{R}$가 $\omega = df$을 만족함을 보여라.

$$f(x_1,x_2,...,x_n)=\int_0^1\sum_{i=1}^n x_ia_i(tx_1,tx_2,...,tx_n)dt$$

7. 함수 $f:\mathbb{R}^n\to\mathbb{R}$가 다음 조건을 만족할 때, f를 k**차 동차함수**(homogeneous function of degree k)라 한다.

$$f(tx_1,tx_2,...,tx_n)=t^kf(x_1,x_2,...,x_n),\ \ t>0,\ \ (x_1,x_2,...,x_n)\in\mathbb{R}^n$$

(1) f가 미분가능인 k차 동차함수일 때, 다음 등식이 성립함을 보여라.

$$\sum_{i=1}^n x_if_{x_i}=kf$$

(2) $\mathbb{R}^n$에서 정의된 1차 미분형식

$$\omega=\sum_{i=1}^m a_idx_i$$

가 $d\omega=0$을 만족할 때, ω의 계수 a_i가 k차 동차함수이면 $\omega=df$를 만족하는 함수 $f:\mathbb{R}^n\to\mathbb{R}$가 다음과 같이 주어짐을 위의 **[문제 6]**의 (4)를 이용하여 보여라.

$$f(x_1,x_2.\ ...,x_n)=\frac{1}{k+1}\sum_{i=1}^n x_ia_i(x_1,x_2,...,x_n)$$

(3) $\mathbb{R}^3$에서 정의된 2차 미분형식

$$\omega=a_1dx_2\wedge dx_3+a_2dx_3\wedge dx_1+a_3dx_1\wedge dx_2$$

가 $d\omega=0$을 만족할 때, ω의 계수 a_1,a_2,a_3가 k차 동차함수이면 ω가 완전형식임을 보여라. 즉 $\omega=d\alpha$를 만족하는 1차 미분형식 $\alpha\in\Lambda^1(T^*\mathbb{R}^n)$가 다음과 같이 주어짐을 보여라.

$$\alpha=\frac{1}{k+2}((x_3a_2-x_2a_3)dx_1+(x_1a_3-x_3a_1)dx_2+(x_2a_1-x_1a_2)dx_3)$$

(4) $\mathbb{R}^n$에서 정의된 2차 미분형식

$$\omega=\sum_{1\le i<j\le n}a_{ij}dx_i\wedge dx_j$$

가 $d\omega=0$을 만족할 때, ω의 계수 a_{ij}가 k차 동차함수이면 ω가 완전형식임을 보여라. 즉 $\omega=d\alpha$를 만족하는 1차 미분형식 $\alpha\in\Lambda^1(T^*\mathbb{R}^n)$를 구체적으로 찾아라.

8. $\mathbb{R}^n$ 상에서 정의된 임의의 k차 미분형식

$$\omega = \sum_{1 \le i_1 < i_2 < \cdots < i_k \le n} a_{i_1 i_2 \dots i_k} dx_{i_1} \wedge dx_{i_2} \wedge \cdots \wedge dx_{i_k}$$

에 대하여, 새로운 $(n-k)$차 미분형식 $*\omega$를 다음과 같이 정의하자.

$$*\omega = \sum_{1 \le j_1 < j_2 < \cdots < j_{n-k} \le n} a_{i_1 i_2 \dots i_k} (-1)^{\mathrm{sign}(\sigma)} dx_{j_1} \wedge dx_{j_2} \wedge \cdots \wedge dx_{j_{n-k}}$$

단, 여기서 σ는 $[n]$의 치환군의 원소로 다음을 만족한다.

$$\sigma = \begin{pmatrix} 1 & 2 & \cdots & k & k+1 & k+1 & \cdots & n \\ i_1 & i_2 & \cdots & i_k & j_1 & j_2 & \cdots & j_{n-k} \end{pmatrix}$$

위와 같이 정의된 작용소 $*: \Lambda^k(T^*\mathbb{R}^n) \to \Lambda^{n-k}(T^*\mathbb{R}^n)$를 **호지스타 작용소** (Hodge star operator)라 한다.

(1) $\mathbb{R}^2$ 상에서 정의된 1차 미분형식 $\omega = \sum_{i=1}^{2} x_i dx_i$에 대하여 $*\omega$가 다음과 같이 주어짐을 보여라.

$$*\omega = x_1 dx_2 - x_2 dx_1$$

(2) $\mathbb{R}^3$ 상에서 정의된 1차 미분형식 $\omega = \sum_{i=1}^{3} a_i dx_i$에 대하여 $*\omega$가 다음과 같이 주어짐을 보여라.

$$*\omega = a_1 dx_2 \wedge dx_3 + a_2 dx_3 \wedge dx_1 + a_3 dx_1 \wedge dx_2$$

(3) $\mathbb{R}^3$ 상에서 정의된 1차 미분형식 $\omega = \sum_{1 \le i < j \le 3} a_{ij} dx_i \wedge dx_j$에 대하여 $*\omega$가 다음과 같이 주어짐을 보여라.

$$*\omega = a_{12} dx_3 - a_{13} dx_2 + a_{23} dx_1$$

(4) $\mathbb{R}^4$ 상에서 정의된 1차 미분형식 $\omega = \sum_{1 \le i < j \le 4} a_{ij} dx_i \wedge dx_j$에 대하여 $*\omega = \omega$가 되는 조건을 a_{ij}를 이용하여 찾아라.

(5) $**\omega = (-1)^{k(n-k)}\omega$임을 보여라.

9. $\mathbb{R}^n$ 상에서 정의된 미분가능인 벡터장 X는 정의에 의해 미분가능인 함수 $X: \mathbb{R}^n \to \mathbb{R}^n$이다. 따라서 임의의 점 $p \in \mathbb{R}^n$에 대하여 미분사상

$$dX_p : T_p\mathbb{R}^n \cong \mathbb{R}^n \to T_{X(p)}\mathbb{R}^n \cong \mathbb{R}^n$$

를 이용하여 **발산**(divergence) $\mathrm{div}: \mathbb{R}^n \to \mathbb{R}$를 다음과 같이 정의할 수 있다.

$$\mathrm{div}(X)(p) = \mathrm{trace}(dX_p),\ \ p \in \mathbb{R}^n$$

(1) $\mathbb{R}^n$의 표준기저 $\{e_i\}$를 이용하여 X를 $X = \sum_{i=1}^{n} a_i e_i$로 나타낼 때, $\mathrm{div}(X)$가 다음과 같이 주어짐을 보여라.

$$\mathrm{div}(X) = \sum_{i=1}^{n} \frac{\partial a_i}{\partial x_i}$$

(2) X를 $\mathbb{R}^n$의 좌표함수 $(x_1, x_2, \dots x_n)$를 이용하여 $X = \sum_{i=1}^{n} a_i \frac{\partial}{\partial x_i}$로 나타낼 때, 그에 대응하는 1차 미분형식 $\omega = \sum_{i=1}^{n} a_i dx_i$로 주어진다. 즉 ω는 $\omega = \langle X, \cdot \rangle$로 정의된 1차 미분형식이다. 이때 다음 등식이 성립함을 보여라.

$$d(* \omega) = \mathrm{div}(X) dx_1 \wedge dx_2 \wedge \cdots \wedge dx_n$$

10. 미분가능인 함수 $f : \mathbb{R}^n \to \mathbb{R}$에 대하여, $\mathbb{R}^n$ 상에 새로운 벡터장 ∇f를 다음 관계식을 이용하여 정의한다.

$$\langle (\nabla f)(p), v \rangle = df_p(v),\ \ p \in \mathbb{R}^n,\ \ v \in T_p\mathbb{R}^n$$

여기서 벡터장 ∇f를 **f의 그래디언트**(gradient)라 한다.

(1) $\mathbb{R}^n$의 표준기저 $\{e_i\}$를 이용하여 ∇f가 다음과 같이 주어짐을 보여라.

$$\nabla f = \sum_{i=1}^{n} \frac{\partial f}{\partial x_i} e_i$$

(2) 임의의 실수 r에 대하여 $f^{-1}(r) = \{q \in \mathbb{R}^n \mid f(q) = r\} \neq \varnothing$일 때, $p \in f^{-1}(r)$에서 $\nabla f(p) \neq 0$이면 $\nabla f(p)$와 $f^{-1}(r)$이 서로 수직임을 보여라.

(3) $S = \{v \in T_p\mathbb{R}^n \mid \|v\| = 1\}$일 때, $df_p|_S : S \to \mathbb{R}$가 다음 부등식을 만족함을 보여라.

$$df_p|_S(v) = \langle \nabla f(p), v \rangle \leq \|\nabla f(p)\|,\ \ v \in S$$

(4) $\nabla f(p) \neq 0$일 때, $df_p|_S$가 $v = \dfrac{\nabla f(p)}{\|\nabla f(p)\|}$에서 최댓값 $\|\nabla f(p)\|$를 갖음을 보여라.

11. 미분가능인 함수 $f : \mathbb{R}^n \to \mathbb{R}$에 대하여, $\mathbb{R}^n$ 상에 새로운 함수 $\Delta f : \mathbb{R}^n \to \mathbb{R}$를 다음 관계식을 이용하여 정의한다.

$$\Delta f = \mathrm{div}(\nabla f)$$

여기서 함수 Δf를 f**의 라플라시안**(Laplacian)라 한다. 다음 등식이 성립함을 보여라.

(1) $\Delta f = \displaystyle\sum_{i=1}^{n} \frac{\partial^2 f}{\partial x_i^2}$

(2) $\Delta(fg) = f\Delta g + g\Delta f + 2\langle \nabla f, \nabla g \rangle$

(3) $d * (df) = (\Delta f) dx_1 \wedge dx_2 \wedge \cdots \wedge dx_n$

12. $\mathbb{R}^n$ 상에서 정의된 벡터장 X를 좌표함수 $(x_1, x_2, \ldots x_n)$를 이용하여 $X = \displaystyle\sum_{i=1}^{n} a_i \frac{\partial}{\partial x_i}$로 나타낼 때, 그에 대응하는 1차 미분형식 $\omega = \displaystyle\sum_{i=1}^{n} a_i dx_i$로 주어진다. 이때 $(n-2)$ **차 회전형식**(rotational form) $\mathrm{rot}(X)$를 다음 관계식을 이용하여 정의한다.

$$\mathrm{rot}(X) = * (d\omega)$$

(1) $X = \displaystyle\sum_{i=1}^{3} a_i \frac{\partial}{\partial x_i}$일 때, 다음 등식이 성립함을 보여라.

$$\mathrm{rot}(X) = * (d\omega) = \left(\frac{\partial a_3}{\partial x_2} - \frac{\partial a_2}{\partial x_3}\right) dx_1 + \left(\frac{\partial a_1}{\partial x_3} - \frac{\partial a_3}{\partial x_1}\right) dx_2 + \left(\frac{\partial a_2}{\partial x_1} - \frac{\partial a_1}{\partial x_2}\right) dx_3$$

(2) 다음 등식이 성립함을 보여라.

$$\mathrm{rot}(\nabla f) = 0$$

(3) $\mathbb{R}^3$ 상의 벡터장 $\mathrm{rot}(X)^\#$을

$$\mathrm{rot}(X)^\# = \left(\frac{\partial a_3}{\partial x_2} - \frac{\partial a_2}{\partial x_3}\right) \frac{\partial}{\partial x_1} + \left(\frac{\partial a_1}{\partial x_3} - \frac{\partial a_3}{\partial x_1}\right) \frac{\partial}{\partial x_2} + \left(\frac{\partial a_2}{\partial x_1} - \frac{\partial a_1}{\partial x_2}\right) \frac{\partial}{\partial x_3}$$

로 정의할 때, 다음 등식이 성립함을 보여라.

$$\mathrm{div}(\mathrm{rot}(X)^{\#}) = 0$$

13. $(r,\theta,t)\in M=(0,\infty)\times(0,2\pi)\times\mathbb{R}$이고 $(x,y,z)\in\mathbb{R}^3$일 때, $\alpha = d\theta + \dfrac{1-r^4}{r^2}dt$와 $\beta = dz + xdy$가 각각 M과 $\mathbb{R}^3$ 상에서 정의된 1차 미분형식이다. 이때 $\varphi^*\beta=\alpha$를 만족하는 미분가능인 함수 φ가 다음과 같이 주어짐을 보여라.

$$\varphi : M \to \mathbb{R}^3,\ \ (r,\theta,t)\mapsto (x,y,z) = \left(\frac{1-r^4}{r^2}, t, \theta\right)$$

CHAPTER

Lectures on Differentiable Manifolds

2 선적분

이 장에서는 방향성을 갖는 n차원 미분다양체에서 정의된 n차 미분형식의 적분을 정의한다. 특히 이 장에서는 방향성을 갖는 미분다양체의 특별한 경우로 1차원 미분다양체인 곡선 상에서 정의된 1차 미분형식의 적분과 여러 가지 흥미로운 성질을 알아본다.

2.1 선적분의 정의

선적분을 정의하기 위해, 먼저 조각적으로 미분가능인 매개함수의 정의를 소개한다.

정의 2.1.1

U가 유클리드 공간 $\mathbb{R}^n$의 열린 부분집합일 때, 각각의 $1 \le i \le k$에 대하여 연속인 매개함수 $c:[a,b] \to U$의 축소함수

$$c|_{(t_{i-1},t_i)} : (t_{i-1},t_i) \to U$$

가 미분가능이 되는 닫힌구간 $[a,b]$의 분할(partition)

$$a = t_0 < t_1 < \cdots < t_{k-1} < t_k = b$$

가 존재하면 c를 **조각적으로 미분가능**(piecewise differentiable)이라고 말한다([그림 2.1]). 이때 $C = c([a,b])$를 **조각적으로 미분가능인 곡선**(piecewise differentiable curve)이라 한다. 종종 매개함수 c를 **매개곡선**(parametrized curve) 또는 간단히 **곡선**(curve)이라 부르기도 한다.

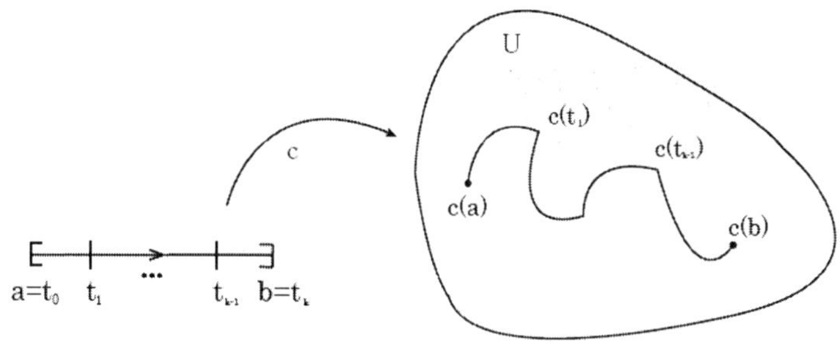

[그림 2.1]

정의 2.1.2

U가 유클리드 공간 $\mathbb{R}^n$의 열린 부분집합이고 $\omega = \sum_{j=1}^{n} a_j dx_j$가 U에서 정의된 1차 미분형식일 때, 조각적으로 미분가능인 매개함수 $c:[a,b] \to U$를

$$c(t) = (x_1(t), x_2(t), \dots, x_n(t))$$

로 나타내자. 이때 매개함수 c에 대응하는 닫힌구간 $[a,b]$의 분할

$$a = t_0 < t_1 < \cdots < t_{k-1} < t_k = b$$

와 각각의 $1 \le i \le k$에 대하여, $c_i = c|_{(t_{i-1}, t_i)}$라 놓으면

$$\begin{aligned} c_i^* \omega &= \sum_{j=1}^{n} c_i^* a_j c_i^* (dx_j) = \sum_{j=1}^{n} a_j (x_1(t), x_2(t), \dots, x_n(t)) dx_j(t) \\ &= \sum_{j=1}^{n} a_j (x_1(t), x_2(t), \dots, x_n(t)) \frac{dx_j}{dt} dt \\ &= \omega(c_i'(t)) dt \end{aligned}$$

가 성립한다. 따라서 ω의 c에서의 **선적분**(line integral) $\int_c \omega$를 다음과 같이 각 구간 (t_{i-1}, t_i)에서 이상적분이 존재할 때, 각 구간에서의 이상적분의 합으로 정의한다.

$$\begin{aligned} \int_c \omega &= \sum_{i=1}^{k} \int_{t_{i-1}}^{t_i} c_i^* \omega = \sum_{i=1}^{k} \int_{t_{i-1}}^{t_i} \sum_{j=1}^{n} a_j (x_1(t), x_2(t), \dots, x_n(t)) \frac{dx_j}{dt} dt \\ &= \sum_{i=1}^{k} \int_{t_{i-1}}^{t_i} \left(\sum_{j=1}^{n} a_j (c_i(t)) \frac{dx_j}{dt} \right) dt \\ &= \int_a^b \left(\sum_{j=1}^{n} a_j (c(t)) \frac{dx_j}{dt} \right) dt \end{aligned}$$

정의 2.1.3

$c:[a,b]\rightarrow U$가 조각적으로 미분가능인 매개함수일 때, 다음이 성립한다.

(1) 미분동형사상

$$\varphi:[c,d]\rightarrow[a,b]$$

를 c의 **변수변환함수**(change of parametrization)라 하고

$$\tilde{c}=c\circ\varphi:[c,d]\rightarrow U$$

를 c의 **재매개화**(reparametrization)라 한다([그림 2.2]).

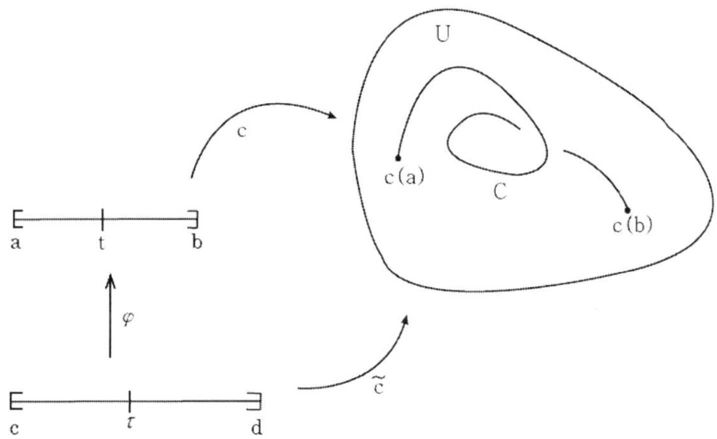

[그림 2.2]

(2) 변수변환함수 φ가 증가할 때 φ가 **방향성을 보존한다**(orientation-preserving)라고 말하고, 반대로 φ가 감소할 때 φ가 **방향성을 반대로 한다**(orientation--reversing)라고 말한다.

$a<b$이고 $c<d$일 때, 방향성을 반대로 하는 변수변환함수 φ의 대표적인 예로 다음 함수를 택할 수 있다([그림 2.3]).

$$\varphi:[c,d]\rightarrow[a,b],\ \ \varphi(\tau)=\frac{a-b}{d-c}(\tau-d)+a$$

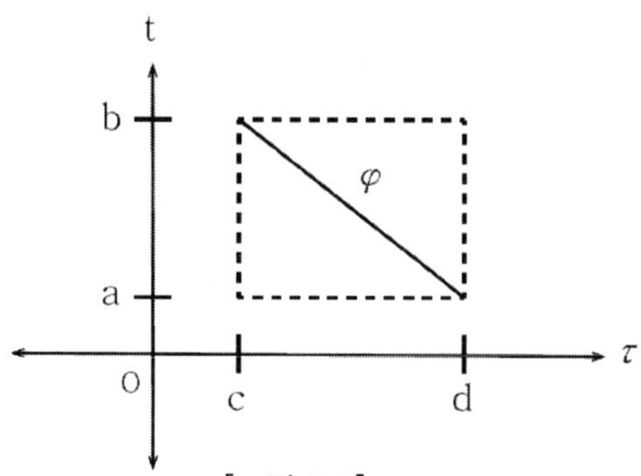

[그림 2.3]

보조정리 2.1.4

선적분은 방향성을 보존하는 재매개화에 관계없이 잘 정의된다.

증명 $c:[a,b]\to U$가 조각적으로 미분가능인 매개함수이고 ω가 열린집합 $U\subset\mathbb{R}^n$에서 정의된 1차 미분형식일 때, $\tilde{c}:[c,d]\to U$를 [정의 2.1.3]과 같이 증가함수 φ를 이용하여 얻어진 c의 재매개화라 하자. 이때 정의에 의해 다음이 성립한다.

$$\begin{aligned}\int_c\omega &= \int_a^b\left(\sum_{j=1}^n a_j(c(t))\frac{dx_j}{dt}\right)dt\\ &= \int_a^b\left(\sum_{j=1}^n a_j(x_1(t),x_2(t),\dots,x_n(t))\frac{dx_j}{dt}\right)dt\\ &= \int_a^b\left(\sum_{j=1}^n a_j(x_1(t),x_2(t),\dots,x_n(t))\frac{dx_j}{d\tau}\frac{d\tau}{dt}\right)dt,\ t=\varphi(\tau)\end{aligned}$$

한편 $dt=\varphi'(\tau)d\tau$이고 φ가 c의 방향성을 보존하므로 다음이 성립한다.

$$\begin{aligned}\int_c\omega &= \int_a^b\left(\sum_{j=1}^n a_j(x_1(t),x_2(t),\dots,x_n(t))\frac{dx_j}{d\tau}\frac{d\tau}{dt}\right)dt\\ &= \int_c^d\left(\sum_{j=1}^n a_j(x_1(\varphi(\tau)),x_2(\varphi(\tau)),\dots,x_n(\varphi(\tau)))\frac{dx_j}{d\tau}\right)d\tau\\ &= \int_c^d\left(\sum_{j=1}^n a_j(\tilde{c}(\tau))\frac{dx_j}{d\tau}\right)d\tau\\ &= \int_{\tilde{c}}\omega\end{aligned}$$

■

$C=c([a,b])$가 조각적으로 미분가능인 매개곡선일 때, [보조정리 2.1.4]에 의해 선적분 $\int_c\omega$를 종종 $\int_C\omega$로 나타내기도 한다. 특히 C가 닫힌 매개곡선일 때, $\int_C\omega$를

$\oint_C \omega$로 나타낸다.

[보조정리 2.1.4]에 의해 다음 사실도 성립한다. 증명이 그리 어렵지 않으므로 자세한 증명은 생략한다.

따름정리 2.1.5

$a < b$일 때,

$$\varphi : [0,1] \to [a,b],\ \varphi(t) = (b-a)t + a$$

라 하면 다음이 성립한다.

$$\int_c \omega = \int_{\tilde{c}} \omega$$

단, 여기서 $\tilde{c} = c \circ \varphi : [0,1] \to U$을 나타낸다.

[따름정리 2.1.5]에 의해 선적분을 정의역이 $[0,1]$인 조각적으로 미분가능인 매개함수에 대해서만 정의해도 일반성을 잃지 않는다. 앞으로 특별한 언급 없이 이 사실을 자유롭게 이용한다.

정의 2.1.6

$a < b$이고 $c < d$에 대하여 $\varphi : [c,d] \to [a,b]$가 방향성을 반대로 하는 변수변환함수일 때, 재매개화 $\tilde{c} = c \circ \varphi$를 간단히 $-c$로 나타낸다.

보조정리 2.1.7

$c : [a,b] \to U$가 조각적으로 미분가능인 매개함수이고 ω가 열린집합 $U \subset \mathbb{R}^n$에서 정의된 1차 미분형식일 때, c의 방향성을 반대로 하는 변수변환함수

$$\varphi : [c,d] \to [a,b]$$

에 대하여 다음이 성립한다.

$$\int_{-c} \omega = -\int_c \omega$$

증명 이 보조정리의 증명은 [보조정리 2.1.4]의 증명과 비슷하다. 실제로 선적분의 정의에 의

해 다음이 성립한다.

$$
\begin{aligned}
-\int_c \omega &= -\int_a^b \left(\sum_{j=1}^n a_j(c(t)) \frac{dx_j}{dt} \right) dt \\
&= -\int_a^b \left(\sum_{j=1}^n a_j(x_1(t), x_2(t), \ldots, x_n(t)) \frac{dx_j}{dt} \right) dt \\
&= -\int_a^b \left(\sum_{j=1}^n a_j(x_1(t), x_2(t), \ldots, x_n(t)) \frac{dx_j}{d\tau} \frac{d\tau}{dt} \right) dt, \quad t = \varphi(\tau)
\end{aligned}
$$

한편 $dt = \varphi'(\tau)d\tau$이고 φ가 c의 방향성을 반대로 만들기 때문에 다음이 성립한다.

$$
\begin{aligned}
-\int_c \omega &= -\int_a^b \left(\sum_{j=1}^n a_j(x_1(t), x_2(t), \ldots, x_n(t)) \frac{dx_j}{d\tau} \frac{d\tau}{dt} \right) dt \\
&= -\int_d^c \left(\sum_{j=1}^n a_j(x_1(\varphi(\tau)), x_2(\varphi(\tau)), \ldots, x_n(\varphi(\tau))) \frac{dx_j}{d\tau} \right) d\tau \\
&= \int_c^d \left(\sum_{j=1}^n a_j(x_1(\varphi(\tau)), x_2(\varphi(\tau)), \ldots, x_n(\varphi(\tau))) \frac{dx_j}{d\tau} \right) d\tau \\
&= \int_c^d \left(\sum_{j=1}^n a_j(\tilde{c}(\tau)) \frac{dx_j}{d\tau} \right) d\tau \\
&= \int_{-c} \omega
\end{aligned}
$$

■

정의 2.1.8

유클리드 공간 $\mathbb{R}^n$의 열린 부분집합 U에서 정의된 1차 미분형식 ω에 대하여 다음이 성립한다.

(1) $d\omega = 0$이면 ω를 U에서 **닫힌형식**(closed form)이라 한다.

(2) $\omega = df$를 만족하는 미분가능인 함수 $f : V \to \mathbb{R}$와 열린집합 $V \subset U$가 존재할 때, ω를 V에서 **완전형식**(exact form)이라 한다.

보조정리 2.1.9

유클리드 공간 $\mathbb{R}^n$의 열린 부분집합 U에서 정의된 1차 미분형식 ω가 $V \subset U$에서 완전형식일 때, 임의의 미분가능인 매개함수 $c : [a,b] \to V$에 대하여 다음이 성립한다.

$$\int_c \omega = f(c(b)) - f(c(a))$$

특히, $C=c([a,b])$가 $c(a)=c(b)$을 만족하는 닫힌곡선이면

$$\int_c \omega = 0$$

이다.

증명 가정의 의해 $\omega = df$를 만족하는 미분가능인 함수 $f: V \to \mathbb{R}$와 열린집합 $V \subset U$가 존재한다. 따라서 다음이 성립한다.

$$\begin{aligned}
\int_c \omega - \int_c df - \int_a^b c^*(df) &= \int_a^b d(c^* f) \\
&= \int_{f(c(a))}^{f(c(b))} d\tau, \quad \tau = c^* f = f \circ c \\
&= [\tau]_{t=f(c(a))}^{\tau=f(c(b))} \\
&= f(c(b)) - f(c(a))
\end{aligned}$$

■

따름정리 2.1.10

유클리드 공간 $\mathbb{R}^n$의 열린 부분집합 U에서 정의된 1차 미분형식 ω가 $c(a)=c(b)$를 만족하는 적당한 미분가능인 매개함수 $c:[a,b] \to U$에 대하여

$$\int_c \omega \neq 0$$

을 만족할 때, ω는 U 상에서 완전형식이 아니다.

증명 만약에 ω가 U 상에서 완전형식이라면 $\omega = df$를 만족하는 미분가능인 함수 $f: U \to \mathbb{R}$가 존재한다. 따라서 [보조정리 2.1.9]에 의해

$$\int_c \omega = f(c(b)) - f(c(a)) = 0$$

이다. 하지만 이것은 가정에 모순이다.

■

예제 2.1.11

$U = \mathbb{R}^2 - \{(0,0)\}$ 상에서 정의된

$$\omega = -\frac{y}{x^2+y^2}dx + \frac{x}{x^2+y^2}dy$$

에 대하여, 다음이 성립한다.

(1) [예제 1.3.6 (3)]에 의해 $d\omega = 0$이다. 즉 ω는 U 상에서 닫힌형식이다.

(2) 하지만 ω는 U 상에서 완전형식이 아니다. 실제로

$$c : [0, 2\pi] \to U, \quad c(t) = (\cos t, \sin t)$$

라 할 때,

$$\int_c \omega = \int_0^{2\pi} \frac{-\sin t d(\cos t) + \cos t d(\sin t)}{\cos^2 t + \sin^2 t} = \int_0^{2\pi} dt = 2\pi$$

이므로 [따름정리 2.1.10]에 의해 ω는 U 상에서 완전형식이 될 수 없다.

하지만 아래에서 소개할 1차 미분형식에 관한 푸앵카레 보조정리에 의해, ω가 U 상에서 닫힌형식이므로 임의의 점 $p \in U$에 대하여 ω가 완전형식이 되는 p의 열린근방 $p \in V \subset U$가 항상 존재한다. 즉 ω는 **국소적 완전형식**(locally exact form)이다.

□

다음 보조정리가 성립한다.

보조정리 2.1.12

유클리드 공간 $\mathbb{R}^n$의 열린 부분집합 U에서 정의된 1차 미분형식 ω에 대하여, 다음 세 명제는 서로 동치이다. 단, 여기서 V는 U의 연결된 열린집합을 나타낸다.

(1) ω가 완전형식이 되는 연결된 열린집합 $V \subset U$가 존재한다.

(2) 모든 조각적으로 미분가능인 매개함수 $c : [0,1] \to V$에 대하여 선적분 $\int_c \omega$는 c의 양 끝점 $c(0)$와 $c(1)$에만 의존한다. 즉 $\tilde{c} : [0,1] \to V$가 $\tilde{c}(0) = c(0)$와 $\tilde{c}(1) = c(1)$를 만족하는 또 다른 조각적으로 미분가능인 매개함수일 때, 다음이 성립한다([그림 2.4]).

$$\int_c \omega = \int_{\tilde{c}} \omega$$

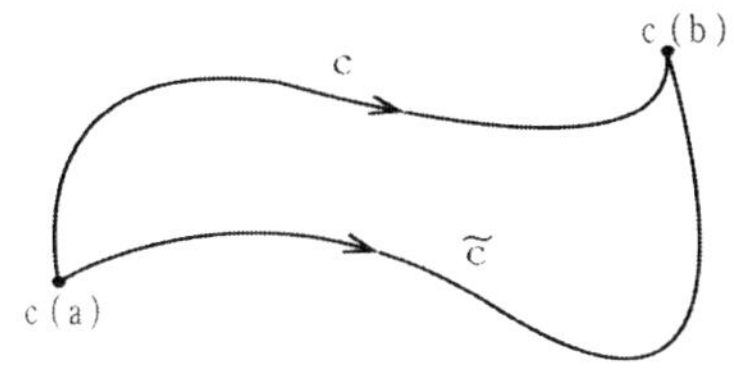

[그림 2.4]

(3) 모든 조각적으로 미분가능인 닫힌 매개함수 $c:[0,1]\to V$에 대하여 다음이 성립한다.

$$\int_c \omega = 0$$

증명 이 보조정리를 다음 순서로 증명한다.

$$(1) \Rightarrow (2) \Rightarrow (3) \Rightarrow (2) \Rightarrow (1)$$

(1) $\Rightarrow$ (2) [보조정리 2.1.9]에서 증명되었다.

(2) $\Rightarrow$ (3) $\tilde{c}:[0,1]\to V$를 $\tilde{c}(t)=c(0)=c(1)$를 만족하는 상수인 매개함수라 할 때, 가정에 의해 다음이 성립한다.

$$\int_c \omega = \int_{\tilde{c}} \omega = 0$$

(3) $\Rightarrow$ (2) $c:[0,1]\to V$가 임의의 조각적으로 미분가능인 매개함수일 때, $\tilde{c}:[0,1]\to V$를 $\tilde{c}(0)=c(0)$와 $\tilde{c}(1)=c(1)$를 만족하는 또 다른 조각적으로 미분가능인 매개함수라 하자. 이때 $\tilde{c}^{-1}:[0,1]\to V$를 다음과 같이 정의하자.

$$\tilde{c}^{-1}:[0,1]\to V,\ \tilde{c}^{-1}(t)=\tilde{c}(1-t)$$

$\tilde{c}^{-1}$는 $\tilde{c}$와 같은 상을 갖는 매개곡선을 나타내지만, $\tilde{c}^{-1}$의 시작점과 종점이 각각 $\tilde{c}$의 종점과 시작점으로 변경된 매개함수이다. 따라서 $\tilde{c}^{-1}$과 $\tilde{c}$의 방향성이 서로 반대이다. 즉 $\tilde{c}^{-1}=-\tilde{c}$이다. 그런 다음, $\tilde{c}^{-1}$를 이용하여 새로운 조각적으로 미분가능인 닫힌 매개함수 $c*\tilde{c}^{-1}:[0,1]\to V$를 다음과 같이 정의하자.

$$c*\tilde{c}^{-1}(t)=\begin{cases} c(2t), & 0\le t\le \dfrac{1}{2} \\ \tilde{c}^{-1}(2t-1)=\tilde{c}(2-2t), & \dfrac{1}{2}< t\le 1 \end{cases}$$

그러면 $c * \tilde{c}^{-1}$는

$$c * \tilde{c}^{-1}(0) = c(0) = \tilde{c}(0) = c * \tilde{c}^{-1}(1)$$

를 만족하는 조각적으로 미분가능인 닫힌 매개함수이다. 따라서 (3)의 가정과 [보조정리 2.1.7]에 의해 다음이 성립한다.

$$\begin{aligned} 0 &= \int_{c * \tilde{c}^{-1}} \omega = \int_c \omega + \int_{\tilde{c}^{-1}} \omega \\ &= \int_c \omega - \int_{\tilde{c}} \omega \end{aligned}$$

즉 $\int_c \omega = \int_{\tilde{c}} \omega$이다.

(2) ⇒ (1) ω가 연결된 열린집합 $V \subset U$에서 완전형식임을 보인다. 이를 위해 먼저 한 점 $p \in V$를 고정하고 임의의 점 x와 p를 연결하는 조각적으로 미분가능인 매개함수 $c : [0,1] \to V$를 택하자([그림 2.5]). 그런 다음, 함수 $f : V \to \mathbb{R}$를 다음과 같이 정의하자.

$$f(x) = \int_c \omega$$

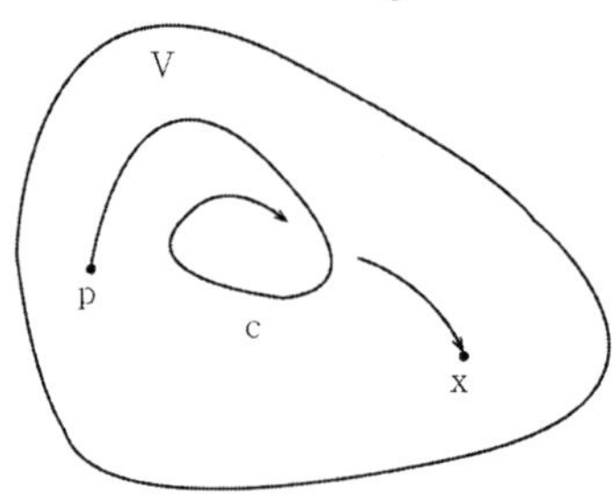

[그림 2.5]

가정 (2)에 의해 선적분이 매개함수 c에 의존하지 않으므로 함수 f가 잘 정의된다. 또한 V 상에서 $df = \omega$임을 보일 수 있다.

실제로 $\omega = \sum_{i=1}^{n} a_i dx_i$일 때, $df = \sum_{i=1}^{n} \frac{\partial f}{\partial x_i} dx_i$이므로 각각의 $1 \le i \le n$에 대하여 $a_i = \frac{\partial f}{\partial x_i}$이 성립함을 보이면 충분하다. 이를 보이기 위해 $\{e_1, e_2, \ldots, e_n\}$를 $\mathbb{R}^n$의 표준기저라 할 때, 각각의 $1 \le i \le n$에 대하여

$$c_i(t) = x + te_i, \quad -\varepsilon < t < \varepsilon, \ \ \varepsilon > 0$$

라 하자. 이때 $c * c_i$를 다음과 같이 정의하자([그림 2.6]).

$$c * c_i : [0,1+\varepsilon) \to V,\ c * c_i(t) = \begin{cases} c(t), & 0 \le t \le 1, \\ c_i(t-1), & 1 \le t \le 1+\varepsilon \end{cases}$$

또는

$$c * c_i : [0,1+\varepsilon) \to V,\ c * c_i(t) = \begin{cases} c(t), & 0 \le t \le 1, \\ c_i(1-t), & 1 \le t \le 1+\varepsilon \end{cases}$$

그러면 정의에 의해

$$\begin{aligned} \frac{\partial f}{\partial x_i}(x) &= \lim_{t\to 0}\frac{1}{t}(f(x+te_i)-f(x)) = \lim_{t\to 0}\frac{1}{t}\left(\int_{c * c_i}\omega - \int_c \omega\right) \\ &= \lim_{t\to 0}\frac{1}{t}\int_{c_i}\omega \end{aligned}$$

이다. 따라서 다음이 성립한다.

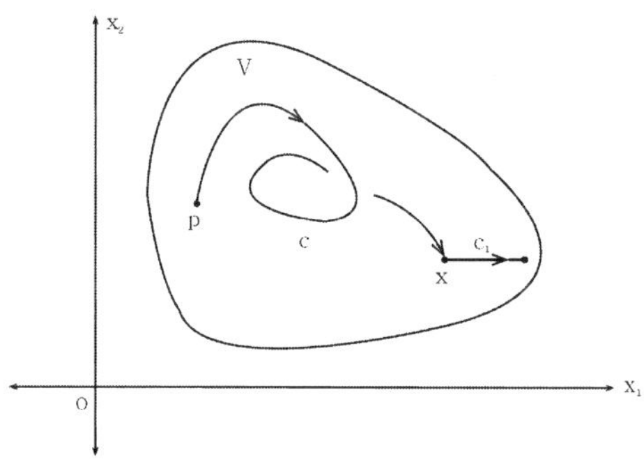

[그림 2.6]

$$\begin{aligned} \frac{\partial f}{\partial x_i}(x) &= \lim_{t\to 0}\frac{1}{t}\int_{c_i}\omega \\ &= \lim_{t\to 0}\frac{1}{t}\int_0^t\left(\sum_{j=1}^{n} a_j(c_i(t))\frac{d(x_j+t\delta_{ji})}{dt}\right)dt \\ &= \lim_{t\to 0}\frac{1}{t}\int_0^t a_i(c_i(t))dt = \lim_{t\to 0}\frac{1}{t}\int_0^t a_i(x+te_i)dt \\ &= a_i(x) \end{aligned}$$

■

다음 세 개의 절에서는 선적분을 이용하여 얻을 수 있는 다양한 결과를 정리한다. 특히 닫힌곡선의 회전수, 1차 미분형식에 관한 푸앵카레 보조정리, 미분가능인 함수의 지표에 관한 성질을 알아본다.

▶▶ 연습문제 2.1

1. $\mathbb{R}^2$ 상에서 정의된 1차 미분형식 $\omega = xydx + x^2dy$에 대하여 다음 물음에 답하라.

(1) c가 $(-1,-1)$에서 $(2,8)$를 잇는 3차 곡선 $y=x^3$으로 주어진 매개함수일 때, 선적분 $\int_c \omega$를 계산하라.

(2) c가 $(-1,-1)$에서 $(2,8)$를 잇는 직선 $(1-t)(-1,-1)+t(2,8),\ 0 \le t \le 1$으로 주어진 매개함수일 때, 선적분 $\int_c \omega$를 계산하라.

(3) c가 다음과 같이 주어진 $(-1,-1)$에서 $(2,8)$를 잇는 매개함수일 때, 선적분 $\int_c \omega$를 계산하라([그림 2.7]).

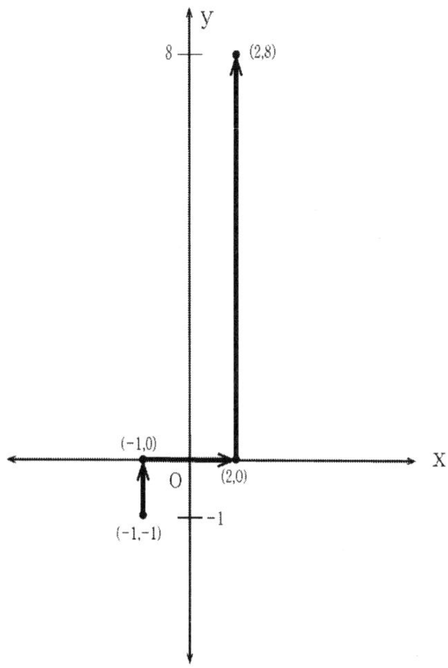

[그림 2.7]

$$c:[0,3] \to \mathbb{R}^2,\ c(t) = \begin{cases} (1-t)(-1,-1)+t(-1,0), & 0 \le t \le 1, \\ (2-t)(-1,0)+(t-1)(2,0), & 1 \le t \le 2, \\ (3-t)(2,0)+(t-2)(2,8), & 2 \le t \le 3 \end{cases}$$

2. $\mathbb{R}^2$ 상에서 정의된 1차 미분형식 $\omega = xdx + ydy$에 대하여 다음 물음에 답하라.

(1) ω가 닫힌형식임을 보여라.

(2) $\omega = df$를 만족하는 함수 $f:\mathbb{R}^2 \to \mathbb{R}$를 찾아라.

(3) c가 $c(t) = (\cos t, \sin t),\ 0 \le t \le 2\pi$로 주어진 매개함수일 때, 선적분 $\int_c \omega$를 계산하라.

3. $\mathbb{R}^2$ 상에서 정의된 1차 미분형식 $\omega = 2xy^3dx + 3x^2y^2dy$에 대하여 다음 물음에 답하라.

(1) ω가 닫힌형식임을 보여라.

(2) c가 $(0,0)$에서 (x,x^2)를 잇는 포물선 $y = x^2$으로 주어진 매개함수일 때, 선적분 $\int_c \omega$를 계산하라.

(3) c가 $(0,0)$에서 (x,x^2)를 잇는 직선 $(1-t)(0,0)+t(x,x^2)$, $0 \le t \le 1$으로 주어진 매개함수일 때, 선적분 $\int_c \omega$를 계산하라.

4. $\mathbb{R}^3$ 상에서 정의된 1차 미분형식 $\omega = ydx + xdy + zdz$에 대하여 c가 $c(t) = (2\cos t, 2\sin t, t)$, $0 \le t \le 2\pi$로 주어진 매개함수일 때, 선적분 $\int_c \omega = 2\pi^2$ 임을 보여라.

5. $\mathbb{R}^2$ 상에서 정의된 1차 미분형식 $\omega = ydx + xdy$에 대하여 다음 매개함수에 관해 모두 같은 선적분 $\int_c \omega$를 가짐을 보여라.

(1) $c(t) = (2t+1, 4t+2)$, $0 \le t \le 1$

(2) $c(t) = (t^2, 2t^2)$, $1 \le t \le \sqrt{3}$

(3) $c(t) = (\ln t, 2\ln t)$, $e \le t \le e^3$

6. $\mathbb{R}^2$ 상에서 정의된 1차 미분형식 $\omega = (x^2+y^2)dx - 2xydy$에 대하여 c가 다음과 같이 주어진 매개함수일 때, 선적분 $\int_c \omega$를 계산하라.

(1) $c : [0,2] \to \mathbb{R}^2$, $c(t) = \begin{cases} (t,t^2), & 0 \le t \le 1, \\ (2-t, \sqrt{2-t}), & 1 \le t \le 2 \end{cases}$

(2) $c : [0,2] \to \mathbb{R}^2$, $c(t) = \begin{cases} (1-t)(-2,0)+t(2,0), & 0 \le t \le 1, \\ (2\cos(\pi t - \pi), 2\sin(\pi t - \pi)), & 1 \le t \le 2 \end{cases}$

7. $\mathbb{R}^3$ 상에서 정의된 1차 미분형식 $\omega = ydx + zdy + xdz$에 대하여 c가 (0,0,0)에서 (6,0,0), (6,0,0)에서 (6,0,5), (6,0,5)에서 (6,8,5)까지 선분으로 주어진 매개함수일 때, 선적분 $\int_c \omega = 70$임을 보여라.

8. $a < b$일 때,

$$\varphi : [0,1] \to [a,b],\ \varphi(t) = (b-a)t + a$$

라 하면 다음이 성립함을 보여라.

$$\int_c \omega = \int_{\tilde{c}} \omega$$

단, 여기서 $\tilde{c} = c \circ \varphi : [0,1] \to \mathbb{R}^2$을 나타낸다.

2.2 회전수

이 절에서는 선적분의 응용으로 닫힌곡선의 회전수에 관한 성질을 알아본다.

회전수를 정의하기 위해, 먼저 [예제 1.3.6 (3)]에서와 같이 $U=\mathbb{R}^2-\{(0,0)\}$ 상에서 정의된 1차 미분형식

$$\omega=-\frac{y}{x^2+y^2}dx+\frac{x}{x^2+y^2}dy$$

와 미분가능인 매개함수

$$\gamma:[0,1]\to U,\ \ \gamma(t)=(x(t),y(t))$$

에 대하여 연속인 **각도함수**(angle function) $\varphi:[0,1]\to\mathbb{R}$를 다음과 같이 정의하자.

$$\varphi(t)=\int_{\gamma}\omega+\varphi_0,\ \ \varphi_0=\text{실수의 상수}$$

그러면 ω의 정의에 의해,

$$\varphi(t)=\int_0^t\frac{-y(t)x'(t)+x(t)y'(t)}{x(t)^2+y(t)^2}dt+\varphi_0$$

이다.

한편

$$a(t)=\frac{x(t)}{\sqrt{x(t)^2+y(t)^2}},\ \ b(t)=\frac{y(t)}{\sqrt{x(t)^2+y(t)^2}}$$

라 놓으면

$$a(t)b'(t)-a'(t)b(t)=\frac{x(t)y'(t)-x'(t)y(t)}{x(t)^2+y(t)^2}$$

이므로

$$\varphi(t)=\int_0^t(a(t)b'(t)-a'(t)b(t))dt+\varphi_0$$

가 된다.

보조정리 2.2.1

φ_0가 $\cos\varphi_0 = a(0)$와 $\sin\varphi_0 = b(0)$를 만족할 때,

$$\cos(\varphi(t)) = a(t),\ \ \sin(\varphi(t)) = b(t)$$

가 성립한다.

증명 증명을 위해, 모든 $0 \le t \le 1$에 대하여

$$A(t) = (a(t) - \cos(\varphi(t)))^2 + (b(t) - \sin(\varphi(t)))^2$$

라 하자. 이때

$$a(t)^2 + b(t)^2 = 1$$

이므로 $a(t)a'(t) + b(t)b'(t) = 0$이다. 따라서 모든 $0 \le t \le 1$에 대하여 직접 계산을 통해

$$A'(t) = 0$$

임을 쉽게 보일 수 있다. 한편 $A(0) = 0$이므로 $A(t) \equiv 0$이다. 즉 모든 $0 \le t \le 1$에 대하여

$$\cos(\varphi(t)) = a(t),\ \ \sin(\varphi(t)) = b(t)$$

이 성립한다. ■

[보조정리 2.2.1]에 의해 함숫값 $\varphi(t)$는 원점을 중심으로 $\gamma(0)$와 $\gamma(t)$ 사이의 각도를 측정하는 함수임을 알 수 있다([그림 2.8]).

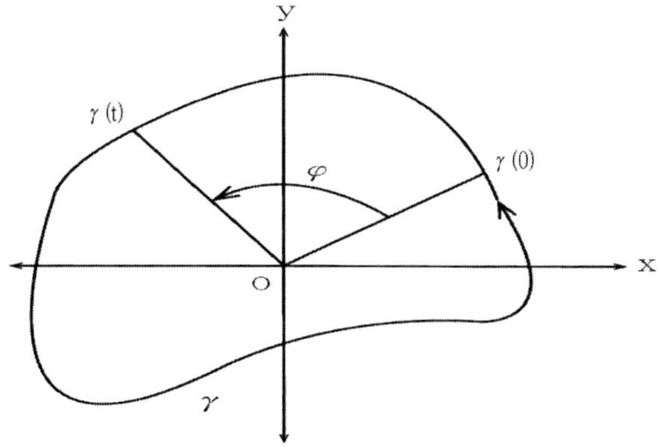

[그림 2.8]

한편 γ가 닫힌곡선이면 $\gamma(0) = \gamma(1)$이지만 일반적으로 $\varphi(0) \neq \varphi(1)$이다. 사실,

$$\cos(\varphi(0)) = \cos(\varphi(1)),\ \ \sin(\varphi(0)) = \sin(\varphi(1))$$

이므로

$$\frac{1}{2\pi}(\varphi(1)-\varphi(0))$$

는 항상 정수이다.

정의 2.2.2

닫힌 매개함수 γ의 **원점** $(0,0)$**에 관한 회전수**(winding number) $\mathrm{WN}(\gamma,(0,0))$를 다음과 같은 정수로 정의한다.

$$\mathrm{WN}(\gamma,(0,0))=\frac{1}{2\pi}(\varphi(1)-\varphi(0))$$

예제 2.2.3

일반적인 점 $p=(p_1,p_2)\in\mathbb{R}^2$에 관한 회전수 $\mathrm{WN}(\gamma,p)$는 원점에서의 회전수와 비슷한 방법으로 정의된다. 실제로 $U=\mathbb{R}^2-\{p\}$ 상에서 정의된 1차 미분형식

$$\alpha=-\frac{y-p_2}{(x-p_1)^2+(y-p_2)^2}dx+\frac{x-p_1}{(x-p_1)^2+(y-p_2)^2}dy$$

와 미분가능인 매개함수

$$\gamma:[0,1]\to U,\ \ \gamma(t)=(x(t),y(t))$$

에 대하여 연속인 각도함수 $\psi:[0,1]\to\mathbb{R}$를 원점의 경우와 같이

$$\psi(t)=\int_\gamma\alpha+\psi_0,\ \ \psi_0=\text{실수의 상수}$$

로 정의하자. 이때 닫힌 매개함수 γ의 **점** $p=(p_1,p_2)$**에 관한 회전수** $\mathrm{WN}(\gamma,p)$는

$$\mathrm{WN}(\gamma,p)=\frac{1}{2\pi}(\psi(1)-\psi(0))$$

로 정의된다.

사실, 함수 $T_{-p}:\mathbb{R}^2-\{(p_1,p_2)\}\to\mathbb{R}^2-\{(0,0)\}$가

$$T_{-p}(x,y)=(x-p_1,y-p_2)$$

일 때,

$$\alpha = T_{-p}^{*}\omega$$

로 주어진다. □

[예제 1.3.6 (3)]에서와 같이 $U = \mathbb{R}^2 - \{(0,0)\}$ 상에서 정의된 1차 미분형식

$$\omega = -\frac{y}{x^2+y^2}dx + \frac{x}{x^2+y^2}dy$$

는 닫힌형식이다. 한편 닫힌형식의 선적분은 서로 자유호모토피 관계에 있는 매개함수에 관해 항상 같은 값을 갖는다([따름정리 2.3.4] 참고). 따라서 닫힌 매개함수의 원점에 관한 회전수는 항상 단위원에 관한 회전수로 계산할 수 있다.

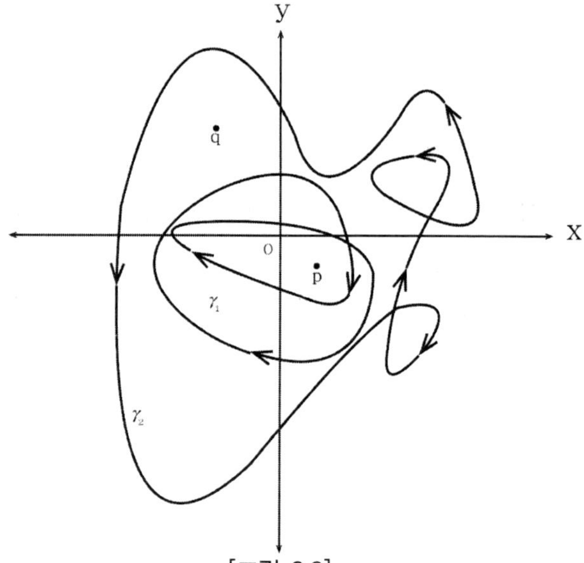

[그림 2.9]

예제 2.2.4

(1) [그림 2.9]와 같이 주어진 매개함수 $\gamma_1 : [0,1] \to \mathbb{R}^2 - \{(0,0)\}$의 원점에 관한 회전수 $\mathrm{WN}(\gamma_1,(0,0))$는 -2이다. 실제로 닫힌 매개함수 γ_1는 닫힌 매개함수

$$\delta_1 : [0,1] \to \mathbb{R}^2 - \{(0,0)\},\ \ \delta_1(t) = (\cos(4\pi t), -\sin(4\pi t))$$

와 호모토피 관계에 있다. 따라서 다음이 성립한다.

$$
\begin{aligned}
&\mathrm{WN}(\gamma_1,(0,0)) = \mathrm{WN}(\delta,(0,0)) = \frac{1}{2\pi}\int_{\delta_1}\omega \\
&= \frac{1}{2\pi}\int_0^1 \sin(4\pi t)d(\cos(4\pi t)) + \cos(4\pi t)d(-\sin(4\pi t)) \\
&= \frac{1}{2\pi}\int_0^1 -4\pi dt \\
&=-2
\end{aligned}
$$

(2) 비슷한 방법으로, [그림 2.9]와 같이 주어진 매개함수

$$\gamma_2 : [0,1] \to \mathbb{R}^2 - \{(0,0)\}$$

의 원점에 관한 회전수 $\mathrm{WN}(\gamma_2,(0,0))$는 1이다.

실제로 닫힌 매개함수 γ_2는 닫힌 매개함수

$$\delta_2 : [0,1] \to \mathbb{R}^2 - \{(0,0)\},\ \ \delta_1(t) = (\cos(2\pi t), \sin(2\pi t))$$

와 호모토피 관계에 있다. 따라서 다음이 성립한다.

$$
\begin{aligned}
&\mathrm{WN}(\gamma_2,(0,0)) = \mathrm{WN}(\delta,(0,0)) = \frac{1}{2\pi}\int_{\delta_2}\omega \\
&= \frac{1}{2\pi}\int_0^1 -\sin(2\pi t)d(\cos(2\pi t)) + \cos(2\pi t)d(\sin(2\pi t)) \\
&= \frac{1}{2\pi}\int_0^1 2\pi dt \\
&=1
\end{aligned}
$$

(3) $p \neq q \in \mathbb{R}^2$이고

$$\gamma_1 : [0,1] \to \mathbb{R}^2 - \{p\},\ \ \gamma_2 : [0,1] \to \mathbb{R}^2 - \{q\}$$

가 위의 그림과 같을 때,

$$\int_{\gamma_1} T_{-p}^* \omega + \int_{\gamma_2} T_{-q}^* \omega = -1$$

이다. 실제로 $\tilde{\gamma}_1(t) = T_{-p}(\gamma_1(t))$일 때, $\tilde{\gamma}_1$과 δ_1이 서로 호모토피 관계에 있다. 따라서 다음이 성립한다.

$$
\begin{aligned}
\int_{\gamma_1} T_{-p}^* \omega &= \int_0^1 T_{-p}^* \omega(\gamma_1{}'(t))dt = \int_0^1 \omega((T_{-p})_*(\gamma_1{}'(t)))dt \\
&= \int_0^1 \omega(\tilde{\gamma}_1{}'(t))dt = \int_{\tilde{\gamma}_1}\omega \\
&= \int_{\delta_1}\omega = -2
\end{aligned}
$$

비슷한 방법으로 $\tilde{\gamma}_2(t) = T_{-q}(\gamma_2(t))$일 때, $\tilde{\gamma}_2$와 δ_2는 서로 호모토피 관계에 있으므로

$$\int_{\gamma_2} T_{-q}^* \omega = \int_{\tilde{\gamma}_2} \omega = \int_{\delta_2} \omega = 1$$

이다.

또한 $T_{-q}^* \omega$가 γ_1에 의해 둘러싸인 영역의 모든 점에서 미분가능하고 $\mathbb{R}^2 - \{q\}$ 상에서 γ_1이 한 점(예를 들어, 원점)과 서로 호모토피 관계에 있으므로 다음 등식이 성립한다.

$$\int_{\gamma_1} T_{-q}^* \omega = 0$$

□

▶▶ 연습문제 2.2

1. $F(x,y)=(x^2-y^2, 2xy)$이고

$$\omega = -\frac{y}{x^2+y^2}dx + \frac{x}{x^2+y^2}dy$$

일 때, $\mathbb{R}^2 - \{(0,0)\}$ 상에서 다음 식이 성립함을 보여라.

$$F^*\omega = \frac{-2(x^2y+y^3)dx + 2(xy^2+x^3)dy}{(x^2-y^2)^2+4x^2y^2}$$

2. $\mathbb{R}^2 - \bigcup_{i=-k}^{k} \{(i,0)\}$ 상에서 정의된 1차 미분형식

$$\omega = \sum_{i=-k}^{k} (-1)^i \left(-\frac{y}{(x-i)^2+y^2}dx + \frac{x-i}{(x-i)^2+y^2}dy \right)$$

와 [그림 2.10]과 같은 방향성을 가진 매개함수

$$\gamma : [0,1] \to \mathbb{R}^2 - \bigcup_{i=-k}^{k} \{(i,0)\}$$

에 대하여 다음을 계산하라.

$$\int_\gamma \omega$$

(1) [그림 2.10]에서 $\gamma = \delta$인 경우 (2) [그림 2.10]에서 γ인 경우

(3) 각각의 $1 \le i \le k$에 대하여

$$\gamma(t) = \gamma_i(t) = \left(\left(i - \frac{1}{2}\right)\cos(2\pi t), \left(i - \frac{1}{2}\right)\sin(2\pi t) \right),\ 0 \le t \le 1$$

3. 다음과 같은 방향성을 가진 매개함수 $\gamma : [0,1] \to \mathbb{R}^2 - \bigcup_{i=-k}^{k} \{(i,0)\}$에 대하여 다음을 계산하라.

$$\sum_{i=-k}^{k} \mathrm{WN}(\gamma, (i,0))$$

(1) [그림 2.10]에서 $\gamma = \delta$인 경우 (2) [그림 2.10]에서 γ인 경우

(3) 각각의 $1 \le i \le k$에 대하여

$$\gamma(t) = \gamma_i(t) = \left(\left(i - \frac{1}{2}\right)\cos(2\pi t), \left(i - \frac{1}{2}\right)\sin(2\pi t)\right),\ \ 0 \le t \le 1$$

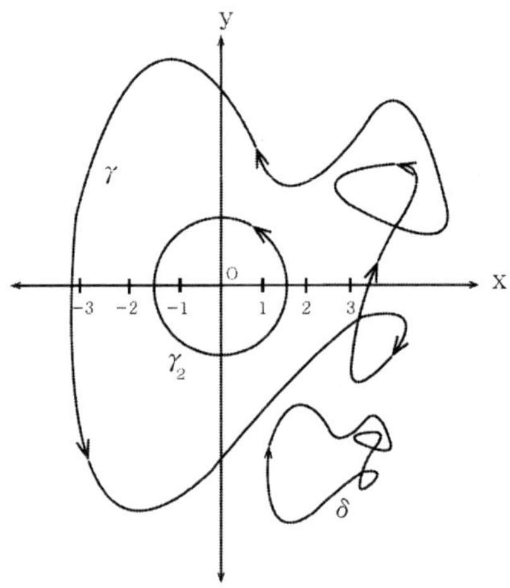

[그림 2.10]

2.3 푸앵카레 보조정리 I

이 절에서는 선적분을 이용하여 얻을 수 있는 결과로 1차 미분형식에 관한 푸앵카레 보조정리와 그와 관련된 여러 가지 성질을 알아본다.

정리 2.3.1 (푸앵카레 보조정리, Poincaré lemma)

유클리드 공간 $\mathbb{R}^n$의 열린 부분집합 U에서 정의된 1차 미분형식 ω에 대하여, 다음 두 명제는 서로 동치이다.

(1) ω가 닫힌형식이다.

(2) 임의의 점 $p \in U$에 대하여, p의 열린근방 $V \subset U$에서 $w = df$를 만족하는 미분가능인 함수 $f: V \to \mathbb{R}$가 존재한다. 즉 ω가 국소적으로 완전형식이다.

증명 (2) ⇒ (1) p의 열린근방 $V \subset U$에서 $w = df$이므로 다음이 성립한다.

$$d\omega = d(df) = d^2 f = 0$$

즉 ω가 닫힌형식이다.

(1) ⇒ (2) 일반적인 차원의 증명은 $n = 3$인 경우와 비슷하므로 $n = 3$인 경우에만 증명하면 충분하다.

이를 위해, 먼저 ω를 U에서

$$\omega = adx + bdy + cdz$$

로 나타내고 한 점 $p = (x_0, y_0, z_0) \in U$를 고정하자. $B(p, \varepsilon) \subset U$가 p를 중심으로 하고 반지름이 $\varepsilon > 0$인 열린공일 때, 임의의 $q = (x, y, z) \in B(p, \varepsilon)$에 대하여

$$\beta(t) = p + t(q - p) = (x_0, y_0, z_0) + t(x - x_0, y - y_0, z - z_0) \in B(p, \varepsilon), \ \ 0 \le t \le 1$$

라 놓자([그림 2.11]). 이때 함수 $f: B(p, \varepsilon) \to \mathbb{R}$를 다음과 같이 정의하자.

$$f(q) = \int_\beta \omega = \int_0^1 (a(\beta(t))(x - x_0) + b(\beta(t))(y - y_0) + c(\beta(t))(z - z_0))dt$$

그러면 다음이 성립한다.

$$\frac{\partial f}{\partial x}(q) = a(q), \ \ \frac{\partial f}{\partial y}(q) = b(q), \ \ \frac{\partial f}{\partial z}(q) = c(q)$$

실제로 $d\omega = 0$이므로 다음이 성립한다.

$$\begin{aligned} 0 = d\omega &= \left(\frac{\partial a}{\partial y}dy + \frac{\partial a}{\partial z}dz\right)\wedge dx + \left(\frac{\partial b}{\partial x}dx + \frac{\partial b}{\partial z}dz\right)\wedge dy \\ &+ \left(\frac{\partial c}{\partial x}dx + \frac{\partial c}{\partial y}dy\right)\wedge dz \\ &= \left(\frac{\partial b}{\partial x} - \frac{\partial a}{\partial y}\right)dx\wedge dy + \left(\frac{\partial c}{\partial y} - \frac{\partial b}{\partial z}\right)dy\wedge dz \\ &+ \left(\frac{\partial c}{\partial x} - \frac{\partial a}{\partial z}\right)dx\wedge dz \end{aligned}$$

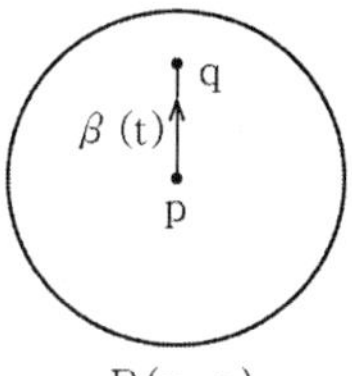

[그림 2.11]

따라서 다음 등식을 얻는다.

$$\frac{\partial b}{\partial x} = \frac{\partial a}{\partial y},\ \ \frac{\partial c}{\partial y} = \frac{\partial b}{\partial z},\ \ \frac{\partial c}{\partial x} = \frac{\partial a}{\partial z}$$

한편

$$\begin{aligned} \frac{\partial f}{\partial x}(q) &= \int_0^1 \left(\frac{\partial a}{\partial x}t(x-x_0) + \frac{\partial b}{\partial x}t(y-y_0) + \frac{\partial c}{\partial x}t(z-z_0) + a\right)dt \\ &= \int_0^1 \left(\frac{\partial a}{\partial x}t(x-x_0) + \frac{\partial a}{\partial y}t(y-y_0) + \frac{\partial a}{\partial z}t(z-z_0) + a\right)dt \\ &= \int_0^1 \left(t\frac{d}{dt}a(\beta(t)) + a(\beta(t))\right)dt = \int_0^1 \frac{d}{dt}(ta(\beta(t)))dt \end{aligned}$$

이므로 다음이 성립한다.

$$\frac{\partial f}{\partial x}(q) = a(\beta(1)) = a(q)$$

비슷한 방법으로 다음 등식도 성립함을 보일 수 있다.

$$\frac{\partial f}{\partial y}(q) = b(q),\ \ \frac{\partial f}{\partial z}(q) = c(q)$$

따라서 $B(p,\varepsilon)$ 상에서 $\omega = df$를 만족하는 미분가능인 함수 $f : B(p,\varepsilon) \to \mathbb{R}$가 존재하여 증명이 완료된다. ■

1차 닫힌형식의 선적분의 경우에는 푸앵카레 보조정리를 이용하여 조각적으로 미분가능인 매개함수에 대한 선적분을 연속인 매개함수에 대한 선적분으로 확장할 수 있다. 이 책에서는 앞으로 이 사실을 특별한 언급 없이 사용한다(더 자세한 내용은 Do Carmo의 저서 [4], p. 21 참고).

또한 푸앵카레 보조정리에 의해 닫힌 1차 미분형식은 국소적으로 완전형식임을 알 수 있다. 하지만 일반적으로 [예제 2.1.11]과 같이 유클리드 공간 $\mathbb{R}^n$의 열린집합 U에서 정의된 닫힌 1차 미분형식이 항상 완전형식인 것은 아니다. 다만 U가 단순연결(simply connected) 영역인 경우에는 U에서 정의된 모든 1차 닫힌형식이 항상 완전형식이 된다.

이를 보이기 위해 먼저 다음 정의가 필요하다.

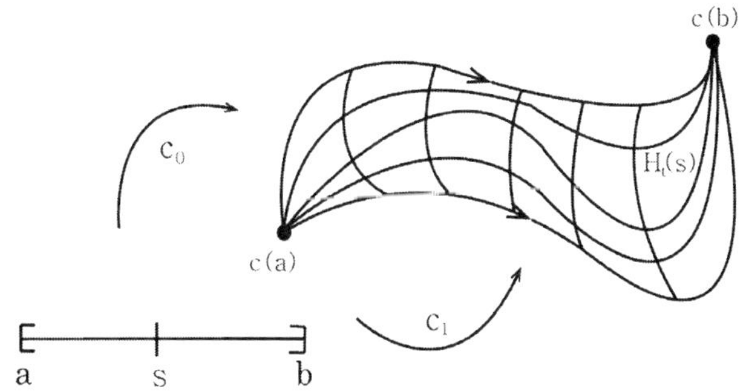

[그림 2.12]

정의 2.3.2

U가 유클리드 공간 $\mathbb{R}^n$의 열린집합일 때, 임의의 두 연속함수 $c_i : [a,b] \to U$, $i = 0,1$에 대하여 다음이 성립한다.

(1) $c_0(a) = c_1(a)$와 $c_0(b) = c_1(b)$일 때, 다음 조건을 만족하는 미분가능인 함수 $H : [a,b] \times [0,1] \to U$가 존재하면 c_0와 c_1이 서로 **호모토피 관계**(homotopic)에 있다고 한다([그림 2.12]).

$$H : [a,b] \times [0,1] \to U, \ \ (s,t) \in [a,b] \times [0,1]$$
$$H(s,0) = c_0(s), \ H(s,1) = c_1(s)$$
$$H(a,t) = c_0(a) = c_1(a), \ H(b,t) = c_0(b) = c_1(b), \ \ 0 \le t \le 1$$

이때 H를 **호모토피**(homotopy)라 하고 $c_0 \simeq_H c_1$로 나타낸다.

(2) 다음 조건을 만족하는 미분가능인 함수 $H : [a,b] \times [0,1] \to U$가 존재하면 c_0와 c_1가 서로 **자유호모토피 관계**(free homotopic)에 있다고 한다([그림 2.13]).

$$H : [a,b] \times [0,1] \to U, \ \ (s,t) \in [a,b] \times [0,1]$$
$$H(s,0) = c_0(s), \ H(s,1) = c_1(s)$$

이때 H를 **자유호모토피**(free homotopy)라 한다.

(3) 각각의 $0 \leq t \leq 1$에 대하여 $H_t : [a,b] \to U$를 다음과 같이 정의한다.

$$H_t(s) = H(s,t), \ \ a \leq s \leq b$$

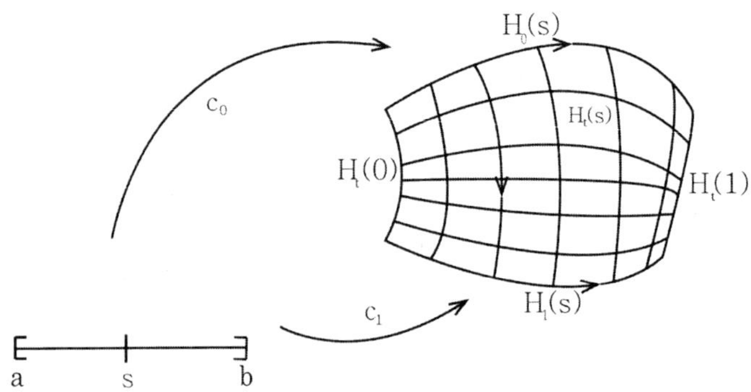

[그림 2.13]

[정의 2.3.2]에서는 호모토피를 미분가능인 함수로 정의했으나, 연속함수를 미분가능인 함수로 항상 근사할 수 있으므로 문맥에 따라 호모토피를 연속함수로 정의해도 충분한 경우가 대부분이다.

다음 정리가 성립한다.

정리 2.3.3

유클리드 공간 $\mathbb{R}^n$의 열린 부분집합 U에서 정의된 1차 닫힌형식 ω에 대하여 c_0와 c_1이 호모토피 H에 의해 서로 호모토피 관계에 있을 때, 다음이 성립한다.

$$\int_{c_0} \omega = \int_{c_1} \omega$$

증명 ω가 U에서 닫힌형식이므로 푸앵카레 보조정리에 의해 ω가 국소적으로 완전형식이다. 따라서 임의의 점 $p \in U$에 대하여 ω가 완전형식이 되는 열린공 $B_p \subset U$가 존재한다. 한편 $H([a,b] \times [0,1])$가 U의 부분집합이므로

$$H([a,b] \times [0,1]) \subset U$$

의 열린덮개 $\mathscr{B} = \{B_p \mid p \in H([a,b] \times [0,1])\}$가 존재한다. 이때

$$\mathscr{W} = \left\{ W_p = H^{-1}(B_p) \mid p \in \mathscr{B} \right\}$$

라 놓으면, $\mathscr{W}$는 $R = [a,b] \times [0,1]$의 열린덮개가 된다. 그런데 $[a,b] \times [0,1]$이 컴팩트 공간이므로 르베그 수 보조정리에 의해 적당한 양의 실수인 르베그 수(Lebesgue number) d가 존재하여 직경이 d보다 작은 R의 임의의 부분집합은 $\mathscr{W}$의 적당한 원소에 포함된다.

이제 R를 $s=$상수와 $t=$상수로 둘러싸인 직경이 d보다 작은 직사각형 $R_{j,k}$로 분할하자([그림 2.14]).

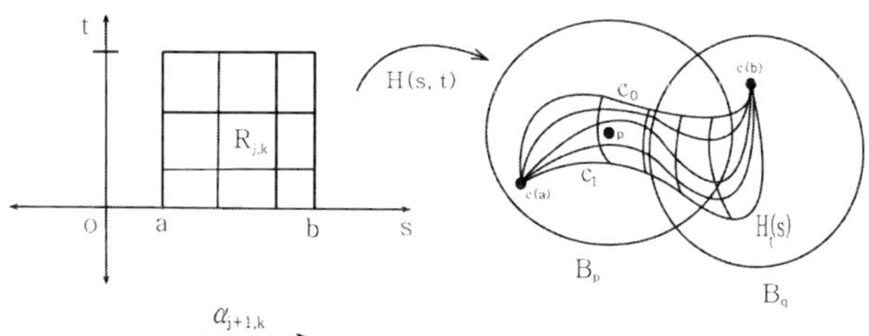

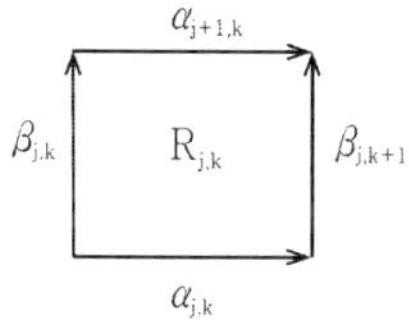

[그림 2.14]

그러면 $R_{j,k}$는 $\mathscr{W}$의 적당한 원소 W_p에 포함된다. 즉 $R_{j,k}$의 H의 상인 $H(R_{j,k})$는 $H(R_{j,k}) \subset B_p$을 만족한다. 따라서 [정리 2.1.12]에 의해 다음이 성립한다.

$$\int_{\partial R_{j,k}} \omega = 0$$

한편 $R_{j,k}$의 경계를 [그림 2.14]와 같이 $\alpha_{j,k}$, $\beta_{j,k+1}$, $\alpha_{j+1,k}$, $\beta_{j,k}$라 할 때,

$$0 = \int_{\partial R_{j,k}} \omega = \int_{\alpha_{j,k}} \omega + \int_{\beta j,k+1} \omega - \int_{\alpha_{j+1,k}} \omega - \int_{\beta_{j,k}} \omega$$

이다.

마지막으로 두 직사각형 $R_{j,k}$과 $R_{l,s}$가 서로 경계를 따라 만날 때, 서로 반대방향의 방향성으로 만난다는 사실을 이용하여 다음이 성립함을 알 수 있다([그림 2.15]).

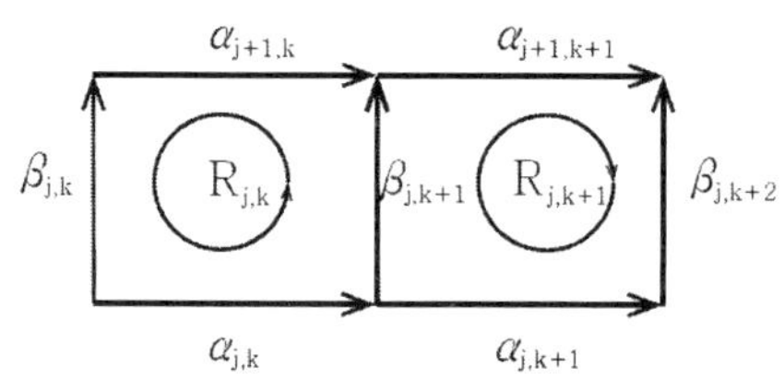

[그림 2.15]

$$\begin{aligned}
0 &= \sum_{j,k}\int_{\partial R_{j,k}}\omega = \sum_{j,k}\left(\int_{\alpha_{j,k}}\omega + \int_{\beta j,k+1}\omega - \int_{\alpha_{j+1,k}}\omega - \int_{\beta_{j,k}}\omega\right) \\
&= \int_{c_0}\omega + \int_{H(a,\ \cdot\ )}\omega - \int_{c_1}\omega - \int_{H(b,\ \cdot\ )}\omega \\
&= \int_{c_0}\omega - \int_{c_1}\omega
\end{aligned}$$

여기서 네 번째 등식을 얻기 위해 $H(a,\ \cdot\ )$와 $H(b,\ \cdot\ )$는 각각 $c_0(a)=c_1(a)$이고 $c_0(b)=c_1(b)$이므로

$$\int_{H(a,\ \cdot\ )}\omega = \int_{H(b,\ \cdot\ )}\omega = 0$$

이 성립함을 이용하였다. 따라서 증명이 완료된다. ■

따름정리 2.3.4

유클리드 공간 $\mathbb{R}^n$의 열린 부분집합 U에서 정의된 1차 닫힌형식 ω에 대하여 다음이 성립한다.

(1) 닫힌 매개함수 c_0와 c_1이 자유호모토피 H에 의해 서로 자유호모토피 관계에 있을 때, 다음이 성립한다([그림 2.16]).

$$\int_{c_0}\omega = \int_{c_1}\omega$$

(2) 닫힌 매개함수 c_0가 한 점과 자유호모토피 관계에 있을 때, 다음이 성립한다.

$$\int_{c_0}\omega = 0$$

증명 (1) [정리 2.3.3]의 증명과 비슷한 방법으로 다음 등식을 얻을 수 있다.

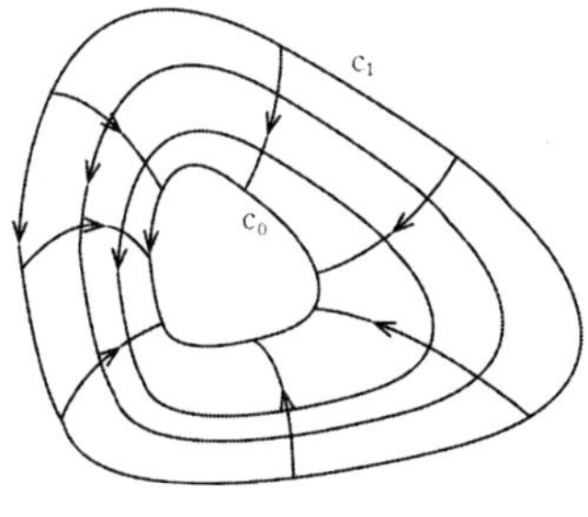

[그림 2.16]

$$0=\int_{c_0}\omega+\int_{H(a,\ \cdot\ )}\omega-\int_{c_1}\omega-\int_{H(b,\ \cdot\ )}\omega$$

한편 c_0와 c_1이 닫힌 매개곡선을 나타내므로 $H(a,\ \cdot\ )=H(b,\ \cdot\ )$가 성립한다. 따라서

$$\int_{H(a,\ \cdot\ )}\omega=\int_{H(b,\ \cdot\ )}\omega$$

이므로 위의 등식에 의해

$$\int_{c_0}\omega=\int_{c_1}\omega$$

이 성립한다.

(2) 가정에 의해 닫힌 매개함수 c_0가 한 점과 자유호모토피 관계에 있으므로 c_0와 상수의 매개함수 $c_1(t)=p_0$가 서로 호모토피 관계에 있다. 한편

$$\int_{c_1}\omega=\int_{p_0}\omega=0$$

이므로 위의 (1)에 의해 증명이 완료된다.

■

정의 2.3.5

U가 유클리드 공간 $\mathbb{R}^n$의 연결된 열린집합일 때, 모든 연속인 닫힌 매개함수가 한 점과 U 상에서 자유호모토피 관계에 있으면 U를 **단순영역**(simply connected region)이라 한다.

예제 2.3.6

(1) 임의의 정수 $n\geq 0$에 대하여, 유클리드 공간 $\mathbb{R}^n$과 열린공 $B(p,\varepsilon)\subset\mathbb{R}^n$은 단순영역이다.

(2) $n=1,2$일 때, $\mathbb{R}^n-\{(0,0)\}$는 단순영역이 아니다.

(3) 임의의 자연수 $n\geq 3$에 대하여, $\mathbb{R}^n-\{(0,0,\ldots,0)\}$는 단순영역이다. □

다음 따름정리는 단순영역의 정의, [보조정리 2.1.12], [따름정리 2.3.4 (2)]에 의해 거의 자명하다.

정리 2.3.7

유클리드 공간 $\mathbb{R}^n$의 단순영역 U에서 정의된 1차 닫힌형식 ω는 항상 완전형식이다.

증명 가정에 의해 U가 단순영역이므로 모든 닫힌 매개함수는 한 점과 자유호모토피 관계에 있다. 따라서 [따름정리 2.3.4 (2)]에 의해 모든 닫힌 매개함수 $c:[a,b] \to U$에 대하여

$$\int_c \omega = 0$$

이다. 한편 [보조정리 2.1.12]에 의해 이것은 ω가 U에서 완전형식임을 의미한다. ■

[보조정리 2.1.12]의 응용으로 다음이 성립한다.

정리 2.3.8

ω가 유클리드 공간 $\mathbb{R}^n$의 열린 부분집합 U에서 정의된 1차 미분형식일 때, 각각의 닫힌 미분가능인 매개함수 $c:[a,b] \to U$에 대하여 선적분 $\int_c \omega$가 유리수이면 ω가 닫힌형식이다.

증명 증명을 위해 ω가 국소적으로 완전형식임을 보이면 충분하다. 이를 위해, 먼저 U가 열린 집합이므로 임의의 점 $p \in U$에 대하여 $B(p,\varepsilon) \subset U$를 만족하는 연결인 열린공 $B(p,\varepsilon)$을 택하자. 그러면 $c:[a,b] \to B(p,\varepsilon)$가 임의의 닫힌 미분가능인 매개함수일 때, 가정에 의해 선적분 $\int_c \omega$은 유리수 $\frac{q_c}{p_c}$, $p_c, q_c \in \mathbb{Z}$로 주어진다. 즉

$$\int_c p_c \omega = q_c$$

로 정수이다. 따라서 $\tilde{c}:[a,b] \to B(p,\varepsilon)$가 c와 다른 새로운 닫힌 미분가능인 매개함수일 때, 다음이 성립한다.

$$\int_c p_c p_{\tilde{c}} \omega = p_{\tilde{c}} q_c \in \mathbb{Z}, \quad \int_{\tilde{c}} p_c p_{\tilde{c}} \omega = p_c q_{\tilde{c}} \in \mathbb{Z}$$

한편 임의의 닫힌 미분가능인 매개함수 $c:[a,b] \to B(p,\varepsilon)$에 대하여, 선적분 $\int_c \omega$는 연속적으로 변하는 양이다. 하지만 c와 $\tilde{c}$가 아주 가까운 매개함수일 때에는 $\int_c p_c p_{\tilde{c}} \omega$와 $\int_{\tilde{c}} p_c p_{\tilde{c}} \omega$

가 모두 이산적인 정수이므로

$$p_{\tilde{c}} q_c = \int_c p_c p_{\tilde{c}} \omega = \int_{\tilde{c}} p_c p_{\tilde{c}} \omega = p_c q_{\tilde{c}}$$

이 성립한다. 즉 $\dfrac{q_c}{p_c} = \dfrac{q_{\tilde{c}}}{p_{\tilde{c}}}$ 이고 이것은

$$\int_c \omega = \int_{\tilde{c}} \omega$$

을 의미한다.

사실 비슷한 방법으로 c와 $\tilde{c}$가 서로 연속적으로 변형시킬 수 있는 임의의 두 닫힌 미분가능인 매개함수일 때, 다음이 성립한다.

$$\int_c \omega = \int_{\tilde{c}} \omega$$

또한 상수인 매개함수에 대한 선적분은 0이고 $B(p,\varepsilon)$이 단순연결 영역이므로 임의의 닫힌 미분가능인 매개함수

$$c : [a,b] \to B(p,\varepsilon)$$

를 상수인 매개함수로 연속적으로 변형시킬 수 있다([정의 2.3.5]와 [예제 2.3.6 (1)] 참고). 따라서 모든 닫힌 미분가능인 매개함수 $c : [a,b] \to B(p,\varepsilon)$에 대하여 선적분

$$\int_c \omega = 0$$

이다. [보조정리 2.1.12]에 의해, 이 사실은 ω가 $B(p,\varepsilon)$에서 완전형식임을 의미하고, 특히 ω는 $B(p,\varepsilon)$에서 닫힌형식이 된다.

한편 p가 U의 임의의 점이므로 ω가 U에서 닫힌형식이 되어야만 한다.

■

예제 2.3.9

ω가 유클리드 공간 $\mathbb{R}^n$의 단순연결이 아닌 열린 부분집합 U에서 정의된 1차 미분형식이고 각각의 닫힌 미분가능인 매개함수 $c : [a,b] \to U$에 대하여 선적분 $\int_c \omega$가 유리수일 때, [정리 2.3.8]의 증명이 모든 닫힌 미분가능인 매개함수

$$c : [a,b] \to U$$

에 대하여 항상

$$\int_c \omega = 0$$

을 의미하는 것은 아니다. 예를 들어, $U = \mathbb{R}^2 - \{(0,0)\}$ 상에서 정의된 1차 미분형식

$$\omega = \frac{1}{2\pi}\left(-\frac{y}{x^2+y^2}dx + \frac{x}{x^2+y^2}dy\right)$$

는 임의의 닫힌 미분가능인 매개함수 $c : [0,1] \to U$에 대하여

$$\int_c \omega \in \mathbb{Z}$$

이고 사실 $\int_c \omega$가 임의의 정수의 값을 갖는 매개함수 c가 존재한다. 물론 임의의 점 $p \in U$와 임의의 열린공 $B(p,\varepsilon) \subset U$에 대하여, 모든 닫힌 미분가능인 매개함수

$$c : [0,1] \to B(p,\varepsilon)$$

에 관한 선적분 $\int_c \omega$은 항상 0이다. 그리고 $d\omega = 0$가 성립함도 직접 계산에 의해 또는 [정리 2.3.8]에 의해 쉽게 확인할 수 있다. □

▶▶ 연습문제 2.3

1. $\mathbb{R}^n$ 상에서 정의된 임의의 1차 미분형식 $\omega = \sum_{i=1}^{n} a_i dx_i$에 대하여 $\|\omega\|$를 다음과 같이 정의하자.

$$\|\omega\| = \left(\sum_{i=1}^{n} a_i^2\right)^{1/2}$$

이때 다음 물음에 답하라.

(1) $\mathbb{R}^n$의 열린 부분집합 U에서 정의된 1차 미분형식 ω와 임의의 매개함수

$$c:[a,b] \to U, \ \ c(t) = (x_1(t), x_2(t), \dots, x_n(t))$$

에 대하여

$$\|\omega(c(t))\| \le M, \ \ a \le t \le b, \ \ M\text{은 음이 아닌 실수의 상수}$$

일 때, 다음 부등식이 성립함을 보여라.

$$\left|\int_c \omega\right| = \left|\int_a^b \sum_{i=1}^{n} a_i(c(t)) \frac{dx_i}{dt} dt\right| \le \int_a^b \left|\sum_{i=1}^{n} a_i(c(t)) \frac{dx_i}{dt}\right| dt$$
$$\le \int_a^b \|\omega(c(t))\| \|c'(t)\| dt \le ML$$

단, 여기서 L은 c의 호길이를 나타낸다.

(2) $\mathbb{R}^2 - \{(0,0)\}$에서 정의된 1차 닫힌형식 ω가 중심이 원점이고 반지름이 1인 닫힌공 D에서 $\|\omega\| \le M$일 때, $c(a) = c(b)$를 만족하는 임의의 매개함수 $c:[a,b] \to \mathbb{R}^2 - \{(0,0)\}$에 대하여 다음 등식이 성립함을 보여라.

$$\int_c \omega = 0$$

(3) 위의 (2)에서 정의된 1차 닫힌형식 ω가 $\mathbb{R}^2 - \{(0,0)\}$에서 완전형식임을 보여라.

(4) $\mathbb{R}^2 - \{(0,0)\}$에서 정의된 1차 닫힌형식 ω가 다음 조건을 만족할 때, ω가 $\mathbb{R}^2 - \{(0,0)\}$에서 완전형식임을 보여라.

$$\lim_{x^2+y^2 \to 0} (x^2+y^2)^{1/2} \|\omega\| = 0$$

2. $\mathbb{R}^2-\{(0,0)\}$에서 다음과 같이 정의된 1차 미분형식 ω를 고려하자.

$$\omega=\frac{e^{10x}}{x^2+y^2}((x\cos y+y\sin y)dy+(x\sin y-y\cos y)dx)$$

(1) $r=\sqrt{x^2+y^2}$ 일 때, $x=r\cos\theta$이고 $y=r\sin\theta$임을 이용하여 ω를 다음과 같이 나타낼 수 있음을 보여라.

$$\omega=e^{10x}\cos y d\theta+e^{10x}\sin y\frac{dr}{r}$$

(2) $d\omega=0$임을 보여라.

(3) 다음 극한이 성립함을 보여라.

$$\lim_{r\to 0}r\|\omega-d\theta\|=0$$

(4) **[문제 1]**의 (4)를 이용하여, $\omega-d\theta$가 $\mathbb{R}^2-\{(0,0)\}$ 상에서 완전형식임을 보여라.

(5) 매개함수

$$c:[0,2\pi]\to\mathbb{R}^2-\{(0,0)\},\ c(t)=(\cos t,\sin t)$$

일 때, 다음 선적분이 성립함을 보여라.

$$\frac{1}{2\pi}\int_c\omega=1$$

3. $U,V\subset\mathbb{R}^n$가 모두 단순연결이고 $U\cap V$가 연결인 열린집합일 때, ω가 U와 V 상에서 모두 1차 완전형식이면 $U\cup V$에서도 완전형식임을 보여라.

2.4 함수의 지표

이 절에서는 선적분의 마지막 응용으로 미분가능인 함수의 지표에 관한 성질을 알아본다. 간단히 말해서, 함수의 지표(index)는 주어진 함수의 해의 개수를 해에 적절한 부호를 주어 중복도(multiplicity)까지 고려하여 세는 방법을 말해 준다.

정의 2.4.1

유클리드 공간 $\mathbb{R}^2$의 열린집합 U에서 정의된 미분가능인 함수

$$F: U \to \mathbb{R}^2$$

에 대하여 다음이 성립한다.

(1) $F(p)=0$일 때, p를 F의 **해** 또는 **근**(zero 또는 solution)이라 한다.

(2) p 이외에 다른 해가 없는 p의 열린근방 $V \subset U$가 존재할 때, p를 **고립해**(isolated zero)라고 말한다.

(3) F의 해 p에 대하여 미분사상

$$dF_p : T_pU \cong T_p\mathbb{R}^2 \to T_{F(p)}\mathbb{R}^2$$

가 정칙(regular, non-singular)이면 p를 **단순해**(simple zero)라 한다.

위의 정의에서 미분사상

$$dF_p : T_pU \cong T_p\mathbb{R}^2 \to T_{F(p)}\mathbb{R}^2$$

는 선형사상이고, dF_p가 동형사상(isomorphism)이면 dF_p를 **정칙**이라 한다. 만약 p가 F의 단순해이면 역함수정리(inverse function theorem)에 의해 F가 p의 근방에서 미분동형사상이 된다. 따라서 U의 컴팩트 부분집합에 존재하는 단순해의 개수는 모든 단순해가 항상 고립해이므로 유한개임을 알 수 있다.

정의 2.4.2

ω가 $\mathbb{R}^2-\{(0,0)\}$ 상에서 다음과 같이 정의된 1차 미분형식이라 하자.

$$\omega=-\frac{y}{x^2+y^2}dx+\frac{x}{x^2+y^2}dy$$

유클리드 공간 $\mathbb{R}^2$의 열린집합 U에서 정의된 미분가능인 함수

$$F: U\to\mathbb{R}^2,\quad F(x,y)=(f(x,y),g(x,y))$$

가 $D\subset U$을 만족하는 닫힌 원판(disk) D의 경계 ∂D에서 해를 갖지 않는다고 가정하자. 이때 F에 의한 ω의 당김

$$\theta=F^*\omega=\frac{fdg-gdf}{f^2+g^2}$$

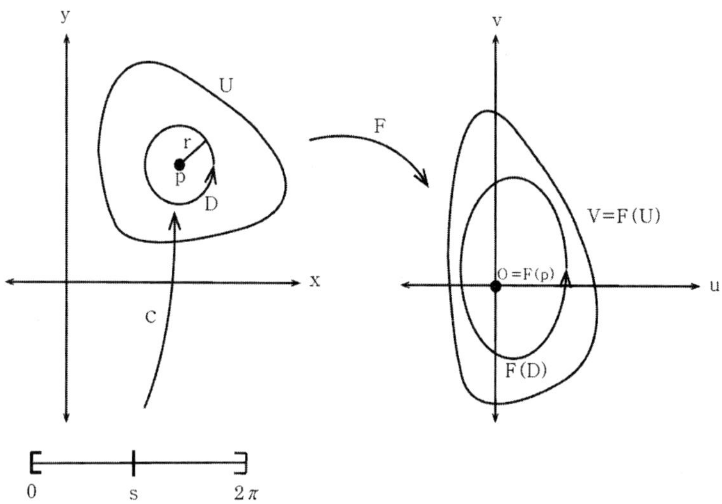

[그림 2.17]

는 $f^2+g^2\neq 0$을 만족하는 U의 모든 점에서 잘 정의된 1차 미분형식이다([그림 2.17]). 특히 D가 중심이 p이고 반지름이 r인 원판일 때, D의 경계 $C=\partial D$의 매개함수

$$c:[0,2\pi]\to U,\ c(s)=p+r(\cos s,\sin s)$$

에 대하여 D에서 F의 **지표**(index) $n(F;D)$를 다음과 같이 정의한다.

$$n(F;D)=\frac{1}{2\pi}\int_C F^*\omega=\frac{1}{2\pi}\int_c\theta$$

예제 2.4.3

(1) 함수

$$F: \mathbb{R}^2 \to \mathbb{R}^2,\ \ F(x,y) = (x^2 - y^2, 2xy)$$

이고

$$D = \{(x,y) \in \mathbb{R}^2 \mid x^2 + y^2 \le 1\}$$

일 때, D에서 F의 지표 $n(F;D) = 2$이다. 실제로 $z = x + iy$일 때, $F(z) = z^2$이고

$$\omega = Im\left(\frac{\bar{z}dz}{|z|^2}\right)$$

이므로

$$\begin{aligned} F^*\omega &= Im\left(\frac{\overline{z^2}d(z^2)}{|z^2|^2}\right) = Im\left(\frac{2\bar{z}dz}{|z|^2}\right) \\ &= 2\omega \end{aligned}$$

이다. 따라서 다음이 성립한다.

$$\begin{aligned} n(F;D) &= \frac{1}{2\pi}\int_{\partial D}\theta = \frac{1}{2\pi}\int_{\partial D}F^*\omega \\ &= \frac{1}{2\pi}\int_{\partial D}2\omega = \frac{1}{2\pi}\int_0^{2\pi}2\frac{-\sin\theta d(\cos\theta) + \cos\theta d(\sin\theta)}{\cos^2\theta + \sin^2\theta} \\ &= \frac{1}{2\pi}\int_0^{2\pi}2d\theta \\ &= 2 \end{aligned}$$

(2) 함수

$$F: \mathbb{R}^2 \to \mathbb{R}^2,\ \ F(x,y) = (x^3 - 3xy^2, 3x^2y - y^3)$$

이고

$$D = \{(x,y) \in \mathbb{R}^2 \mid x^2 + y^2 \le 1\}$$

일 때, $F(z) = z^3$이므로 위의 (1)과 비슷한 방법으로 D에서 F의 지표 $n(F;D) = 3$이다.

좀 더 일반적으로 $F_m(z) = z^m$ ($m \ge 0$인 자연수)일 때, D에서 F_m의 지표

$$n(F_m;D) = m$$

이고 $G_m(z) = \bar{z}^m$ ($m \in \mathbb{N}$)일 때, D에서 G_m의 지표

$$n(G_m;D) = -m$$

이다. □

다음 보조정리가 성립한다.

보조정리 2.4.4

(1) 지표 $n(F;D)$는 항상 정수이다.

(2) 만약 $n(F;D) \neq 0$이면 $F(q)=0$을 만족하는 점 q가 D의 내부 D°에 존재한다.

(3) D_1이 $D \subset D_1 \subset U$을 만족하는 $D_1 - D^{\circ}$에서 F의 해가 없는 또 다른 닫힌 원판일 때, 다음이 성립한다([그림 2.18]).

$$n(F;D) = n(F;D_1)$$

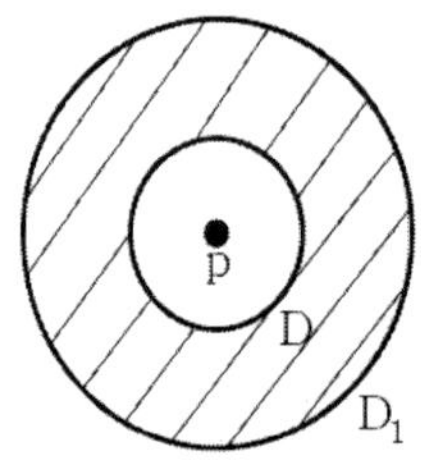

[그림 2.18]

(4) $i=1,2$에 대하여 미분가능인 함수 $F_i : U \to \mathbb{R}^2$가 $C=\partial D$에서 해가 없고 연속함수

$$H: C \times [0,1] \to \mathbb{R}^2 - \{(0,0)\}$$

$$H(q,0) = F_1(q),\ H(q,1) = F_2(q),\ H(q,t) \neq 0,\ (q,t) \in C \times [0,1]$$

가 존재할 때, 다음이 성립한다.

$$n(F_1;D) = n(F_2;D)$$

증명 (1) $c:[0,2\pi] \to U$가 ∂D의 매개함수일 때, 정의에 의해 다음이 성립한다.

$$\begin{aligned} n(F;D) &= \frac{1}{2\pi}\int_{\partial D} \theta = \frac{1}{2\pi}\int_0^{2\pi} c^*\theta \\ &= \frac{1}{2\pi}\int_0^{2\pi} c^*F^*\omega = \frac{1}{2\pi}\int_0^{2\pi} (F \circ c)^*\omega \\ &= \frac{1}{2\pi}\int_{F \circ c} \omega \\ &= \mathrm{WN}(F \circ c, (0,0)) \in \mathbb{Z} \end{aligned}$$

(2) 귀류법을 이용하기 위해, $F(q)=0$을 만족하는 점 q가 D의 내부 D°에 존재하지 않는

다고 가정하자. 그런 다음 $c:[0,2\pi]\rightarrow U$가 ∂D의 매개함수이고 p가 D의 중심일 때, 다음과 같은 함수

$$H:[0,2\pi]\times[0,1]\rightarrow\mathbb{R}^2,\quad H(s,t)=F((1-t)c(s)+tp)$$

를 정의하자([그림 2.19]).

이때 H가

$$H(s,0)=F(c(s)),\quad H(s,1)=F(p)$$

을 만족하므로 H는 $F\circ c$와 $F(p)$의 자유호모토피이다.

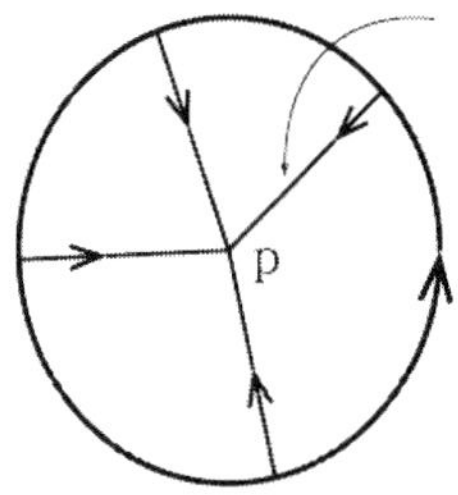

[그림 2.19]

한편 가정에 의해, 모든 $(s,t)\in[0,2\pi]\times[0,1]$에 대하여

$$H(s,t)\in\mathbb{R}^2-\{(0,0)\}$$

이므로 $H:[0,2\pi]\times[0,1]\rightarrow\mathbb{R}^2-\{(0,0)\}$이다. 즉 H는 $\mathbb{R}^2-\{(0,0)\}$ 상에서 $F\circ c$와 $F(p)$의 자유호모토피이다. 따라서 ω가 1차 닫힌형식이므로 [따름정리 2.3.4]에 의해 다음이 성립한다.

$$\begin{aligned} n(F;D)&=\frac{1}{2\pi}\int_c\theta=\frac{1}{2\pi}\int_{F\circ c}\omega=\frac{1}{2\pi}\int_{F(p)}\omega\\ &=0\end{aligned}$$

하지만 이것은 가정에 모순이다.

(3) $c_0:[0,2\pi]\rightarrow U$와 $c_1:[0,2\pi]\rightarrow U$이 각각 D와 D_1의 매개함수일 때, 가정에 의해 $F\circ c_0$와 $F\circ c_1$ 사이에 자유호모토피 H가 다음과 같이 존재한다.

$$H:[0,2\pi]\times[0,1]\rightarrow\mathbb{R}^2-\{(0,0)\},\quad H(s,t)=F((1-t)c_0(s)+tc_1(s))$$

따라서 다음이 성립한다.

$$\begin{aligned} n(F;D_1) &= \frac{1}{2\pi}\int_{c_1}\theta \\ &= \frac{1}{2\pi}\int_{F\circ c_1}\omega = \frac{1}{2\pi}\int_{F\circ c_0}\omega \\ &= \frac{1}{2\pi}\int_{c_0}\theta \\ &= n(F;D) \end{aligned}$$

(4) $c:[0,2\pi]\to U$가 ∂D의 매개함수일 때, 가정에 의해 $\mathbb{R}^2-\{(0,0)\}$ 상에서 $F_1\circ c$와 $F_2\circ c$ 사이에 다음과 같은 자유호모토피 K가 존재한다.

$$K:[0,2\pi]\times[0,1]\to\mathbb{R}^2-\{(0,0)\},\ \ K(s,t)=H(c(s),t)$$

따라서 다음이 성립한다.

$$\begin{aligned} n(F_1;D) &= \frac{1}{2\pi}\int_{c}\theta \\ &= \frac{1}{2\pi}\int_{F_1\circ c}\omega = \frac{1}{2\pi}\int_{F_2\circ c}\omega \\ &= \frac{1}{2\pi}\int_{c}\theta \\ &= n(F_2;D) \end{aligned}$$

■

함수의 지표에 관한 크로네커(Kronecker)의 정리를 증명하기 위해 다음 정의가 필요하다.

정의 2.4.5

유클리드 공간 $\mathbb{R}^2$의 열린집합 U에서 정의된 미분가능인 함수

$$F:U\to\mathbb{R}^2$$

의 해 $p\in U$에 대하여 다음이 성립한다.

(1) 만약 $\det(dF_p)>0$이면 p를 **양의 해**(positive solution)라 한다.

(2) 만약 $\det(dF_p)<0$이면 p를 **음의 해**(negative solution)라 한다.

보조정리 2.4.6

유클리드 공간 $\mathbb{R}^2$의 열린집합 U에서 정의된 미분가능인 함수

$$F: U \to \mathbb{R}^2$$

와 닫힌 원판 $D \subset U$에 대하여 F가 D의 내부 D°에서 단 하나의 단순해 p만을 가지고 D의 경계 ∂D에서는 해를 갖지 않을 때, p의 부호에 따라 다음이 성립한다.

$$n(F;D) = \begin{cases} 1, & p\text{가 양의 해,} \\ 1, & p\text{가 음의 해} \end{cases}$$

증명 증명을 간단히 하기 위해, $p=(0,0)$이라 하자. 이때 p에서 테일러 정리를 이용하여 F를 다음과 같이 나타낼 수 있다.

$$F(q) = F(p) + dF_p \cdot q + R(q)\|q\| = dF_p \cdot q + R(q)\|q\|, \quad q \in B(p,\delta) \subset U,\ \delta > 0$$

단, 여기서 R은 $\lim_{\|q\| \to 0} R(q) = 0$을 만족한다. $T(q) = dF_p \cdot q$일 때, 다음과 같은 함수 H를 정의하자.

$$H: B(p,\delta) \times [0,1] \to \mathbb{R}^2, \quad H(q,t) = T(q) + (1-t)R(q)\|q\|$$

그러면 H가 다음을 만족한다.

$$H(q,0) = F(q)\text{이고 } H(q,1) = T(q)$$

또한 p가 단순해이므로 모든 $0 \neq q \in B(p,\varepsilon) \subset B(p,\delta)$와 $t \in [0,1]$에 대하여 $H(q,t) \neq 0$을 만족하는 충분히 작은 $\varepsilon > 0$이 존재한다. 실제로 C가

$$C = \frac{1}{\|T^{-1}\|}$$

일 때, 모든 $q \in B(p,\delta)$에 대하여

$$\|q\| = \|T^{-1} \circ T(q)\| \leq \|T^{-1}\|\|T(q)\| = \frac{1}{C}\|T(q)\|$$

이다. 즉 $\|T(q)\| \geq C\|q\|$가 성립한다. 한편 $\lim_{\|q\| \to 0} R(q) = 0$이므로

$$\|R(q)\| \leq \frac{C}{2}\|q\|, \quad q \in B(p,\varepsilon) \subset B(p,\delta)$$

을 만족하는 충분히 작은 $\varepsilon > 0$을 택할 때, 모든 $0 \neq q \in B(p,\varepsilon)$에 대하여 다음이 성립한다.

$$\begin{aligned} \|H(q,t)\| &= \|T(q) + (1-t)R(q)\|q\|\| \geq \|T(q)\| - \|R(q)\|\|q\| \\ &\geq C\|q\| - \frac{C}{2}\|q\| = \frac{C}{2}\|q\| \\ &> 0 \end{aligned}$$

따라서 $c: [0,2\pi] \to U$가 $\partial B(p,\varepsilon)$의 매개함수일 때, 다음과 같이 정의된 K는 $\mathbb{R}^2 - \{(0,0)\}$

상에서 $F \circ c$와 $T \circ c$와 자유호모토피이다.

$$K: [0,2\pi] \times [0,1] \to \mathbb{R}^2 - \{(0,0)\},\ \ K(s,t) = H(c(s),t)$$

이제 $\tilde{c} = T \circ c$라 하자. 그러면 $T: B(p,\varepsilon) \to \mathbb{R}^2$가 일대일 함수이므로 $\det(T)$의 부호가 양수이면 c가 시계반대 방향으로 한 바퀴 돌 때 $\tilde{c}$도 시계반대 방향으로 한 바퀴 돌고, 반대로 $\det(T)$의 부호가 음수이면 c가 시계반대 방향으로 한 바퀴 돌 때 $\tilde{c}$가 시계 방향으로 한 바퀴 돈다. 따라서 c 또는 $-c$와 $\tilde{c}$가 서로 자유호모토피 관계에 있다([그림 2.20]).

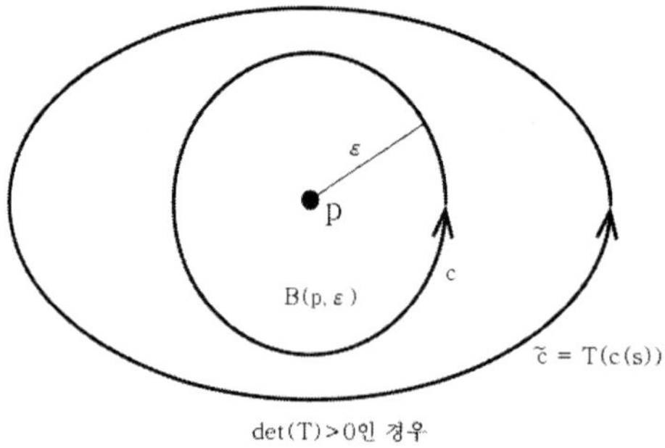

[그림 2.20] c와 $\tilde{c}$를 같은 평면에 그린 그림

이로부터 [따름정리 2.3.4]에 의해 다음이 성립한다.

$$\begin{aligned} n(T;\overline{B(p,\varepsilon)}) &= \frac{1}{2\pi}\int_{T\circ c}\omega = \frac{1}{2\pi}\int_{\tilde{c}}\omega \\ &= \begin{cases} \dfrac{1}{2\pi}\displaystyle\int_c \omega, & p\text{가 양의 해,} \\ -\dfrac{1}{2\pi}\displaystyle\int_c \omega, & p\text{가 음의 해} \end{cases} \\ &= \begin{cases} 1, & p\text{가 양의 해,} \\ -1, & p\text{가 음의 해} \end{cases} \end{aligned}$$

또한 $F \circ c$와 $T \circ c$가 $\mathbb{R}^2 - \{(0,0)\}$ 상에서 자유호모토피 관계이므로

$$n(F:\overline{B(p,\varepsilon)}) = n(T;\overline{B(p,\varepsilon)}) = \begin{cases} 1, & p\text{가 양의 해,} \\ -1, & p\text{가 음의 해} \end{cases}$$

이다.

마지막으로 F가 D의 내부 D°에서 단 하나의 단순해 p만을 가지고 D의 경계 ∂D에서는 해를 갖지 않으므로 [보조정리 2.4.4 (3)]에 의해 다음이 성립한다.

$$n(F;D) = n(F;\overline{B(p,\varepsilon)}) = \begin{cases} 1, & p\text{가 양의 해,} \\ -1, & p\text{가 음의 해} \end{cases}$$

■

정리 2.4.7 (크로네커 정리, Kronecker theorem)

유클리드 공간 $\mathbb{R}^2$의 열린집합 U에서 정의된 미분가능인 함수

$$F: U \to \mathbb{R}^2$$

와 닫힌 원판 $D \subset U$에 대하여 F가 D의 내부 D°에서 단순해만을 갖고 D의 경계 ∂D에서는 해를 갖지 않을 때, 다음이 성립한다.

$$n(F;D) = P - N$$

단, 여기서 P와 N은 각각 D°에 존재하는 양의 단순해와 음의 단순해의 개수를 나타낸다.

증명 증명을 위해 $p_1, p_2, \ldots, p_k$가 D의 내부 D°에 존재하는 F의 모든 단순해라 하자. 그런 다음 D를 정확하게 하나의 단순해 p_i만을 내부에 가지는 부채꼴 S_i로 분할하자. 각각의 $1 \le i \le k$에 대하여 C_i가 p_i를 포함하는 아주 작은 닫힌 원판 $D_i \subset S_i$의 경계일 때, C_i와 ∂S_i는 서로 자유호모토피 관계에 있다([그림 2.21]).

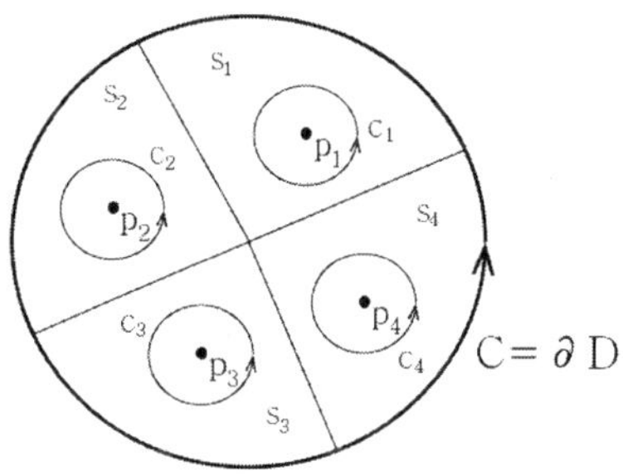

[그림 2.21]

따라서 다음이 성립한다.

$$\begin{aligned} n(F;D) &= \frac{1}{2\pi}\int_{\partial D}\theta \\ &= \sum_{i=1}^{k}\frac{1}{2\pi}\int_{\partial S_i}\theta = \sum_{i=1}^{k}\frac{1}{2\pi}\int_{C_i}\theta \\ &= \sum_{i=1}^{k}(\pm 1) \\ &= P - N \end{aligned}$$

■

▶▶ 연습문제 2.4

1. $u = r\cos\theta$이고 $v = r\sin\theta$일 때, $\mathbb{R}^2 - \{(0,0)\}$ 상에서 다음 등식이 성립함을 보여라.

$$d\theta = \frac{udv - vdu}{u^2 + v^2}$$

2. $p_1 = (1,0)$이고 $p_2 = (-1,0)$일 때, $\mathbb{R}^2 - \{p_1, p_2\}$에서 정의된 1차 미분형식

$$\omega = \frac{2(x^2 - y^2 - 1)dy - 4xydx}{(x^2 + y^2 - 1)^2 + 4y^2}$$

에 대하여 다음 물음에 답하라.

(1) $F(x,y) = (x^2 + y^2 - 1, 2y) = (f, g)$일 때, 다음 등식이 성립함을 보여라.

$$\omega = \frac{fdg - gdf}{f^2 + g^2}$$

(2) 다음이 성립함을 보여라.

$$dF = \begin{pmatrix} 2x & 2y \\ 0 & 2 \end{pmatrix},\ \det(dF_{p_1}) = 4 > 0,\ \det(dF_{p_2}) = -4 < 0$$

(3) D_1과 D_2가 각각 중심이 p_1과 p_2이고 $p_2 \notin D_1$과 $p_1 \notin D_2$를 만족하는 충분히 작은 원일 때, 크로네커의 정리를 이용하여 다음 선적분을 계산하라([그림 2.22]).

$$\int_{\partial D_1} \omega = 2\pi,\ \int_{\partial D_2} \omega = -2\pi$$

단, 여기서 ∂D_1과 ∂D_2는 시계 반대 방향의 방향성을 가진다.

(4) [그림 2.22]과 같은 방향성을 가진 곡선 C에 관해 다음 선적분을 계산하라.

$$\int_C \omega = 4\pi$$

(5) $H = \{(x,y) \in \mathbb{R}^2 \mid x + y > 1\}$일 때, H 상에서 ω가 완전형식임을 보여라.

(6) ω가 $\mathbb{R}^2 - \{p_1, p_2\}$ 상에서 완전형식인지 판별하라.

3. $p_1 = (1,0)$이고 $p_2 = (-1,0)$일 때, $\mathbb{R}^2 - \{p_1, p_2\}$에서 정의된 1차 미분형식

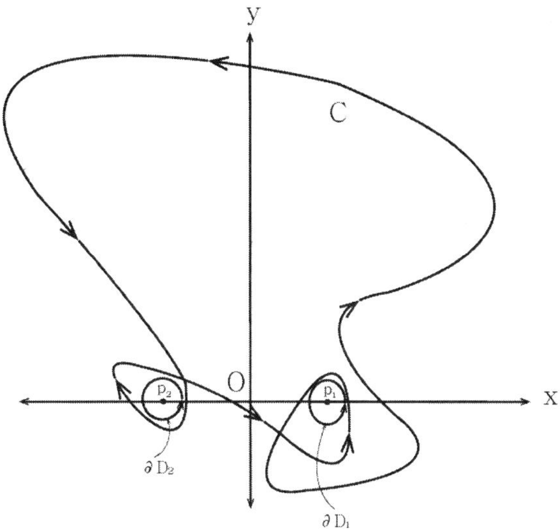

[그림 2.22]

$$\omega_1 = \frac{(x-1)dy - ydx}{(x-1)^2 + y^2},\ \omega_2 = \frac{(x+1)dy - ydx}{(x+1)^2 + y^2}$$

에 대하여 다음 물음에 답하라.

(1) 임의의 실수 c_1과 c_2에 대하여 $\omega = c_1\omega_1 + c_2\omega_2$일 때, 선적분

$$\int_C \omega$$

를 계산하라. 단, 여기서 C는 중심이 원점이고 반지름이 $r \neq 1$인 시계 반대 방향의 방향성을 가진 원이다.

(2) 임의의 실수 r에 대하여 $H_r = \{(x,y) \in \mathbb{R}^2 \mid x+y > r\}$일 때, H_r 상에서 ω가 완전형식이 되는 최소의 r을 찾아라.

(3) ω가 $\mathbb{R}^2 - \{p_1, p_2\}$ 상에서 완전형식인지 판별하라.

4. $\mathbb{R}^2$의 열린집합 U와 중심이 원점이고 반지름이 $r > 0$인 닫힌 원판 $D \subset U$에 대하여 해석적(analytic) 함수 $F: U \to \mathbb{R}^2$가

$$F(-q) = -F(q),\ q \in U$$

이고 F가 ∂D에서 해를 갖고 있지 않을 때, 다음 물음에 답하라.

(1) 임의의 $q \in U$에 대하여 다음 등식이 성립함을 보여라.

$$\det(dF_{-q}) = \det(-dF_q) = \det(dF_q)$$

(2) 만약 $q \in U$가 F의 양의 해(음의 해)이면 $-q$도 F의 양의 해(음의 해)임을 보여라.

(3) $F(0)=0$이고 F의 해인 0의 중복도가 홀수임을 보여라.

(4) F의 D에서의 지표가 홀수임을 보여라.

CHAPTER Lectures on Differentiable Manifolds

3 미분다양체

이 장에서는 먼저 미분다양체의 정의와 다양한 예를 소개한다. 그런 다음 유클리드 공간 $\mathbb{R}^n$ 상에서 정의된 미분형식을 미분다양체 상으로 확장한다. 또한 미분다양체에서 정의된 벡터장과 벡터장 사이의 리연산(Lie bracket) 및 여러 가지 성질을 비교적 자세히 알아본다(더 자세한 내용은 [1], [2], [5], [7], [8], [9], [11] 참고).

3.1 미분다양체의 정의

위상다양체의 정의는 다음과 같다.

정의 3.1.1

위상공간 M^n이 다음 세 가지 조건 (1), (2), (3)을 만족할 때, M^n을 n**차원 위상다양체**(topological manifold of dimension n)라 한다.

(1) M^n이 하우스도르프공간이다.

(2) M^n이 제2가산공리를 만족한다. 즉 위상공간 M^n이 가산개의 기저를 갖는다.

(3) 유클리드 공간 $\mathbb{R}^n$의 열린 부분집합 U_α와 U_α에서 정의된 위상동형사상 $f_\alpha : U_\alpha \to f_\alpha(U_\alpha) \subset M^n$로 이루어진 순서쌍의 모임

$$\mathscr{A} = \{(U_\alpha, f_\alpha) \mid f_\alpha : U_\alpha \to f_\alpha(U_\alpha) \subset M^n,\ \alpha \in \Gamma\}$$

가 존재하여 $\bigcup_{\alpha \in \Gamma} f_\alpha(U_\alpha) = M^n$을 만족한다.

이때 $\mathscr{A}$를 위상다양체 M^n의 **위상좌표첩** 또는 **위상좌표계**(topological atlas)라 한다.

유클리드 공간 $\mathbb{R}^n$의 열린 부분집합은 항상 열린공 $B(p,\varepsilon)$을 포함한다. 따라서 [정의 3.1.1]의 조건 (3)에서 U_α를 $B(p,\varepsilon)$으로 택해도 된다.

정의 3.1.2

n차원 위상다양체 M^n의 위상좌표첩

$$\mathscr{A}=\{(U_\alpha,f_\alpha)\mid f_\alpha : U_\alpha \to f_\alpha(U_\alpha)\subset M,\ \alpha\in\Gamma\}$$

에 대하여, 다음이 성립한다.

(1) $\mathscr{A}$가 다음 두 조건 (i), (ii)를 만족할 때, M^n을 n**차원 미분다양체**(smooth manifold of dimension n)라 하고 $(M^n, \mathscr{A})$, 또는 간단히 M^n, 또는 더 간단히 M으로 나타낸다.

(i) $f_\alpha(U_\alpha)\cap f_\beta(U_\beta)\neq\varnothing$을 만족하는 임의의 두 원소 $(U_\alpha,f_\alpha), (U_\beta,f_\beta)\in\mathscr{A}$에 대하여 $W=f_\alpha(U_\alpha)\cap f_\beta(U_\beta)$일 때, 좌표변환함수

$$f_\beta^{-1}\circ f_\alpha : f_\alpha^{-1}(W)\to f_\beta^{-1}(W)$$

가 미분가능(smooth, C^∞)이다([그림3.1]).

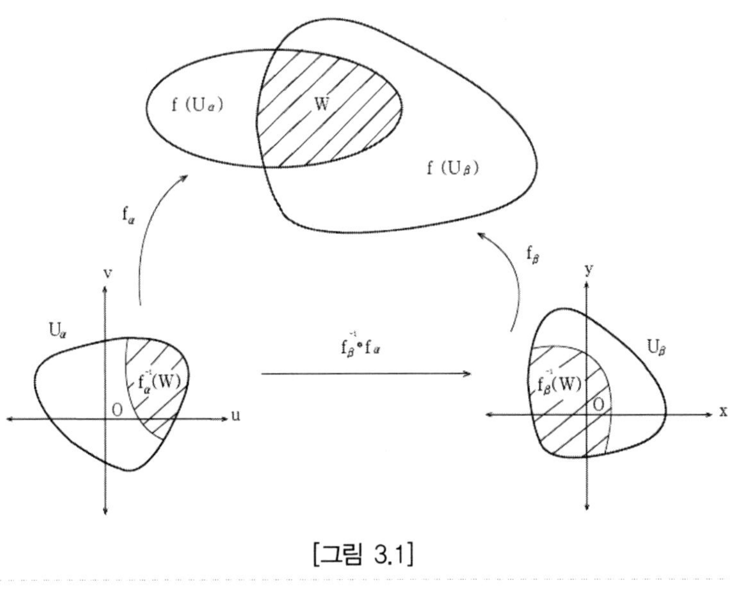

[그림 3.1]

(ii) $\mathscr{A}$가 위의 두 조건 (i)을 만족하는 가장 큰 모임이다. 즉 유클리드 공간 $\mathbb{R}^n$의 열린 부분집합 V_γ와 V_γ에서 정의된 위상동형사상

$$f_\gamma : V_\gamma \to f_\gamma(V_\gamma) \subset M^n$$

로 이루어진 순서쌍 (V_γ, f_γ)가 $\mathscr{A}$의 적당한 원소 (U_α, f_α)에 대하여 위의 조건 (i)을 만족할 때, (V_γ, f_γ)가 다시 $\mathscr{A}$의 원소이다.

(2) 위상좌표첩 $\mathscr{A}$가 위의 조건 (1)을 만족할 때, $(U_\alpha, f_\alpha) \in \mathscr{A}$를 **국소좌표계**(local coordinate system 또는 local chart)라 하고, $p \in f_\alpha(U_\alpha)$일 때 $f_\alpha(U_\alpha)$를 p의 **좌표근방**(coordinate neighborhood)이라 한다.

(3) 위의 조건 (1)-(i)만을 만족하는 위상좌표첩 $\mathscr{A}$를 **미분구조**(smooth structure 또는 differentiable structure)라 하고, 조건 (1)-(i)과 (1)-(ii)를 동시 만족하는 위상좌표첩 $\mathscr{A}$를 **극대좌표첩**(maximal atlas) 또는 **극대미분구조**(maximal smooth structure)라 한다.

일반적으로 주어진 위상다양체에 존재하는 극대미분구조는 유일하지 않다. 하지만 주어진 미분구조를 포함하는 극대미분구조는 항상 유일하게 존재한다. 따라서 주어진 위상다양체에 극대미분구조를 주기 위해서는 단순히 미분구조만 명확하게 언급하면 충분하다. 또한 임의의 국소좌표계가 주어진 미분구조에 속하는지 확인하기 위해서는 주어진 미분구조에 속한 국소좌표계와 좌표변환함수를 계산하여 미분가능인 것만 확인하면 된다. 앞으로 특별이 다른 언급이 없으면 다양체의 극대미분구조와 미분구조를 서로 구별하지 않고 사용한다.

미분다양체를 극대미분구조를 이용하여 정의하는 이유는 단순히 논의의 편리성 때문이다. 다시 말해서, 미분다양체를 극대미분구조로 정의함으로써 더 다루기 쉬운 국소좌표계를 이용하여 수학적인 논의를 전개할 수 있다는 이점이 생긴다.

정의 3.1.3

두 미분다양체 M^n, N^m, 임의의 점 $p \in M^n$에 대하여, 다음이 성립한다.

(1) 함수 $\varphi : M^n \to \mathbb{R}$와 $p \in f_\alpha(U_\alpha)$를 만족하는 국소좌표계 (U_α, f_α)에 대하여,

$$\varphi \circ f_\alpha : f_\alpha^{-1}(U_\alpha) \to \mathbb{R}$$

가 $f_\alpha^{-1}(p)$에서 미분가능(smooth)할 때, φ가 p에서 **미분가능**(differentiable)이라고 말한다.

(2) 함수 $\psi : M^n \to N^m$와 $p \in f_\alpha(U_\alpha)$를 만족하는 국소좌표계 (U_α, f_α)와 $\varphi(p) \in g_\beta(V_\beta)$와 $\psi \circ f_\alpha(U_\alpha) \subset g_\beta(V_\beta)$를 만족하는 국소좌표계 (V_β, g_β)에 대하여,

$$g_\beta^{-1} \circ \psi \circ f_\alpha : U_\alpha \to V_\beta$$

가 $f_\alpha^{-1}(p)$에서 미분가능(smooth)할 때, ψ가 p에서 **미분가능**(differentiable)이라고 말한다.

(3) $m = n$이고 위상동형인 함수 $\psi : M^n \to N^m$가 미분가능이고 또한 역함수 $\psi^{-1} : N^m \to M^n$가 미분가능일 때, ψ를 **미분동형사상**(diffeomorphism)이라 한다.

함수 $\varphi : M^n \to \mathbb{R}$와 $p \in f_\alpha(U_\alpha)$를 만족하는 국소좌표계 (U_α, f_α)에 대하여,

$$\varphi \circ f_\alpha : f_\alpha^{-1}(U_\alpha) \to \mathbb{R}$$

가 $f_\alpha^{-1}(p)$에서 미분가능일 때, $p \in f_\beta(U_\beta)$를 만족하는 다른 국소좌표계 (U_β, f_β)에 대해서도

$$\varphi \circ f_\beta : f_\beta^{-1}(U_\beta) \to \mathbb{R}$$

가 $f_\beta^{-1}(p)$에서 미분가능이다. 실제로

$$\varphi \circ f_\beta = (\varphi \circ f_\alpha) \circ (f_\alpha^{-1} \circ f_\beta)$$

이고 좌표변환함수 $f_\alpha^{-1} \circ f_\beta$는 항상 미분가능이므로 만약 $\varphi \circ f_\alpha$가 미분가능이면 $\varphi \circ f_\beta$도 미분가능이 되어야 한다. 같은 원리가 미분가능인 함수 $\psi : M^n \to N^m$에 대해서도 성립한다. 따라서 함수 $\varphi : M^n \to \mathbb{R}$와 $\psi : M^n \to N^m$의 미분가능성을 보이기

위해서는 하나의 국소좌표계를 이용하여 φ와 ψ가 미분가능임을 확인하면 충분하다.

예제 3.1.4 (유클리드 공간 $\mathbb{R}^n$)

(1) n차원 유클리드 공간 $\mathbb{R}^n$은 미분구조로 $\mathscr{B}=\{f:\mathbb{R}^n \to \mathbb{R}^n,\ f(x)=x\}$를 가지고 있다. 따라서 $\mathscr{A}$가 $\mathscr{B}$를 포함하는 극대미분구조일 때, $(\mathbb{R}^n, \mathscr{A})$는 n차원 미분다양체이다. 이때 $(\mathbb{R}^n, \mathscr{A})$ 또는 간단히 $\mathbb{R}^n$을 **표준미분다양체**(standard or canonical smooth manifold)라 한다.

(2) $\mathscr{C}=\{g:\mathbb{R}^1 \to \mathbb{R}^1,\ g(x)=x^3\}$는 1차원 유클리드 공간 $\mathbb{R}^1$의 미분구조이다. 따라서 $\mathscr{A}'$이 $\mathscr{C}$를 포함하는 극대미분구조일 때, $(\mathbb{R}^1, \mathscr{A}')$는 1차원 미분다양체이다. 하지만 두 미분다양체 $(\mathbb{R}^1, \mathscr{A})$와 $(\mathbb{R}^1, \mathscr{A}')$는 서로 미분동형이다. 실제로

$$\psi:(\mathbb{R}^1, \mathscr{A}) \to (\mathbb{R}^1, \mathscr{A}'),\quad \psi(x)=x^3$$

은

$$g^{-1}\circ\psi\circ f(x)=x,\ x\in\mathbb{R}$$

이므로 ψ가 미분동형사상이다. 따라서 미분동형사상에 관해 $\mathbb{R}^1$ 상에 주어진 두 미분구조 $\mathscr{A}$와 $\mathscr{A}'$은 같은 것으로 볼 수 있다.

(3) 미분동형사상에 관해 $\mathscr{A}$를 미분구조로 갖지 않는 미분다양체 $\mathbb{R}^n$을 **특이미분다양체**(exotic smooth manifold)라 한다. 특히 4차원 유클리드 공간 $\mathbb{R}^4$ 상에 무한히 많은 특이미분구조가 존재한다. □

보조정리 3.1.5

$\{(U_\alpha, f_\alpha)\mid \alpha\in\Gamma\}$가 n차원 미분다양체 M^n의 미분구조이고 $\mathbb{R}^n$이 표준미분다양체일 때, 각각의 $\alpha\in\Gamma$에 대하여 $f_\alpha: U_\alpha\subset\mathbb{R}^n \to M^n$는 항상 미분가능이다.

증명 f_α가 미분가능임을 보이기 위해 $\mathbb{R}^n$과 M^n의 국소좌표계로 각각 $Id_U: U\to\mathbb{R}^n$과 $f_\alpha: U\to M^n$를 택하자. 그러면

$$Id_U=f_\alpha^{-1}\circ f_\alpha\circ Id_U: U\to U$$

가 항등함수이므로 항상 미분가능이다. 따라서 $f_\alpha: U_\alpha\to M^n$가 미분가능이다. ■

예제 3.1.6 (단위구)

(1) n차원 **단위구**(unit sphere)

$$S^n = \{(x_1, x_2, \ldots, x_{n+1}) \in \mathbb{R}^{n+1} \mid x_1^2 + x_2^2 + \cdots + x_{n+1}^2 = 1\}$$

상에는 $\mathbb{R}^n$과 같이 표준미분구조가 존재한다. 좀 더 구체적으로, 다음과 같은 $2(n+1)$개의 국소좌표계를 이용하여 S^n 상에 표준미분구조를 줄 수 있다. 각각의 $1 \le i \le n+1$에 대하여

$$\begin{aligned}
&f_i^{\pm} : B_i(0,1) \to f_i^{\pm}(B_i(0,1)) \subset S^n \\
&f_i^{\pm}(x_1, x_2, \ldots, x_{i-1}, x_{i+1}, \ldots, x_{n+1}) \\
&= (x_1, x_2, \ldots, \pm\sqrt{1-(x_1^2 + x_2^2 + \cdots + x_{i-1}^2 + x_{i+1}^2 + \cdots\ x_{n+1}^2)}, \ldots, x_{n+1})
\end{aligned}$$

단, 여기서

$$B_i(0,1) = \{(x_1, x_2, \ldots, x_{i-1}, x_{i+1}, \ldots, x_{n+1}) \in \mathbb{R}^n \mid x_1^2 + \cdots + x_{i-1}^2 + x_{i+1}^2 + \cdots\ x_{n+1}^2 < 1\}$$

(2) S^n 상에 존재하는 미분구조의 개수는 미분동형사상에 관해 다음과 같음이 알려져 있다.

n	1	2	3	4	5	6	7	$\cdots$	31	$\cdots$
개수	1	1	1	?	1	1	28	$\cdots$	$> 61 \times 10^7$	$\cdots$

특히 4차원 단위구 S^4에 존재하는 미분구조의 정확한 개수는 아직까지도 알려져 있지 않다. 하지만 **4차원 푸앵카레 가설**(4-dimensional smooth Poincaré conjecture)은 S^4 상에 존재하는 미분구조는 미분동형사상에 관해 유일할 것이라고 주장한다. □

예제 3.1.7 (실사영공간 $\mathbb{R}P^n$)

n차원 **실사영공간**(real projective space) $\mathbb{R}P^n$를 정의하기 전에 2차원 **실사영평면**(real projective plane) $\mathbb{R}P^2$를 먼저 정의한다.

간단히 말해서, 2차원 실사영평면은 원점을 통과하는 모든 직선의 모임이다. 좀 더 구체적으로, 임의의 두 원소 $(x_1, y_1, z_1), (x_2, y_2, z_2) \in \mathbb{R}^3 - \{(0,0,0)\}$에 대하여 다음과 같

은 동치관계를 주자.

$$(x_1, y_1, z_1) \sim (x_2, y_2, z_2) \Leftrightarrow (x_1, y_1, z_1) = \lambda(x_2, y_2, z_2),\ \lambda \in \mathbb{R} - \{0\}$$

이때 2차원 실사영평면 $\mathbb{R}P^2$를 상공간 $\mathbb{R}^3 - \{(0,0,0)\}/\sim$로 정의한다. $\mathbb{R}P^2$의 임의의 점을 $[x, y, z]$로 나타내고 이를 **동질좌표계**(homogeneous coordinates)라 부른다.

2차원 실사영평면 $\mathbb{R}P^2$에 미분구조를 주기 위해 다음과 같은 미분구조

$$\mathscr{A} = \left\{(\mathbb{R}^2, f_i) \mid i = 1,2,3\right\}$$

를 이용한다. 즉

$$\begin{aligned} V_1 &= \left\{[x,y,z] \in \mathbb{R}P^2 \mid x \neq 0\right\} = \left\{[1,u,v] \in \mathbb{R}P^2 \mid u,v \in \mathbb{R}\right\}, \\ V_2 &= \left\{[x,y,z] \in \mathbb{R}P^2 \mid y \neq 0\right\} = \left\{[u,1,v] \in \mathbb{R}P^2 \mid u,v \in \mathbb{R}\right\}, \\ V_3 &= \left\{[x,y,z] \in \mathbb{R}P^2 \mid z \neq 0\right\} = \left\{[u,v,1] \in \mathbb{R}P^2 \mid u,v \in \mathbb{R}\right\} \end{aligned}$$

일 때, 각각의 $1 \leq i \leq 3$에 대하여 함수 f_i는 다음과 같이 정의하자.

$$\begin{aligned} f_1 &: \mathbb{R}^2 \to V_1 \subset \mathbb{R}P^2,\ f_1(u,v) = [1,u,v], \\ f_2 &: \mathbb{R}^2 \to V_2 \subset \mathbb{R}P^2,\ f_2(u,v) = [u,1,v], \\ f_3 &: \mathbb{R}^2 \to V_3 \subset \mathbb{R}P^2,\ f_3(u,v) = [u,v,1] \end{aligned}$$

그러면 각각의 f_i는 위상동형사상이고 $\bigcup_{i=1}^{3} V_i = \mathbb{R}P^2$이다. 또한 좌표변환함수

$$\begin{aligned} &f_2^{-1} \circ f_1 : f_1^{-1}(V_1 \cap V_2) \to f_2^{-1}(V_1 \cap V_2), \\ &f_2^{-1} \circ f_1(u,v) = f_2^{-1}([1,u,v]) = f_2^{-1}\left(\left[\frac{1}{u}, 1, \frac{v}{u}\right]\right) = \left(\frac{1}{u}, \frac{v}{u}\right) \end{aligned}$$

가 미분가능하다. 비슷한 방법으로 $f_i^{-1} \circ f_j$, $1 \leq i \neq j \leq 3$도 미분가능임을 보일 수 있다.

일반적인 n차원 실사영공간 $\mathbb{R}P^n$의 정의는 $\mathbb{R}P^2$의 정의와 비슷하다. 실제로 임의의 두 원소 $(x_1, x_2, \ldots, x_{n+1}), (y_1, y_2, \ldots, y_{n+1}) \in \mathbb{R}^{n+1} - \{(0,0,\ldots,0)\}$에 대하여 다음과 같은 동치관계를 주자.

$$(x_1, x_2, \ldots, x_{n+1}) \sim (y_1, y_2, \ldots, y_{n+1}) \Leftrightarrow (x_1, x_2, \ldots, x_{n+1}) = \lambda(y_1, y_2, \ldots, y_{n+1}),\ \lambda \in \mathbb{R} - \{0\}$$

이때 n차원 실사영공간 $\mathbb{R}P^n$를 상공간 $\mathbb{R}^{n+1} - \{(0,0,\ldots,0)\}/\sim$로 정의한다. 앞에서와 같이, $\mathbb{R}P^n$의 임의의 점을 $[x_1, x_2, \ldots, x_{n+1}]$로 나타내고 이를 **동질좌표계**(homogeneous coordinates)라 부른다.

각각의 $1 \le i \le n+1$에 대하여

$$V_i = \{[x_1, x_2, \ldots, x_{n+1}] \in \mathbb{R}P^n \mid x_i \neq 0\}$$

일 때,

$$f_i : \mathbb{R}^n \to V_i,\ \ f_i(y_1, y_2, \ldots, y_n) = [y_1, y_2, \ldots, y_{i-1}, 1, y_i, \ldots, y_n]$$

라 놓으면 $(\mathbb{R}^n, f_i)$가 미분다양체 $\mathbb{R}P^n$의 미분구조를 구성하는 국소좌표계가 된다. □

예제 3.1.8 (그라스만 다양체 $G(k,n;\mathbb{R})$)

n차원 실사영공간 $\mathbb{R}P^n$보다 더 일반적인 **그라스만 다양체**(Grassmannian manifold) $G(k,n;\mathbb{R})$를 다음과 같은 순서에 따라 정의한다. 단, 여기서 $n \ge k$라고 가정한다.

(i) 먼저 $M(k,n;\mathbb{R})$를 실수의 성분을 갖는 모든 $k \times n$ 행렬들의 모임이라 하자. 그러면 $M(k,n;\mathbb{R})$은 kn차원 미분다양체이다. 실제로 $M(k,n;\mathbb{R})$은 다음과 같은 국소좌표계를 가지고 있다.

$$f : \mathbb{R}^{kn} \to M(k,n;\mathbb{R})$$
$$f(x_{11}, x_{12}, \ldots, x_{1n}, x_{21}, \ldots, x_{2n}, \ldots, x_{k1}, \ldots, x_{kn}) = (x_{ij})_{k \times n}$$

(ii) 그런 다음 $F(k,n;\mathbb{R})$를 다음과 같이 정의하자.

$$F(k,n;\mathbb{R}) = \{A \in M(k,n;\mathbb{R}) \mid \mathrm{rank}(A) = k\}$$

이때 $F(k,n;\mathbb{R})$은 rank 조건이 열린조건(open condition)이므로 $M(k,n;\mathbb{R})$의 열린 부분집합이다. 한편 미분다양체의 열린 부분집합은 항상 다시 미분다양체이므로 $F(k,n;\mathbb{R})$도 $M(k,;\mathbb{R})$과 같은 차원을 같은 미분다양체이다.

(iii) 마지막으로 $G(k,n;\mathbb{R})$을 원점을 통과하는 모든 k차원 벡터공간 모임이라 하자. 임의의 원소 $A \in F(k,n;\mathbb{R})$에 대하여 A의 모든 행은 일차독립이므로 k차원 벡터공간을 생성한다. 따라서 다음과 같은 전사함수인 상사상(quotient map)이 존재한다.

$$\pi : F(k,n;\mathbb{R}) \to G(k,n;\mathbb{R}),\ \ \pi(A) = \mathrm{span}\langle v_1, v_2, \ldots, v_k \rangle = \mathrm{row}(A),\ \ A = \begin{pmatrix} v_1 \\ v_2 \\ \cdots \\ v_k \end{pmatrix}_{k \times n}$$

$G(k,n;\mathbb{R})$이 $k(n-k)$차원 미분다양체임을 보이기 위해 미분구조를 구성하는 국소좌표계가 존재함을 구체적으로 보인다.

실제로 $J=\{j_1,j_2,...,j_k\}$가 집합 $[n]=\{1,2,...,n\}$의 순서가 주어진 부분집합일 때, 임의의 원소

$$A=(x_{ij})_{k\times n}\in F(k,n;\mathbb{R})$$

에 대하여 A_J를 다음과 같이 정의하자.

$$A_J=(x_{ij_i})_{k\times k}$$

이때

$$\widetilde{U_J}=\{A\in F(k,n;\mathbb{R})\mid \det(A_J)\neq 0\}$$

이고 $U_J=\pi(\widetilde{U_J})$라 놓으면 U_J는 $G(k,n;\mathbb{R})$의 열린집합이다. 특히 $J=\{1,2,...,k\}$일 때, U_J의 모든 원소는 다음과 같은 형태의 행렬 B의 k개의 열에 의해 생성된 k차원 벡터공간 $\mathrm{row}(B)$로 이루어져 있다.

$$B=\begin{pmatrix} 1 & 0 & 0 & \cdots & 0 & x_{1(k+1)} & \cdots & x_{1n} \\ 0 & 1 & 0 & \cdots & 0 & x_{2(k+1)} & \cdots & x_{2n} \\ 0 & 0 & 1 & \cdots & 0 & x_{3(k+1)} & \cdots & x_{3n} \\ 0 & 0 & 0 & \cdots & 0 & x_{4(k+1)} & \cdots & x_{4n} \\ \vdots & \vdots & \vdots & \vdots & \vdots & \vdots & & \vdots \\ 0 & 0 & 0 & \cdots & 1 & x_{k(k+1)} & \cdots & x_{kn} \end{pmatrix}_{k\times n}$$

따라서 다음과 같은 국소좌표계 $(\mathbb{R}^{k(n-k)},f_J)$가 존재한다.

$$f_J((x_{ij})_{1\le i\le k,\,k+1\le j\le n})=\mathrm{row}(B)$$

비슷한 방법으로 $[n]=\{1,2,...,n\}$의 순서가 주어진 임의의 부분집합 $J=\{j_1,j_2,...,j_k\}$에 대하여 국소좌표계 $(\mathbb{R}^{k(n-k)},f_J)$가 존재함을 보일 수 있다.

한편 $J=\{j_1,j_2,...,j_k\}$와 $J'=\{j'_1,j'_2,...,j'_k\}$이 집합 $[n]=\{1,2,...,n\}$의 순서가 주어진 임의의 부분집합일 때, $f_{J'}^{-1}\circ f_J$가 미분가능하다([연습문제 3.1]의 [문제 5]를 참고). 따라서 위상좌표첩

$$\{(\mathbb{R}^{k(n-k)},f_J)\mid [n]\text{의 순서가 주어진 부분집합 } J=\{j_1,j_2,...,j_k\}\}$$

가 미분다양체 $G(k,n;\mathbb{R})$의 미분구조가 된다. □

▶▶ 연습문제 3.1

1. 1차원 벡터공간 $\mathbb{R}^1$ 상에 두 미분구조

$$\mathscr{B} = \{f : \mathbb{R}^1 \to \mathbb{R}^1,\ f(x) = x\},\quad \mathscr{C} = \{g : \mathbb{R}^1 \to \mathbb{R}^1,\ g(x) = x^3\}$$

를 이용하여 만든 미분다양체 $(\mathbb{R}^1, \mathscr{A})$와 $(\mathbb{R}^1, \mathscr{A}')$에 대하여, 항등함수

$$Id : (\mathbb{R}^1, \mathscr{A}) \to (\mathbb{R}^1, \mathscr{A}')\ \ x \mapsto x$$

가 미분동형사상이 아님을 보여라.

2. M과 N이 각각 미분구조 $\{(U_\alpha, f_\alpha) \mid \alpha \in \Gamma\}$와 $\{(V_\beta, g_\beta) \mid \beta \in \Lambda\}$를 가진 미분다양체일 때, 다음 물음에 답하라.

(1) 임의의 $\alpha \in \Gamma, \beta \in \Lambda$에 대하여

$$h_{\alpha\beta} : U_\alpha \times V_\beta \to M \times N,\ \ h_{\alpha\beta}(x,y) = (f_\alpha(x), g_\beta(y)),\ \ (x,y) \in U_\alpha \times V_\beta$$

일 때, $\{(U_\alpha \times V_\beta, h_{\alpha\beta}) \mid \alpha \in \Gamma, \beta \in \Lambda\}$가 $M \times N$의 미분구조임을 보여라.

(2) $S^1 \times S^2$ 상에 구체적인 미분구조의 예를 들어라.

3. $\mathbb{R}^3$ 상에 정의된 동치관계

$$(x,y,z) \sim (u,v,w) \Leftrightarrow (u,v,w) = -(x,y,z)$$

와 회전축이 $z-$축이고 반지름이 1인 원기둥

$$C = \{(x,y,z) \in \mathbb{R}^3 \mid x^2 + y^2 = 1\}$$

을 이용하여 상공간 $M = C/\sim$을 만들 때, M이 2차원 미분다양체임을 보여라.

4. 미분가능인 함수 $f : \mathbb{R}^2 \to \mathbb{R}$에 대하여

$$\Gamma(f) = \{(x, f(x)) \in \mathbb{R}^2 \times \mathbb{R} \mid x \in \mathbb{R}^2\}$$

가 2차원 미분다양체임을 보여라.

5. $J = \{j_1, j_2, \ldots, j_k\}$와 $J' = \{j'_1, j'_2, \ldots, j'_k\}$이 집합 $[n] = \{1, 2, \ldots, n\}$의 순서가 주어진 임의의 부분집합일 때, [예제 3.1.8]에서 정의한 좌표변환함수 $f_{J'}^{-1} \circ f_J$가 미분가능임을 보여라.

3.2 다양체의 접공간과 부분다양체

이 절에서는 미분다양체의 접공간의 정의와 부분다양체의 성질을 알아 본다.

정의 3.2.1

n차원 미분다양체 M^n과 임의의 점 $p \in M^n$에 대하여, $C_p^\infty(M^n)$을 p에서 미분가능인 모든 함수들의 모임이라 하자. 이때 다음이 성립한다.

(1) $\alpha : (-\varepsilon, \varepsilon) \to M^n$, $\varepsilon > 0$가 $\alpha(0) = p$를 만족하는 매개함수일 때, **p에서 α의 접벡터**(tangent vector of α at p)를

$$\alpha'(0)(f) = \frac{d}{dt}\Big|_{t=0}(f \circ \alpha(t)),\ f \in C_p^\infty(M^n)$$

을 만족하는 함수

$$\alpha'(0) : C_p^\infty(M^n) \to \mathbb{R}$$

로 정의한다.

(2) **점 p에서 M^n의 접벡터**(tangent vector of M^n at p)는 $\alpha(0) = p$를 만족하는 적당한 매개함수 $\alpha : (-\varepsilon, \varepsilon) \to M^n$의 p에서의 접벡터로 정의된다.

(3) T_pM^n를 점 p에서 M^n의 모든 접벡터들의 모임이라 하자.

보조정리 3.2.2

T_pM^n은 실수 상에서 정의된 n차원 벡터공간이다.

증명 (U, φ)가 $\varphi(0) = p$를 만족하는 국소좌표계일 때, $\alpha(0) = p$를 만족하는 매개함수 $\alpha : (-\varepsilon, \varepsilon) \to M^n$와 $f \in C_p^\infty(M^n)$에 대하여 $\varphi^{-1} \circ \alpha$와 $f \circ \varphi$를 다음과 같이 나타낼 수 있다.

$$\varphi^{-1} \circ \alpha(t) = (x_1(t), x_2(t), \ldots, x_n(t)),\ -\varepsilon < t < \varepsilon$$
$$f(q) = (f \circ \varphi)(x_1, x_2, \ldots, x_n),\ q = \varphi(x_1, x_2, \ldots, x_n) \in \varphi(U)$$

이때

$$\begin{aligned}\alpha'(0)(f) &= \frac{d}{dt}\bigg|_{t=0}(f \circ \alpha(t)) = \frac{d}{dt}\bigg|_{t=0}(f \circ \varphi \circ \varphi^{-1} \circ \alpha(t)) \\ &= \frac{d}{dt}\bigg|_{t=0}(f \circ \varphi(x_1(t), x_2(t), \dots, x_n(t))) \\ &= \sum_{i=1}^{n} \frac{\partial(f \circ \varphi)}{\partial x_i} \frac{dx_i}{dt}\bigg|_{t=0} \\ &= \left(\sum_{i=1}^{n} x_i'(0)\left(\frac{\partial}{\partial x_i}\right)_0\right)(f)\end{aligned}$$

단, 여기서 $\left(\frac{\partial}{\partial x_i}\right)_0$ 는 $p \in M^n$에서 좌표매개함수(coordinate curve)인

$$x_i \mapsto \varphi(0, 0, \dots, 0, x_i, 0, \dots 0)$$

의 접벡터를 나타낸다. 따라서 $\alpha'(0)$는 $\left\{\left(\frac{\partial}{\partial x_i}\right)_0 \,\middle|\, i = 1, 2, \dots, n\right\}$에 의해 생성된 n차원 벡터공간 T_φ의 원소이다.

반대로 $v \in T_\varphi$일 때, v를 다음과 같이 나타낼 수 있다.

$$v = \sum_{i=1}^{n} \lambda_i \left(\frac{\partial}{\partial x_i}\right)_0, \quad \lambda_i \in \mathbb{R}$$

이때

$$\alpha : (-\varepsilon, \varepsilon) \to U, \ \varphi^{-1} \circ \alpha(t) = (\lambda_1 t, \lambda_2 t, \dots, \lambda_n t)$$

라 놓으면, 위의 계산과 같이 다음이 성립함을 알 수 있다.

$$\alpha'(0)(f) = \left(\sum_{i=1}^{n} x_i'(0)\left(\frac{\partial}{\partial x_i}\right)_0\right)(f) = v(f), \ f \in C_p^\infty(M^n)$$

따라서 $v \in T_\varphi$는 점 $p \in M^n$에서 M^n의 접벡터이다. ■

[보조정리 3.2.2]의 증명에 의해 다음이 성립한다. 증명은 자명하므로 생략한다.

따름정리 3.2.3

T_pM^n은 $\left\{\left(\frac{\partial}{\partial x_i}\right)_0 \,\middle|\, i = 1, 2, \dots, n\right\}$에 의해 생성된 n차원 벡터공간 T_φ와 같다.

다음은 미분다양체의 부분다양체에 관한 성질을 알아본다.

정의 3.2.4

임의의 두 미분다양체 M^n, N^n에 대하여 다음이 성립한다.

(1) 미분가능(smooth)인 함수 $\varphi : M^n \to N^n$가 일대일 대응이고 역함수 φ^{-1}가 미분가능일 때, φ를 **미분동형사상**(diffeomorphism)이라 한다.

(2) 점 $p \in M^n$에 대하여 $\varphi : U \to V$가 미분동형사상인 p의 근방 U와 $\varphi(p)$의 근방 V가 존재할 때, **φ가 p에서 국소적 미분동형사상**(local diffeomorphism)이라 한다.

(3) 미분가능인 함수 $\varphi : M^n \to N^n$가 M^n의 임의의 점에서 국소적 미분동형사상일 때, **φ가 국소적 미분동형사상**이라 한다.

예제 3.2.5

미분가능인 함수 $\varphi : M^n \to N^m$가 $m = n$이고 임의의 점 $p \in M^n$에서 미분사상 $d\varphi_p : T_pM^n \to T_{\varphi(p)}N^n$가 동형(isomorphism)이면 역함수 정리(inverse function theorem)에 의해 φ는 항상 국소적 미분동형사상이다. □

정의 3.2.6

임의의 두 미분다양체 M^n, N^m에 대하여 다음이 성립한다.

(1) 미분가능인 함수 $\varphi : M^n \to N^m$가 각각의 점 $p \in M^n$에서 미분사상 $d\varphi_p : T_pM^n \to T_{\varphi(p)}N^m$가 단사함수이면 φ를 **몰입사상**(immersion)이라 한다.

(2) 미분가능인 함수 $\varphi : M^n \to N^m$가 몰입사상일 때, $\varphi(M^n)$를 N^m의 **몰입된 부분다양체**(immersed submanifold)라 한다.

(2) 미분가능인 함수 $\varphi : M^n \to N^m$가 몰입사상이고 M^n과 N^m의 부분공간 $\varphi(M^n)$이 서로 위상동형일 때, φ를 **매장사상**(imbedding 또는 embedding)이라 한다.

(3) 미분가능인 함수 $\varphi : M^n \to N^m$가 매장사상일 때, $\varphi(M^n)$를 N^m의 **매장된 부분다양체**(embedded submanifold)라 한다.

앞으로 특별한 언급이 없는 경우에는 부분다양체는 보통 매장된 부분다양체를 의미하는 것을 한다.

예제 3.2.7

(1) 미분가능인 함수

$$\alpha : \mathbb{R} \to \mathbb{R}^2,\ \alpha(t) = (t^3, t^2)$$

는 $\alpha'(0) = (0,0)$이므로 $t = 0$에서 몰입사상이 아니다([그림 3.2]).

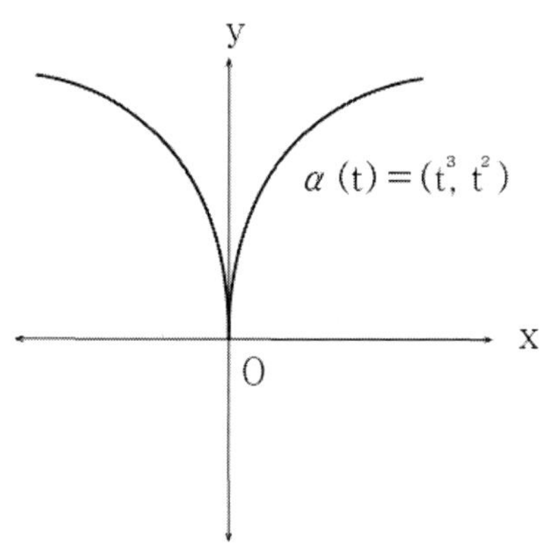

[그림 3.2]

(2) 미분가능인 함수

$$\alpha : (-3,0) \to \mathbb{R}^2,\ \alpha(t) = \begin{cases} (0, -(t+2)), & -3 < t < -1, \\ \beta(t), & -1 \le t \le -\dfrac{1}{\pi}, \\ (-t, -\sin\dfrac{1}{t}), & -\dfrac{1}{\pi} \le t < 0 \end{cases}$$

는 모든 t에 대하여 $\alpha'(t) \neq (0,0)$이므로 몰입사상이다([그림 3.3]).

하지만 $\alpha((-3,0))$는 $\mathbb{R}^2$의 매장된 부분다양체가 아니다. 실제로 $(-3,-1)$은 $(-3,0) \subset \mathbb{R}$

의 열린 부분집합이지만 $\alpha((-3,-1))$은 $\mathbb{R}^2$의 부분공간인 $\alpha((-3,0))$의 열린 부분집합이 아니다.

(3) 2차원 실사영평면 $\mathbb{R}P^2$는 $\mathbb{R}^3$에 몰입된 부분다양체가 될 수 있지만 매장된 부분다양체가 될 수 없다. 한편 $\mathbb{R}P^2$는 $\mathbb{R}^4$에는 매장될 수 있다. 실제로 다음과 같이 정의된 함수 φ는 $\mathbb{R}P^2$의 매장사상을 유도한다.

$$\varphi : \mathbb{R}^3 \to \mathbb{R}^4,\ \ (x,y,z) \to (x^2-y^2, xy, xz, yz)$$

좀 더 구체적으로

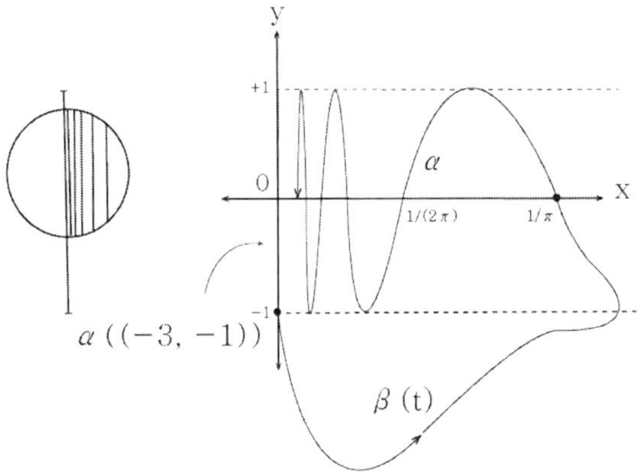

[그림 3.3]

$$\varphi(tx,ty,tz) = t^2\varphi(x,y,z),\ \ t\in\mathbb{R}-\{0\}$$

이므로

$$\widetilde{\varphi}: \mathbb{R}P^2 \to \mathbb{R}^4,\ \ \widetilde{\varphi}([x,y,z]) = \varphi(x,y,z)$$

가 성립함을 알 수 있다([연습문제 3.2]의 [문제3] 참고). 단, 여기서 $\mathbb{R}P^2 = S^2/(x,y,z) \sim (-x,-y,-z)$이다.

일반적으로 **휘트니 매장정리**(Whitney embedding theorem)에 의해, 모든 n차원 미분다양체는 항상 $\mathbb{R}^{2n}$에 몰입될 수 있고 $\mathbb{R}^{2n+1}$에는 매장까지 될 수 있음이 알려져 있다. □

▶▶ 연습문제 3.2

1. 집합

$$M = \{(x,|x|) \in \mathbb{R}^2 \mid x \in \mathbb{R}\}$$

은 몰입사상 $h : \mathbb{R} \to \mathbb{R}^2$의 상으로 주어질 수 없음을 보여라.

2. $\mathbb{R}^2$ 상에 정의된 동치관계

$$(x,y) \sim (z,w) \Leftrightarrow x - z \in \mathbb{Z},\ y - w \in \mathbb{Z}$$

을 이용하여 2차원 토러스 $T^2 = \mathbb{R}^2/\sim$를 정의하자. 임의의 실수 $a \neq 0, b$에 대하여 다음과 같이 정의된 함수

$$\varphi : \mathbb{R}^1 \to T^2,\ \ \varphi(t) = (at, bt) \bmod \mathbb{Z}$$

의 상 $\varphi(\mathbb{R})$이 T^2의 매장된 부분다양체가 될 필요충분조건은 $\frac{b}{a}$가 유리수임을 보여라.

3. 다음과 같이 정의된 함수 φ에 대하여 다음 물음에 답하라.

$$\varphi : \mathbb{R}^3 \to \mathbb{R}^4,\ \ (x,y,z) \to (x^2 - y^2, xy, xz, yz)$$

(1) φ가 $\mathbb{R}P^2$에서 잘 정의된 함수 $\psi : \mathbb{R}P^2 \to \mathbb{R}^4$를 유도함을 보여라.

(2) $\psi : \mathbb{R}P^2 \to \mathbb{R}^4$가 단사함수임을 보여라.

(3) 임의의 점 $p \in \mathbb{R}P^2$에서 $d\psi_p$의 지표(rank)를 계산하여 ψ가 매장사상임을 보여라.

4. 임의의 자연수 k에 대하여

$$S = \{(x_1, x_2, \ldots, x_{k+1}) \in \mathbb{R}^{k+1} \mid x_1^2 + x_2^2 + \cdots + (x_{k+1} - 1)^2 = 1,\ x_{k+1} < 1\},$$
$$B^k = \{(x_1, x_2, \ldots, x_k) \in \mathbb{R}^k \mid x_1^2 + x_2^2 + \cdots + x_k^2 < 1\}$$

일 때, 다음 물음에 답하라.

(1) 미분동형사상 $f : B^k \to S$를 구체적으로 찾아라.

(2) 미분동형사상 $g: S \to \{(x_1, x_2, \ldots, x_k, 0) \in \mathbb{R}^3 \mid x_1, x_2, \ldots, x_k \in \mathbb{R}\}$를 구체적으로 찾아라.

(3) 미분동형사상 $h: B^k \to \mathbb{R}^k$를 구체적으로 찾아라.

5. 다음 물음에 답하라.

(1) $(k+1)$차원 단위구 S^{k+1}가 중심이 원점이고 반지름이 1인 닫힌공 D^{k+2}의 경계임을 이용하여 k차원 토러스

$$T^k = \underbrace{S^1 \times S^1 \times \cdots \times S^1}_{k-\text{번}}$$

가 $(k+1)$차원 유클리드 공간 $\mathbb{R}^{k+1}$에 매장될 수 있음을 보여라.

(**힌트** : $S^1 \times S^1 \hookrightarrow D^2 \times S^1 \hookrightarrow \mathbb{R}^3$을 이용하라)

(2) 임의의 자연수 $k_1, k_2, \ldots, k_p$에 대하여

$$M^n = S^{k_1} \times S^{k_2} \times \cdots \times S^{k_p}, \ \ n = k_1 + k_2 + \cdots + k_p$$

일 때, M^n이 $(n+1)$차원 유클리드 공간 $\mathbb{R}^{n+1}$에 매장될 수 있음을 보여라.

6. 다음과 같이 주어진 함수

$$f: \mathbb{R}^2 \to \mathbb{R}, \ \ f(x, y) = x^3 - 6xy + y^2$$

의 등위선(level set) $f^{-1}(c)$가 $\mathbb{R}^2$의 부분다양체가 되는 실수 c를 모두 찾아라.

7. 다음과 같이 주어진 함수

$$f: \mathbb{R}^4 \to \mathbb{R}, \ \ f(x, y, z, w) = x^5 + y^5 + z^5 + w^5$$

의 등위선 $f^{-1}(c)$가 $\mathbb{R}^4$의 부분다양체가 되는 실수 c를 모두 찾아라.

8. 미분가능인 함수 $f: S^1 \to \mathbb{R}$가 몰입사상일 될 수 없음을 보여라.

9. 다음과 같이 정의된 집합

$$SU(2) = \left\{ \begin{pmatrix} \alpha & -\overline{\beta} \\ \beta & \overline{\alpha} \end{pmatrix} \,\middle|\, \alpha, \beta \in \mathbb{C}, \ |\alpha|^2 + |\beta|^2 = 1 \right\}$$

에 대하여 다음 물음에 답하라.

(1) $SU(2)$가 3차원 미분다양체임을 보여라.

(2) $SU(2)$와 3차원 단위구 S^3가 서로 미분동형임을 보여라.

(3) 미분가능인 함수 $f: SU(2) \to \mathbb{R}^3$가 몰입사상일 될 수 없음을 보여라.

3.3 다양체의 미분형식과 벡터장

이 절에서는 유클리드 공간 $\mathbb{R}^n$ 상에서 정의된 미분형식의 개념을 미분다양체로 확장하고, 미분형식의 쌍대 개념인 벡터장과 그와 관련된 리연산(Lie bracket)에 관해 알아본다. 또한 미분다양체의 방향성의 정의와 방향성을 갖지 않는 몇 가지 중요한 예를 간단히 소개한다.

V가 실수 상에서 벡터공간일 때, 제1장에서 $\Lambda^k(V^*)$를

$$\varphi(v_1, v_2, \cdots, v_i, v_{i+1}, \cdots, v_k) = -\varphi(v_1, v_2, \cdots, v_{i+1}, v_i, \cdots, v_k)$$

라는 교대형식의 조건을 만족하는 모든 다중선형범함수

$$\varphi : \underbrace{V \times \cdots \times V}_{k\text{번}} \to \mathbb{R}$$

들의 모임으로 정의했다. 이를 이용하여, 벡터공간 상의 미분형식의 정의를 다음과 같이 미분다양체로 확장한다.

정의 3.3.1

M^n이 n차원 미분다양체일 때, M^n 상의 **k차 외형식**(exterior k-form) ω를 다음 조건을 만족하는 함수로 정의한다.

$$\omega : M^n \to \Lambda^k(T^*M^n) = \bigcup_{p \in M^n} \Lambda^k(T_p^*M^n), \ \ p \mapsto \omega(p) \in \Lambda^k(T_p^*M^n)$$

정의 3.3.2

$\{(U_\alpha, f_\alpha) \mid \alpha \in \Gamma\}$가 n차원 미분다양체 M^n의 미분구조라 하자. ω가 M^n 상의 k차 외형식일 때, 각각의 $\alpha \in \Gamma$에 대하여 ω_α를 다음과 같이 정의한다.

$$\omega_\alpha = f_\alpha^* \omega$$

이때 ω_α를 ω의 국소좌표계에 관한 **국소적 표현**(local expression)이라 한다.

보조정리 3.3.3

$\{(U_\alpha, f_\alpha) \mid \alpha \in \Gamma\}$가 n차원 미분다양체 M^n의 미분구조일 때, M^n 상의 k차 외형식 ω에 대하여 다음이 성립한다.

(1) $W = f_\alpha(U_\alpha) \cap f_\beta(U_\beta) \neq \varnothing$을 만족하는 두 국소좌표계 (U_α, f_α)와 (U_β, f_β)에 대하여, $f_\beta^{-1}(W)$ 상에서 다음 등식이 성립한다.

$$\omega_\beta = (f_\alpha^{-1} \circ f_\beta)^* \omega_\alpha$$

(2) $W = f_\alpha(U_\alpha) \cap f_\beta(U_\beta) \neq \varnothing$을 만족하는 두 국소좌표계 (U_α, f_α)와 (U_β, f_β)에 대하여, ω_α가 $f_\alpha^{-1}(W)$에서 미분가능이면 ω_β도 $f_\beta^{-1}(W)$에서 미분가능이다.

증명 (1) 정의에 의해, 다음이 성립한다.

$$\begin{aligned}\omega_\beta &= f_\beta^* \omega = (f_\alpha \circ f_\alpha^{-1} \circ f_\beta)^* \omega = (f_\alpha^{-1} \circ f_\beta)^* f_\alpha^* \omega \\ &= (f_\alpha^{-1} \circ f_\beta)^* \omega_\alpha\end{aligned}$$

(2) 좌표변환함수 $f_\alpha^{-1} \circ f_\beta$는 $f_\beta^{-1}(W)$에서 항상 미분가능이므로 위의 (1)에 의해 ω_α가 $f_\alpha^{-1}(W)$에서 미분가능이면 ω_β도 $f_\beta^{-1}(W)$에서 미분가능이다. ■

정의 3.3.4

$\{(U_\alpha, f_\alpha) \mid \alpha \in \Gamma\}$가 n차원 미분다양체 M^n의 미분구조일 때, M^n 상의 **k차 미분형식**(differential k-form) ω를 각각의 $\alpha \in \Gamma$에 대하여 ω_α가 미분가능인 k차 외형식 ω로 정의한다.

보조정리 3.3.5

$\{(U_\alpha, f_\alpha) \mid \alpha \in \Gamma\}$가 n차원 미분다양체 M^n의 미분구조라 하자. 각각의 $\alpha \in \Gamma$에 대하여 U_α 상에서 미분가능인 k차 미분형식 ω_α가 $f_\alpha(U_\alpha) \cap f_\beta(U_\beta) \neq \varnothing$을 만족하는 임의의 다른 국소좌표계 (U_β, f_β)에 대하여

$$\omega_\beta = (f_\alpha^{-1} \circ f_\beta)^* \omega_\alpha$$

를 만족할 때, $\{(f_\alpha^{-1})^*(\omega_\alpha) \mid \alpha \in \Gamma\}$가 M^n 상에 k차 미분형식 ω를 정의한다.

증명 가정의 의해, $W = f_\alpha(U_\alpha) \cap f_\beta(U_\beta) \neq \varnothing$을 만족하는 임의의 두 국소좌표계 (U_α, f_α)와 (U_β, f_β)에 대하여 W 상에서 다음 등식이 성립한다.

$$(f_\beta^{-1})^*\omega_\beta = (f_\alpha^{-1})^*\omega_\alpha$$

따라서 $\{(f_\alpha^{-1})^*(\omega_\alpha) \mid \alpha \in \Gamma\}$가 M^n 상에 k차 미분형식 ω를 정의한다. ■

보조정리 3.3.6

$\{(U_\alpha, f_\alpha) \mid \alpha \in \Gamma\}$가 n차원 미분다양체 M^n의 미분구조일 때, M^n 상의 k차 미분형식 ω에 대하여 국소적 표현 ω_α의 외미분 $d\omega_\alpha$의 모임 $\{d\omega_\alpha \mid \alpha \in \Gamma\}$가 다음 등식을 만족한다.

$$d\omega_\beta = (f_\alpha^{-1} \circ f_\beta)^* d\omega_\alpha$$

증명 $W = f_\alpha(U_\alpha) \cap f_\beta(U_\beta) \neq \varnothing$을 만족하는 임의의 두 국소좌표계 (U_α, f_α)와 (U_β, f_β)에 대하여, $f_\beta^{-1}(W)$ 상에서 다음이 성립한다.

$$d\omega_\beta = d\left((f_\alpha^{-1} \circ f_\beta)^*\omega_\alpha\right) = (f_\alpha^{-1} \circ f_\beta)^* d\omega_\alpha$$

■

[보조정리 3.3.5]과 [보조정리 3.3.6]에 의해 다음은 의미가 있는 정의이다.

정의 3.3.7

$\{(U_\alpha, f_\alpha) \mid \alpha \in \Gamma\}$가 n차원 미분다양체 M^n의 미분구조일 때, M^n 상의 k차 미분형식 ω에 대하여 ω의 **외미분**(exterior differentiation) $d\omega$를

$$\{(f_\alpha^{-1})^*(d\omega_\alpha) \mid \alpha \in \Gamma\}$$

로 정의한다.

정의 3.3.8

M^n이 n차원 미분다양체일 때, 다음이 성립한다.

(1) M^n 상의 **벡터장**(vector field) X는 다음 조건을 만족하는 함수이다.

$$X: M^n \to TM^n = \bigcup_{p \in M^n} T_pM^n,\ p \mapsto X(p) \in T_pM^n$$

(2) 임의의 점 $p \in M^n$에 대하여, p 근방의 국소좌표계 (U_α, f_α)을 이용하여 벡터장 X를 $f_\alpha(U_\alpha)$ 상에서 다음과 같이 나타낼 수 있다.

$$X(p) = \sum_{i=1}^{n} a_i(p)\left(\frac{\partial}{\partial x_i}\right)_p \quad \text{또는} \quad X = \sum_{i=1}^{n} a_i \frac{\partial}{\partial x_i}$$

이때 $a_i(1 \le i \le n)$가 모두 미분가능이면 벡터장 X가 **미분가능**(differentiable)이라고 말한다. 특히 X가 무한 번 미분가능할 때, X가 **매끈하다**(smooth)라고 말한다. 이 책에서는 특별한 언급이 없으면 미분가능인 벡터장은 모두 매끈한 벡터장을 의미하는 것으로 한다.

정의에 의해, n차원 미분다양체 M^n 상에서 정의된 벡터장 X가 모든 미분가능인 함수 $\varphi: M^n \to \mathbb{R}$에 대하여 $X(\varphi)$가 미분가능일 때 X가 미분가능이고 그 역도 성립함을 알 수 있다. 앞으로 특별한 언급이 없으면 모든 벡터장은 미분가능인 것으로 가정한다.

보조정리 3.3.9

n차원 미분다양체 M^n 상의 미분가능인 두 벡터장 X와 Y에 대하여, 다음 조건을 만족하는 미분가능인 벡터장 Z가 M^n 상에서 유일하게 존재한다.

$$Z(\varphi) = [X, Y](\varphi) := X(Y(\varphi)) - Y(X(\varphi)),\ \varphi \in C^\infty(M^n)$$

증명 (i) 유일성

보조정리의 등식을 만족하는 벡터장 Z가 존재한다고 가정하고 유일성을 먼저 증명한다. 이를 위해, 임의의 점 $p \in M^n$에 대하여 p 근방의 국소좌표계 (U_α, f_α)을 이용하여 $f_\alpha(U_\alpha)$ 상에서 벡터장 X와 Y를 다음과 같이 나타내자.

$$X = \sum_{i=1}^{n} a_i \frac{\partial}{\partial x_i}, \quad Y = \sum_{i=1}^{n} b_i \frac{\partial}{\partial x_i}$$

모든 $\varphi \in C^{\infty}(M^n)$에 대하여, $X(Y(\varphi))$를 다음과 같이 계산할 수 있다.

$$\begin{aligned} X(Y(\varphi)) &= X\left(\sum_{j=1}^{n} b_j \frac{\partial \varphi}{\partial x_j}\right) = \sum_{i=1}^{n} a_i \frac{\partial}{\partial x_i}\left(\sum_{j=1}^{n} b_j \frac{\partial \varphi}{\partial x_j}\right) \\ &= \sum_{i=1}^{n} a_i \left(\sum_{j=1}^{n}\left(\frac{\partial b_j}{\partial x_i}\frac{\partial \varphi}{\partial x_j} + b_j \frac{\partial^2 \varphi}{\partial x_i \partial x_j}\right)\right) \\ &= \sum_{i,j=1}^{n}\left(a_i b_j \frac{\partial^2 \varphi}{\partial x_i \partial x_j} + a_i \frac{\partial b_j}{\partial x_i}\frac{\partial \varphi}{\partial x_j}\right) \end{aligned}$$

비슷한 방법으로 $Y(X(\varphi))$는 다음과 같다.

$$Y(X(\varphi)) = \sum_{i,j=1}^{n}\left(a_j b_i \frac{\partial^2 \varphi}{\partial x_i \partial x_j} + b_i \frac{\partial a_j}{\partial x_i}\frac{\partial \varphi}{\partial x_j}\right)$$

따라서 다음이 성립한다.

$$Z(\varphi) = X(Y(\varphi)) - Y(X(\varphi)) = \sum_{j=1}^{n}\left(\sum_{i=1}^{n}\left(a_i \frac{\partial b_j}{\partial x_i} - b_i \frac{\partial a_j}{\partial x_i}\right)\right)\frac{\partial \varphi}{\partial x_j}$$

한편 이것은 만약 보조정리의 등식을 만족하는 Z가 존재한다면 Z가 X와 Y에 의해 유일하게 결정된다는 것을 의미한다.

(ii) 존재성

보조정리의 등식을 만족하는 벡터장 Z의 존재성을 보이기 위해, 일단 좌표근방 $f_\alpha(U_\alpha)$에서 새로운 벡터장 Z_α을 다음과 같이 정의하자.

$$Z_\alpha(\varphi) = \sum_{j=1}^{n} c_j \frac{\partial \varphi}{\partial x_j}, \quad c_j = \sum_{i=1}^{n}\left(a_i \frac{\partial b_j}{\partial x_i} - b_i \frac{\partial a_j}{\partial x_i}\right), \ 1 \le j \le n$$

한편 $W = f_\alpha(U_\alpha) \cap f_\beta(U_\beta) \neq \varnothing$을 만족하는 임의의 두 국소좌표계 (U_α, f_α)와 (U_β, f_β)에 대하여 W 상에서 벡터장 X와 Y를 다음과 같이 두 가지 방법으로 나타낼 수 있다.

$$X = \sum_{i=1}^{n} a_i \frac{\partial}{\partial x_i} = \sum_{i=1}^{n} a_i' \frac{\partial}{\partial x_i'}, \quad Y = \sum_{i=1}^{n} b_i \frac{\partial}{\partial x_i} = \sum_{i=1}^{n} b_i' \frac{\partial}{\partial x_i'}$$

이때

$$\frac{\partial}{\partial x_i} = \sum_{k=1}^{n} \frac{\partial x_k'}{\partial x_i}\frac{\partial}{\partial x_k'}$$

을 이용하여 다음 관계식을 얻을 수 있다.

$$a_k{}' = \sum_{i=1}^{n} a_i \frac{\partial x_k{}'}{\partial x_i}, \quad b_k{}' = \sum_{i=1}^{n} b_i \frac{\partial x_k{}'}{\partial x_i}$$

따라서 W 상에서 다음이 성립한다.

$$c_k = \sum_{j=1}^{n} c_j{}' \frac{\partial x_k}{\partial x_j{}'}$$

이를 이용하면, W 상에서

$$\begin{aligned} Z_\alpha(\varphi) &= \sum_{j=1}^{n} c_j{}' \frac{\partial \varphi}{\partial x_j{}'} = \sum_{j=1}^{n} c_j{}' \sum_{k=1}^{n} \frac{\partial x_k}{\partial x_j{}'} \frac{\partial \varphi}{\partial x_k} \\ &= \sum_{k=1}^{n} \left(\sum_{j=1}^{n} c_j{}' \frac{\partial x_k}{\partial x_j{}'} \right) \frac{\partial \varphi}{\partial x_k} \\ &= \sum_{k=1}^{n} c_k \frac{\partial \varphi}{\partial x_k} = Z_\beta(\varphi), \quad \varphi \in C^\infty(M^n) \end{aligned}$$

이 성립함을 알 수 있다. 즉 W 상에서 두 벡터장 Z_α와 Z_β는 서로 일치한다. 따라서 $\{Z_\alpha \mid \alpha \in \Gamma\}$가 M^n 상에서 보조정리의 등식을 만족하는 미분가능인 벡터장 Z을 정의한다.

■

정의 3.3.10

n차원 미분다양체 M^n 상의 미분가능인 두 벡터장 X와 Y에 대하여, 다음 조건을 만족하는 M^n 상의 유일한 미분가능인 벡터장 Z를 X와 Y의 **리연산**(Lie bracket)이라 한다.

$$Z(\varphi) = [X, Y](\varphi) := X(Y(\varphi)) - Y(X(\varphi)), \quad \varphi \in C^\infty(M^n)$$

리연산에 관해 다음 정리가 성립한다.

정리 3.3.11

n차원 미분다양체 M^n 상의 미분가능인 세 벡터장 X, Y, Z에 대하여, 다음이 성립한다.

(1) $[X,Y]=-[Y,X]$ (비대칭성, skew-symmetry)

(2) 임의의 실수 $a,b\in\mathbb{R}$에 대하여

$$[aX+bY,Z]=a[X,Z]+b[Y,Z] \quad (\text{쌍선형성, bilinearity})$$

(3) $[X,[Y,Z]]=[[X,Y],Z]+[Y,[X,Z]]$

(야코비 등식 또는 라이프니츠 법칙, Jacobi identity 또는 Leibniz rule)

(4) 임의의 $\theta,\varphi\in C^\infty(M^n)$에 대하여

$$[\theta X,\varphi Y]=\theta\varphi[X,Y]+\theta\cdot X(\varphi)Y-\varphi\cdot Y(\theta)X$$

증명 정리의 증명은 직접 계산에 의해 어렵지 않게 보일 수 있다. 따라서 (4)만 자세히 증명한다. 실제로 임의의 $f\in C^\infty(M^n)$에 대하여 다음 등식이 성립한다.

$$\begin{aligned}[\theta X,\varphi Y](f)&=\theta X(\varphi Y(f))-\varphi Y(\theta X(f))\\&=\theta X(\varphi)Y(f)+\theta\varphi X(Y(f))-\varphi Y(\theta)X(f)-\varphi\theta Y(X(f))\\&=\theta\varphi(X(Y(f))-Y(X(f)))+\theta X(\varphi)Y(f)-\varphi Y(\theta)X(f)\\&=\theta\varphi[X,Y]+\theta\cdot X(\varphi)Y-\varphi\cdot Y(\theta)X\end{aligned}$$

■

외미분과 리연산 사이에 다음 관계가 성립한다.

정리 3.3.12

n차원 미분다양체 M^n 상의 1차 미분형식 ω와 미분가능인 두 벡터장 X, Y에 대하여, 다음이 성립한다.

$$d\omega(X,Y)=X(\omega(Y))-Y(\omega(X))-\omega([X,Y])$$

증명 다른 일반적인 경우의 증명은 비슷하므로, 국소좌표계 (U_α,f_α)에 대하여 다음과 같이 표현된 ω, X, Y에 대해서만 증명한다.

$$\omega=a\,dx_k,\quad X=\frac{\partial}{\partial x_i},\quad Y=\frac{\partial}{\partial x_j}$$

실제로 이 경우에

$$X(\omega(Y))=\frac{\partial}{\partial x_i}(a\delta_{kj})=\frac{\partial a}{\partial x_i}\delta_{kj},\quad Y(\omega(X))=\frac{\partial a}{\partial x_j}\delta_{ki},\quad [X,Y]=\left[\frac{\partial}{\partial x_i},\frac{\partial}{\partial x_j}\right]=0$$

이므로 다음이 성립한다.

$$d\omega(X,Y)=\left(\sum_{l=1}^{n}\frac{\partial a}{\partial x_l}dx_l\wedge dx_k\right)(X,Y)$$
$$=\sum_{l=1}^{n}\frac{\partial a}{\partial x_l}(\delta_{li}\delta_{kj}-\delta_{lj}\delta_{ki})=\frac{\partial a}{\partial x_i}\delta_{kj}-\frac{\partial a}{\partial x_j}\delta_{ki}$$
$$=X(\omega(Y))-Y(\omega(X))-\omega([X,Y])$$

■

좀 더 일반적으로 다음 정리가 성립한다. 증명은 생략한다.

정리 3.3.13

n차원 미분다양체 M^n 상의 k차 미분형식 ω와 미분가능인 벡터장 $X_1, X_2, \ldots, X_{k+1}$에 대하여, 다음이 성립한다.

$$d\omega(X_1,X_2,\ldots,X_{k+1})=\sum_{i=1}^{k+1}(-1)^{i+1}X_i(\omega(X_1,\ldots,X_{i-1},\widehat{X}_i,X_{i+1},\ldots,X_{k+1}))+$$
$$+\sum_{1\le i<j\le k+1}(-1)^{i+j}\omega([X_i,X_j],X_1,\ldots,X_{i-1},\widehat{X}_i,X_{i+1},\ldots,X_{j-1},\widehat{X}_j,X_{j+1},\ldots,X_{k+1})$$

단, $\omega(X_1,\ldots,X_{i-1},\widehat{X}_i,X_{i+1},\ldots,X_{k+1})$ 등에서 $\widehat{X}_i$의 기호는 미분형식을 계산하기 위해 X_i는 제외하고 나머지 성분만을 이용한다는 의미이다.

이 절의 마지막 내용으로 미분다양체의 방향성에 관해 알아본다.

정의 3.3.14

n차원 미분다양체 M^n에 대하여 다음이 성립한다.

(1) $W=f_\alpha(U_\alpha)\cap f_\beta(U_\beta)\neq\varnothing$을 만족하는 임의의 두 국소좌표계 (U_α, f_α)와 (U_β, f_β)에 대하여 $f_\alpha^{-1}(W)$ 상에서 $f_\beta^{-1}\circ f_\alpha$의 야코비안 $d(f_\beta^{-1}\circ f_\alpha)$가

$$\det(d(f_\beta^{-1}\circ f_\alpha))>0$$

을 만족하는 미분구조 $\{(U_\alpha, f_\alpha)\mid\alpha\in\Gamma\}$가 M^n에 존재할 때, M^n에 **방향성을 줄 수 있다**(orientable)고 말한다. 이때 미분구조 $\{(U_\alpha, f_\alpha)\mid\alpha\in\Gamma\}$를 M^n의 **방향성**

(orientation)이라 한다.

(2) 위의 (1)의 조건을 만족하는 미분구조가 M^n에 존재하지 않을 때, M^n에 **방향성을 줄 수 없다**(non-orientable)고 말한다.

보조정리 3.3.15

V가 방향성을 줄 수 있는 n차원 미분다양체 M^n의 열린 부분집합일 때, V는 항상 방향성을 가진다.

증명 가정에 의해, M^n에 방향성 $\{(U_\alpha, f_\alpha) \mid \alpha \in \Gamma\}$이 존재한다. 이때 V에 다음과 같은 미분구조를 주자.

$$\mathscr{W} = \left\{(W_\alpha, g_\alpha) := (f_\alpha^{-1}(V \cap f_\alpha(U_\alpha)), f_\alpha|_{f_\alpha^{-1}(V \cap f_\alpha(U_\alpha))}) \mid \alpha \in \Gamma\right\}$$

이때 $f_\beta^{-1} \circ f_\alpha$의 야코비안이 양의 행렬식을 가지므로 $g_\beta^{-1} \circ g_\alpha$의 야코비안도 양의 행렬식을 갖는다. 따라서 $\mathscr{W}$가 V의 방향성이다. ■

예제 3.3.16

(1) 뫼비우스 띠(Moebius band) M에는 방향성을 줄 수 없다. 이를 보이기 위해, 일반성을 잃지 않고 $f_1(U_1) \cap f_2(U_2)$가 두 개의 연결성분 W_1, W_2로 이루어신 국소좌표계 $(U_1, f_1), (U_2, f_2)$로 M을 덮을 수 있다고 가정하자. 하지만 뫼비우스 띠의 정의에 의해, $\det(d(f_2^{-1} \circ f_1))$의 부호가 W_1과 W_2에서 항상 서로 반대이다. 따라서 M에는 방향성을 줄 수 없다.

이 사실을 이용하면, 뫼비우스 띠를 부분다양체로 포함하고 있는 2차원 실사영평면 $\mathbb{R}P^2$와 클라인 병(Klein bottle)에도 방향성을 줄 수 없음을 알 수 있다.

(2) 일반적으로 n차원 실사영공간 $\mathbb{R}P^n$에 방향성을 줄 수 있는 경우는 n이 홀수인 경우뿐이다. □

▸▸ 연습문제 3.3

1. $\mathbb{R}^3$ 상에서 정의된 벡터장

$$X = y\frac{\partial}{\partial x} - x\frac{\partial}{\partial y},$$
$$Y = z\frac{\partial}{\partial y} - y\frac{\partial}{\partial z},$$
$$Z = \frac{\partial}{\partial x} + \frac{\partial}{\partial y} + \frac{\partial}{\partial z}$$

에 대하여 리연산 $[X, Y]$와 $[Y, Z]$를 계산하라.

2. $\mathbb{R}^3$ 상에 정의된 동치관계

$$(x,y,z) \sim (u,v,w) \Leftrightarrow (u,v,w) = -(x,y,z)$$

와 회전축이 z-축이고 반지름이 1인 원기둥

$$C = \{(x,y,z) \in \mathbb{R}^3 \mid x^2 + y^2 = 1\}$$

을 이용하여 2차원 미분다양체 $M = C/\sim$을 만들 때, M에 방향성을 줄 수 있는지 판별하라.

(**힌트** : M의 열린 부분집합으로 매장된 뫼비우스 띠를 찾아라.)

3. 3차원 실사영공간 $\mathbb{R}P^3$에 방향성을 줄 수 있음을 보여라.

(**힌트** : $\mathbb{R}P^3 = S^3/(x,y,z) \sim (-x, -y, -z)$임을 이용하라.)

4. M이 두 개의 국소좌표계 (V_1, f)와 (V_2, g)로 덮을 수 있는 미분다양체일 때, $V_1 \cap V_2$가 연결공간이면 M에 방향성을 줄 수 있음을 보여라.

5. 임의의 n차원 미분다양체 M의 접공간 TM에 대하여 다음 물음에 답하라.

(1) 임의의 점 $p \in M$과 p 근방의 국소좌표계 (U, φ)에 대하여,

$$\Phi : U \times \mathbb{R}^n \to TU, \ (q, v) \mapsto (\varphi(q), d\varphi_q(v))$$

가 매장사상임을 보여라.

(1) TM이 $2n$차원 미분다양체임을 보여라.

(2) TM에는 항상 방향성을 줄 수 있음을 보여라.

6. $M=\mathbb{R}^3-\{(0,0,0)\}$ 상에서 정의된 1차 미분형식

$$\omega = zdx + xdy + ydz$$

에 대하여 다음 물음에 답하라.

(1) $\ker\omega = \{X\in TM \mid \omega(X) - 0\}$일 때,

$$X_1 = x\frac{\partial}{\partial x} - z\frac{\partial}{\partial y},\quad X_2 = y\frac{\partial}{\partial y} - x\frac{\partial}{\partial z},\quad X_3 = y\frac{\partial}{\partial x} - z\frac{\partial}{\partial z}$$

가 모두 $\ker\omega$의 원소임을 보여라.

(2) 다음 등식이 성립함을 보여라.

$$d\omega(X_1, X_2) = x^2 + xy + zx$$

(3) 임의의 $1 \le i < j \le 3$에 대하여 $[X_i, X_j]\in\ker\omega$인지 판별하라.

7. $M=\mathbb{R}^3-\{(0,0,0)\}$ 상에서 정의된 1차 미분형식

$$\omega = xdx + ydy + zdz$$

에 대하여 다음 물음에 답하라.

(1) $\ker\omega = \{X\in TM \mid \omega(X) = 0\}$일 때,

$$X_1 = y\frac{\partial}{\partial x} - x\frac{\partial}{\partial y},\quad X_2 = z\frac{\partial}{\partial y} - y\frac{\partial}{\partial z},\quad X_3 = z\frac{\partial}{\partial x} - x\frac{\partial}{\partial z}$$

가 모두 $\ker\omega$의 원소임을 보여라.

(2) $d\omega = 0$임을 이용하여, 임의의 $1 \le i < j \le 3$에 대하여 $[X_i, X_j]\in\ker\omega$임을 보여라.

(3) $\omega = df$을 만족하는 함수 $f: M \to \mathbb{R}$을 찾아라.

(4) $p=(1,0,0)$일 때, 다음 조건을 만족하는 p를 통과하는 M의 부분다양체 N를 찾아라.

$$\omega_p(X(p)) = 0,\quad X(p)\in T_pN$$

CHAPTER

4 미분형식의 적분

이 장에서는 n차원 미분다양체 상에서 n차 미분형식의 적뷰을 정의한다. 미분다양체 위의 적분의 응용으로 스토크스 정리와 푸앵카레 보조정리를 자세히 알아본다.

4.1 미분형식의 적분

미분형식의 적분을 정의하기 위해 먼저 주어진 미분형식과 관련된 여러 가지 용어를 정리한다.

정의 4.1.1

n차원 미분다양체 M^n 상에서 정의된 k차 미분형식 ω에 대하여 $\mathrm{supp}(\omega)$를 다음과 같이 정의한다.

$$\mathrm{supp}(\omega) = \overline{\{p \in M^n \mid \omega(p) \neq 0\}}$$

여기서 $\overline{A}$는 집합 A의 폐포(closure)를 의미한다.

정의 4.1.2

U가 유클리드 공간 $\mathbb{R}^n$의 열린 부분집합이고 ω가 U 상에서 정의된 n차 미분형식일 때, ω를 다음과 같이 표현하자.

$$\omega = a(x_1, x_2, \ldots, x_n)dx_1 \wedge dx_2 \wedge \cdots \wedge dx_n$$

$K = \mathrm{supp}(\omega) \subset U$일 때, K가 컴팩트 집합이라 가정하자. 이때 **U 상에서 ω의 적분**

(integration) $\int_U \omega$를 다음과 같이 다중적분(multiple integral)으로 정의한다.

$$\int_U \omega = \int_K a(x_1, x_2, \ldots, x_n) dx_1 dx_2 \cdots dx_n$$

정의 4.1.3

M^n이 미분구조 $\mathscr{A} = \{(U_\alpha, f_\alpha) \mid \alpha \in \Gamma\}$를 방향성으로 가진 n차원 컴팩트 미분다양체이고 ω가 M^n 상에서 정의된 n차 미분형식일 때,

$$K = \mathrm{supp}(\omega) \subset V_\alpha = f_\alpha(U_\alpha)$$

만족하는 국소좌표계 (U_α, f_α)가 존재한다고 가정하자.

$$\omega_\alpha = f_\alpha^*(\omega) = a_\alpha(x_1, x_2, \ldots, x_n) dx_1 \wedge dx_2 \wedge \cdots \wedge dx_n$$

라 할 때, M^n **상에서** ω**의 적분** $\int_{M^n} \omega$를 다음과 같이 정의한다.

$$\int_{M^n} \omega = \int_{U_\alpha} \omega_\alpha = \int_{f_\alpha^{-1}(K)} a_\alpha(x_1, x_2, \ldots, x_n) dx_1 dx_2 \cdots dx_n$$

보조정리 4.1.4

위의 [정의 4.1.3]은 K를 포함하는 국소좌표계의 선택에 의존하지 않는다. 즉 $(U_\beta, f_\beta) \in \mathscr{A}$가 $K \subset f_\beta(U_\beta)$를 만족하는 다른 국소좌표계일 때, 다음 등식이 성립한다.

$$\int_{U_\beta} \omega_\beta = \int_{U_\alpha} \omega_\alpha$$

증명 증명을 위해, 먼저 ω_β를 다음과 같이 나타내자.

$$\omega_\beta = f_\beta^*(\omega) = a_\beta(y_1, y_2, \ldots, y_n) dy_1 \wedge dy_2 \wedge \cdots \wedge dy_n$$

한편

$$\begin{aligned}\omega_\alpha = f_\alpha^*(\omega) &= (f_\beta \circ f_\beta^{-1} \circ f_\alpha)^*(\omega) = (f_\beta^{-1} \circ f_\alpha)^* f_\beta^*(\omega) \\ &= (f_\beta^{-1} \circ f_\alpha)^* \omega_\beta\end{aligned}$$

이므로 $h_{\alpha\beta} = f_\beta^{-1} \circ f_\alpha$라 놓으면 다음이 성립한다([그림 4.1]).

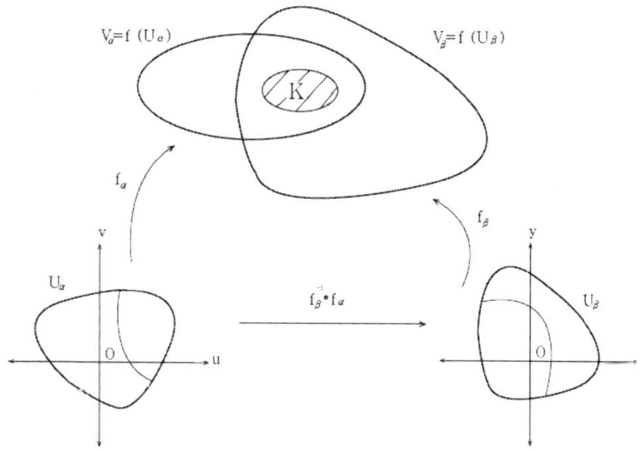

[그림 4.1]

$$\begin{aligned}\omega_\alpha &= h_{\alpha\beta}^*(\omega_\beta) = h_{\alpha\beta}^*(a_\beta(y_1, y_2, \ldots, y_n)dy_1 \wedge dy_2 \wedge \cdots \wedge dy_n) \\ &= a_\beta \circ h_{\alpha\beta}(x_1, x_2, \ldots, x_n)d(y_1 \circ h_{\alpha\beta}) \wedge d(y_2 \circ h_{\alpha\beta}) \wedge \cdots \wedge d(y_n \circ h_{\alpha\beta}) \\ &= a_\beta \circ h_{\alpha\beta}(x_1, x_2, \ldots, x_n)\det(h_{\alpha\beta}(x_1, x_2, \ldots, x_n))dx_1 \wedge dx_2 \wedge \cdots \wedge dx_n\end{aligned}$$

따라서 다중적분에 관한 변수변환의 식과 $\det(h_{\alpha\beta}) > 0$라는 사실을 이용하여

$$\begin{aligned}\int_{U_\alpha} \omega_\alpha &= \int_{U_\alpha} a_\beta \circ h_{\alpha\beta}(x_1, x_2, \ldots, x_n)\det(h_{\alpha\beta}(x_1, x_2, \ldots, x_n))dx_1 \wedge dx_2 \wedge \cdots \wedge dx_n \\ &= \int_{f_\alpha^{-1}(K)} a_\beta \circ h_{\alpha\beta}(x_1, x_2, \ldots, x_n)\det(h_{\alpha\beta}(x_1, x_2, \ldots, x_n))dx_1 dx_2 \cdots dx_n \\ &= \int_{f_\alpha^{-1}(K)} a_\beta \circ h_{\alpha\beta}(x_1, x_2, \ldots, x_n)|\det(h_{\alpha\beta}(x_1, x_2, \ldots, x_n))|dx_1 dx_2 \cdots dx_n \\ &= \int_{f_\beta^{-1}(K)} a_\beta(y_1, y_2, \ldots, y_n)dy_1 dy_2 \cdots dy_n \\ &= \int_{U_\beta} \omega_\beta\end{aligned}$$

가 성립함을 알 수 있다.

[정의 4.1.3]을 일반적인 경우로 확장하기 위해서는 단위분할(partition of unity)이라는 개념이 필요하다.

정의 4.1.5

M^n이 n차원 미분다양체일 때, M^n의 열린덮개 $\{V_\alpha \mid \alpha \in \Gamma\}$에 대하여 다음 두 조건 (1), (2)를 만족하는 미분가능인 함수 $\varphi_i : M^n \to \mathbb{R}$들의 모임

$$\{\varphi_i \mid i \in I\}$$

를 **열린덮개 $\{V_\alpha \mid \alpha \in \Gamma\}$에 의존하는 단위분할**(partition of unity subordinate to the covering)이라 한다.

(1) 모든 $x \in M^n$에 대하여, $\sum_{i \in I} \varphi_i(x) = 1$

(2) 모든 $i \in I$에 대하여, $0 \le \varphi_i \le 1$이고 $\mathrm{supp}(\varphi_i) \subset V_{\alpha_i}$, $\alpha_i \in \Gamma$

[정의 4.1.5]를 만족하는 단위분할은 항상 존재하며 n차원 미분다양체 M^n이 컴팩트 공간이면 I를 유한집합으로 택할 수 있다. 또한 M^n이 방향성을 갖는 경우에는 주어진 방향성을 갖는 미분구조를 이용하여 열린덮개를 택할 수 있으므로 방향성에 의존하는 단위분할이 항상 존재한다.

이 책에서는 논의를 간단히 하기 위해 n차원 미분다양체 M^n이 항상 컴팩트 공간이고 I가 유한집합이라고 가정한다.

정의 4.1.6

M^n이 미분구조 $\mathscr{A} = \{(U_\alpha, f_\alpha) \mid \alpha \in \Gamma\}$를 방향성으로 갖는 n차원 컴팩트 미분다양체이고 $\{\varphi_i \mid i \in I\}$가 열린덮개 $\{V_\alpha = f_\alpha(U_\alpha) \mid \alpha \in \Gamma\}$에 의존하는 단위분할일 때, M^n 상에서 정의된 n차 미분형식 ω의 적분 $\int_{M^n} \omega$를 다음과 같이 정의한다.

$$\int_{M^n} \omega = \sum_{i \in \Gamma} \int_{M^n} \varphi_i \omega$$

위의 정의에서 $\mathrm{supp}(\varphi_i \omega) \subset V_{\alpha_i}$이므로 [정의 4.1.3]에 의해 $\int_{M^n} \varphi_i \omega$가 정의된다. 또

한 가정에 의해 I가 유한집합이므로 [정의 4.1.6]의 오른쪽 식은 유한 합을 나타낸다.

보조정리 4.1.7

위의 [정의 4.1.6]은 미분구조 $\mathscr{A}$에 의존하는 단위분할의 선택에 관계없이 일정하다. 즉 $\{\psi_j \mid j\in J\}$가 $\mathscr{A}$에 의존하는 다른 단위분할일 때, 다음 등식이 성립한다.

$$\sum_{i\in I}\int_{M^n}\varphi_i\omega = \sum_{j\in J}\int_{M^n}\psi_j\omega$$

증명 증명을 위해, 먼저 $\{\varphi_i\psi_j \mid i\in I, j\in J\}$가 다음 두 조건 (i), (ii)를 만족함을 보인다.

(i) 모든 $x\in M^n$에 대하여

$$\sum_{i\in I,\, j\in J}\varphi_i(x)\psi_j(x) = \sum_{i\in I}\varphi_i(x)\Big(\sum_{j\in J}\psi_j(x)\Big) = \sum_{i\in I}\varphi_i(x) = 1$$

(ii) 각각의 $i\in I$와 $j\in J$에 대하여, $0\le \varphi_i\psi_j \le 1$이고

$$\operatorname{supp}(\varphi_i\psi_j)\subset V_{\alpha_i}\cap V_{\alpha_j}\subset V_{\alpha_i},\ \ \alpha_i, \alpha_j\in\Gamma$$

위의 (i)과 (ii)에 의해, $\{\varphi_i\psi_j \mid i\in I, j\in J\}$가 다시 $\mathscr{A}$에 의존하는 단위분할이다. 따라서 다음이 성립한다.

$$\begin{aligned}\sum_{i\in I}\int_{M^n}\varphi_i\omega &= \sum_{i\in I}\int_{M^n}\varphi_i\Big(\sum_{j\in J}\psi_j\Big)\omega = \sum_{i\in I,\, j\in J}\int_{M^n}\varphi_i\psi_j\omega\\ &= \sum_{i\in I,\, j\in J}\int_{M^n}\psi_j\varphi_i\omega = \sum_{j\in J}\int_{M^n}\psi_j\Big(\sum_{i\in I}\varphi_i\Big)\omega\\ &= \sum_{j\in J}\int_{M^n}\psi_j\omega\end{aligned}$$

■

2차원 실사영평면 $\mathbb{R}P^2$는 컴팩트이지만 방향성을 줄 수 없는 미분다양체이다. 따라서 이 책의 정의로는 $\mathbb{R}P^2$ 상에서는 2차 미분형식의 적분을 정의할 수 없다. 다만, $\mathbb{R}P^2$는 방향성을 줄 수 있는 2차원 단위구 S^2를 2-대-1 피복(2-to-1 covering)으로 가진다. 따라서 $\mathbb{R}P^2$ 상에서 2차 미분형식의 적분을 정의하기 위해 S^2를 이용할 수 있다. 더 자세한 논의는 이 책의 범위를 벗어나므로 생략한다(Bott-Tu의 저서 [2] 참고).

이제 컴팩트 미분다양체의 미분구조에 의존하는 단위분할의 존재성을 증명한다. 다만, 단위분할의 존재성을 증명하기 위해 미분구조가 방향성 조건을 반드시 만족할 필

요는 없다. 앞으로 $B_r(q) = \{p \in \mathbb{R}^n \mid \|p-q\| < r\}$을 의미한다.

다음 보조정리가 성립한다.

보조정리 4.1.8

다음과 같은 조건 (1), (2), (3)을 만족하는 미분가능(smooth)인 함수 $\varphi : B_3(0) \to \mathbb{R}$이 존재한다. 따라서 φ가 $\mathrm{supp}(\varphi) \subset \overline{B_2(0)} \subset B_3(0)$을 만족한다.

(1) 모든 $p \in B_1(0)$에 대하여 $\varphi(p) = 1$

(2) 모든 $p \in B_2(0)$에 대하여 $0 < \varphi(p) \le 1$

(3) 모든 $p \in B_3(0) - B_2(0)$에 대하여 $\varphi(p) = 0$

증명 증명을 위해, 먼저 함수 $\alpha : \mathbb{R} \to \mathbb{R}$를 다음과 같이 정의하자([그림 4.2]).

$$\alpha(t) = \begin{cases} e^{-\frac{1}{(t+1)(t+2)}}, & -2 < t < -1, \\ 0, & t \ge -1 \text{ 또는 } t \le -2 \end{cases}$$

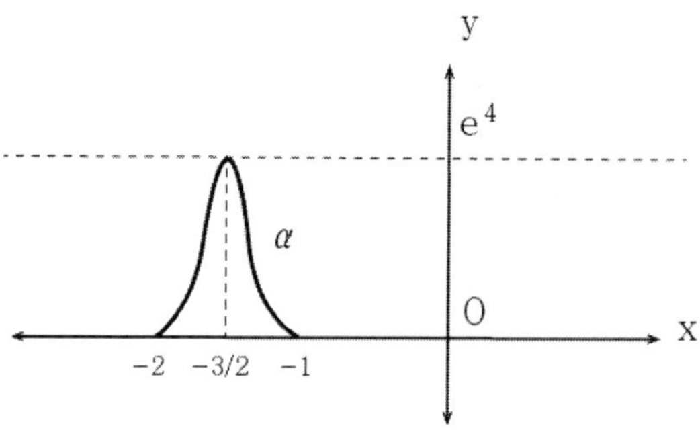

[그림 4.2]

그러면 α는 미분가능(smooth)이고 $\mathrm{supp}(\alpha) \subset [-2, -1]$이다. 이제 모든 $-\infty < t < \infty$에 대하여

$$\gamma(t) = \int_{-\infty}^{t} \alpha(\tau)d\tau$$

이고

$$\beta(t) = \frac{\gamma(t)}{\int_{-\infty}^{\infty} \alpha(\tau)d\tau}$$

라 놓으면 β는 미분가능이고 다음을 만족한다([그림 4.3]).

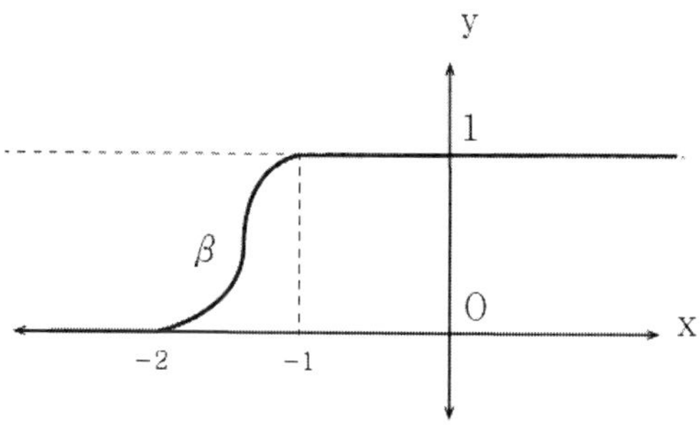

[그림 4.3]

$$\beta(t)=\begin{cases}0, & t\le -2,\\ 0<\beta(t)\le 1, & -2<t<-1,\\ 1, & t\ge -1\end{cases}$$

마지막으로 $\varphi: B_3(0)\to\mathbb{R}$를 다음과 같이 정의하면 충분하다.

$$\varphi(p)=\beta(-\|p\|)$$

■

보조정리 4.1.9

M^n이 n차원 미분다양체일 때, 임의의 점 $p\in M^n$와 $p\in g(U)$를 만족하는 국소좌표계 (U,g)에 대하여

$$f(0)=p,\ \ f(B_3(0))\subset g(U)$$

를 만족하는 새로운 국소좌표계 $(B_3(0),f)$가 존재한다.

증명 $q\in U$가 $g(q)=p$일 때, $B_r(q)\subset U$를 만족하는 충분히 작은 $r>0$을 택하자. 이때 $T:\mathbb{R}^n\to\mathbb{R}^n$와 $H:\mathbb{R}^n\to\mathbb{R}^n$를 다음과 같이 평행이동(translation)과 축약함수(contraction)로 정의하자.

$$T(v)=v-q,\ \ H(v)=\frac{3}{r}v,\ \ v\in\mathbb{R}^n$$

그러면 $H\circ T: B_r(q)\to B_3(0)$이다. 따라서 함수 $f: B_3(0)\to M$를 다음과 같이 정의하면 충분하다.

$$f=g\circ(H\circ T)^{-1}$$

■

정리 4.1.10

M^n이 미분구조 $\mathscr{A} = \{(U_\alpha, f_\alpha) \mid \alpha \in \Gamma\}$를 갖는 n차원 컴팩트 미분다양체일 때, 열린덮개 $\{V_\alpha = f_\alpha(U_\alpha) \mid \alpha \in \Gamma\}$에 의존하는 단위분할 $\{\varphi_i \mid i \in I\}$가 존재한다.

증명 [보조정리 4.1.9]에 의해, 각각의 점 $p \in M^n$와 $p \in V_\alpha$, $\alpha \in \Gamma$에 대하여 다음 조건을 만족하는 국소좌표계 $(B_3(0), f_p)$가 존재한다.

$$f(0) = p, \quad V_p := f_p(B_3(0)) \subset V_\alpha$$

이때 $W_p := f_p(B_1(0))$라 하자. 그러면 $\mathscr{W} = \{W_p \mid p \in M^n\}$는 M^n의 열린덮개이다. 한편 M^n이 컴팩트이므로 M^n의 유한 부분덮개

$$\{W_{p_1}, W_{p_2}, \ldots, W_{p_m}\} \subset \mathscr{W}$$

가 존재한다. 이때 각각의 $1 \le i \le m$에 대하여 $W_{p_i} \subset V_{p_i} \subset V_{\alpha_i}$을 만족하는 $\alpha_i \in \Gamma$가 존재한다.

이제, 각각의 $1 \le i \le m$에 대하여 [보조정리 4.1.8]의 함수 φ를 이용하여 새로운 함수 $\theta_i : M \to \mathbb{R}$를 다음과 같이 정의하자.

$$\theta_i : M \to \mathbb{R}^n, \quad \theta_i(q) = \begin{cases} \varphi \circ f_{p_i}^{-1}(q), & q \in V_{p_i}, \\ 0, & q \in M - V_{p_i} \end{cases}$$

그러면 θ_i는 미분가능이고

$$\mathrm{supp}(\theta_i) \subsetneq V_{p_i} \subset V_{\alpha_i}$$

을 만족한다. 또한,

$$\{W_{p_1}, W_{p_2}, \ldots, W_{p_m}\}$$

가 M^n의 열린덮개이므로 임의의 $x \in M^n$에 대하여 $x \in W_{p_i}$을 만족하는 W_{p_i}가 존재한다. 그런데 $f_{p_i}^{-1}(W_{p_i}) \subset B_1(0)$이므로 $\theta_i(x) = 1$이 성립한다. 따라서 모든 $x \in M^n$에 대하여

$$\sum_{j=1}^{m} \theta_j(x) \neq 0$$

이다.

마지막으로 각각의 $1 \leq i \leq m$에 대하여

$$\varphi_i : M^n \to \mathbb{R}, \quad \varphi_i = \frac{\theta_i}{\sum_{j=1}^{m} \theta_j}$$

라 놓으면, 모든 $x \in M^n$에 대하여 다음 두 조건이 성립한다.

(1) $\sum_{i=1}^{m} \varphi_i(x) = \sum_{i=1}^{m} \frac{\theta_i(x)}{\sum_{j=1}^{m} \theta_j(x)} = \frac{\sum_{i=1}^{m} \theta_i(x)}{\sum_{j=1}^{m} \theta_j(x)} = 1$

(2) $0 \leq \varphi_i(x) \leq 1$이고

$$\mathrm{supp}(\varphi_i) = \mathrm{supp}(\theta_i) \subsetneq V_{p_i} \subset V_{\alpha_i}$$

즉 $\{\varphi_i \mid i \in I\}$가 열린덮개 $\{V_\alpha = f_\alpha(U_\alpha) \mid \alpha \in \Gamma\}$에 의존하는 단위분할이다.

■

▸▸ 연습문제 4.1

1. $\mathbb{R}^2$ 상에서 정의된 미분가능인 함수 $f(x,y)$에 대하여 0이 f의 정칙값이고 $M=f^{-1}(0)\neq\varnothing$ 일 때, 다음 물음에 답하라.

(1) M이 1차원 미분다양체임을 보여라.

(2) $X=f_y\dfrac{\partial}{\partial x}-f_x\dfrac{\partial}{\partial y}$가 M 상에서 0이 아닌 접벡터장임을 보여라.

(3)
$$\omega=\frac{f_y dx-f_x dy}{\sqrt{f_x^2+f_y^2}}$$

가 M 상에서 0이 아닌 1차 미분형식임을 보여라.

2. $\mathbb{R}^3$ 상에서 정의된 미분가능인 함수 $f(x,y,z)$에 대하여 0이 f의 정칙값이고 $M=f^{-1}(0)\neq\varnothing$ 일 때, 다음 물음에 답하라.

(1) M이 2차원 미분다양체임을 보여라.

(2)
$$\omega=\frac{f_x dy\wedge dz+f_y dz\wedge dx+f_z dx\wedge dy}{\sqrt{f_x^2+f_y^2+f_z^2}}$$

가 M 상에서 0이 아닌 2차 미분형식임을 보여라.

(3) 임의의 점 $p\in M$에 대하여

$$\varphi: U\subset\mathbb{R}^2\to M,\ \ \varphi(u,v)=(u,v,g(u,v))$$

를 p점 근방의 국소좌표계라 할 때,

$$\varphi^*\omega=\frac{\langle(f_x,f_y,f_z),(-g_u,-g_v,1)\rangle}{\sqrt{f_x^2+f_y^2+f_z^2}}du\wedge dv$$

임을 보여라.

(4) M 상에서 두 벡터장 (f_x,f_y,f_z)와 $(-g_u,-g_v,1)$이 서로 평행함을 보여라.

(5) 위의 (4)에 의해, M 상에서 두 벡터장 (f_x,f_y,f_z)와 $(-g_u,-g_v,1)$ 사이의 각도가 항상 0이라고 가정해도 된다. 이때 다음 등식을 보여라.

$$\varphi^*\omega=\sqrt{g_u^2+g_v^2+1}\,du\wedge dv$$

(6) M 상에서 2차 미분형식 ω가 M의 면적요소임을 보여라. 즉 $\{v_1,v_2\}$가 접평

면 T_pM의 양의 기저일 때, $\omega(v_1,v_2)$가 v_1과 v_2에 의해 생성된 평행사변형의 면적과 같음을 보여라.

(7) $f(x,y,z)=x^2+y^2+z^2-1$일 때, $S^2=f^{-1}(0)$ 상에서 위의 문제 (2)의 미분형식 ω에 대하여 다음 적분을 계산하라.

$$\int_{S^2}\omega$$

3. 다음 물음에 답하라.

(1) $\omega = xdy - ydx$와 경계 ∂M를 가진 유계인 영역 M에 대하여 $j: M \hookrightarrow \mathbb{R}^2$가 포함함수일 때, M의 면적이 다음 식으로 주어짐을 보여라.

$$\frac{1}{2}\int_{\partial M} j^*\omega$$

(2) $\omega = xdy\wedge dz - ydx\wedge dz + zdx\wedge dy$와 경계 ∂M를 가진 유계인 영역 M에 대하여 $j: M \hookrightarrow \mathbb{R}^3$가 포함함수일 때, M의 부피가 다음 식으로 주어짐을 보여라.

$$\frac{1}{3}\int_{\partial M} j^*\omega$$

(3) 위의 문제 (1)과 (2)를 $\mathbb{R}^n$, $n\geq 4$으로 일반화하라.

4. $\mathbb{R}^3$ 상에서 정의된 미분가능인 함수 $f(x,y,z)$에 대하여 0의 f의 정칙값이고 $M=f^{-1}(0)\neq\varnothing$ 일 때, 다음 물음에 답하라.

(1) 임의의 점 $p\in M$에 대하여

$$\varphi: U\subset\mathbb{R}^2\to M,\ \varphi(u,v)=(u,v,g(u,v))$$

를 p점 근방의 국소좌표계라 할 때, φ를 이용하여 다음 등식이 성립함을 보여라.

$$\frac{dx\wedge dy}{f_z}=\frac{dy\wedge dz}{f_x}=\frac{dz\wedge dx}{f_y}$$

단, 여기서 $f_xf_yf_z\neq 0$가 성립한다고 가정한다.

(2) M^2 상에서 다음 등식이 항상 성립함을 보여라.

$$\frac{dx\wedge dy}{f_z}=\frac{dy\wedge dz}{f_x}=\frac{dz\wedge dx}{f_y}$$

단, 여기서 $f_x f_y f_z \neq 0$가 성립한다고 가정한다.

(3) $f(x,y,z) = x^2 + y^2 + z^2 - 1$일 때, $S^2 = f^{-1}(0)$ 상에서 위의 문제 (2)의 미분형식을 ω라 놓으면 ω가 다음과 같이 주어짐을 보여라.

$$\omega = \begin{cases} \dfrac{dy \wedge dz}{2x}, & x \neq 0, \\ \dfrac{dz \wedge dx}{2y}, & y \neq 0, \\ \dfrac{dx \wedge dy}{2z}, & z \neq 0 \end{cases}$$

(3) 다음 등식이 성립함을 보여라.

$$\int_{S^2} 2\omega = 4\pi$$

5. 위의 [문제 4]를 $\mathbb{R}^{n+1}$ 상에서 정의된 미분가능인 함수 $f(x_1, x_2, \ldots, x_{n+1})$로 일반화하라.

6. $\mathbb{R}^3 - \{(0,0,0)\}$ 상에서 정의된 2차 미분형식

$$\omega = \frac{x dy \wedge dz + y dz \wedge dx + z dx \wedge dy}{(x^2 + y^2 + z^2)^{3/2}}$$

와 (0,0,0)을 통과하지 않는 방향성을 가진 2차원 미분다양체 M에 대하여 다음 물음에 답하라.

(1) 임의의 점 $p \in M$에 대하여

$$\varphi : U \subset \mathbb{R}^2 \to M, \ \varphi(u,v) = (u, v, g(u,v))$$

를 p점 근방의 국소좌표계라 할 때,

$$\varphi^* \omega = \frac{\langle (x,y,z), (-g_u, -g_v, 1) \rangle}{r^3} du \wedge dv$$

임을 보여라. 단, 여기서 $r = \sqrt{x^2 + y^2 + z^2}$이다.

(2) M 상에서 두 벡터장 (x,y,z)와 $(-g_u, -g_v, 1)$ 사이의 각도를 θ라 할 때, 다음 등식이 성립함을 보여라.

$$\varphi^* \omega = \frac{\cos\theta}{r^2} \sqrt{g_u^2 + g_v^2 + 1} \, du \wedge dv$$

4.2 스토크스 정리

이 절에서는 미분다양체 위의 적분의 응용으로 스토크스 정리(Stokes theorem)를 자세히 알아본다.

스토크스 정리를 서술하기 위해, 먼저 몇 가지 용어를 정리할 필요가 있다.

정의 4.2.1

n차원 유클리드 공간 $\mathbb{R}^n$의 부분공간

$$H^n = \{(x_1, x_2, \ldots, x_n) \in \mathbb{R}^n \mid x_1 \le 0\}$$

를 $\mathbb{R}^n$의 **반공간**(half-space)이라 한다([그림 4.4]).

위의 정의에 의해, H^n의 임의의 열린집합 V를 유클리드 공간 $\mathbb{R}^n$의 열린집합 U를 이용하여 $V = H^n \cap U$로 나타낼 수 있다.

정의 4.2.2

반공간 H^n의 열린집합 V와 함수 $f: V \to \mathbb{R}$에 대하여 다음이 성립한다.

(1) $V \subset U$를 만족하는 $\mathbb{R}^n$의 열린집합 U와 $\overline{f}|_V = f$를 만족하는 미분가능인 함수 $\overline{f}: U \to \mathbb{R}$가 존재할 때, **$f$가 V 상에서 미분가능**이라고 한다.

(2) f가 V 상에서 미분가능일 때, 임의의 점 $p \in V$에 대하여 **f의 p에서의 미분사상** df_p를 다음과 같이 정의한다.

$$df_p = d\overline{f}_p$$

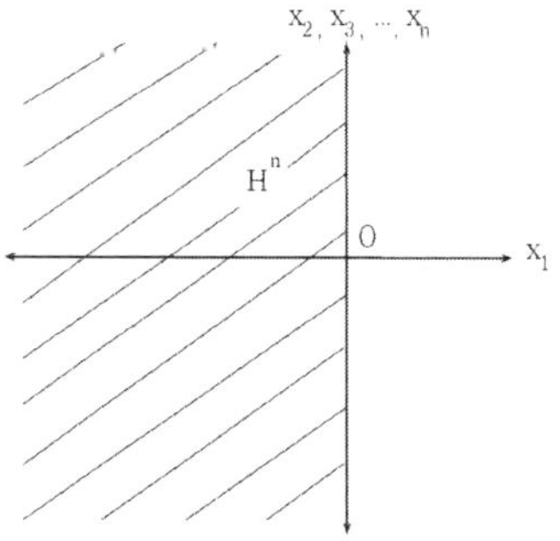

[그림 4.4]

경계를 가진 위상다양체의 정의는 경계가 없는 위상다양체의 정의와 유사하다.

정의 4.2.3

위상공간 M^n이 다음 세 가지 조건 (1), (2), (3)을 만족할 때, M^n을 **경계를 가진 n차원 위상다양체**(topological manifold of dimension n with boundary)라 한다.

(1) M^n이 하우스도르프 공간이다.

(2) M^n이 제2가산공리를 만족한다. 즉 위상공간 M^n이 가산개의 기저를 갖는다.

(3) 반공간 H^n의 열린 부분집합 V_α와 V_α에서 정의된 위상동형사상 $f_\alpha : V_\alpha \to f_\alpha(V_\alpha) \subset M^n$로 이루어진 순서쌍의 모임

$$\mathscr{A} = \{(V_\alpha, f_\alpha) \mid f_\alpha : V_\alpha \to f_\alpha(V_\alpha) \subset M,\ \alpha \in \Gamma\}$$

가 존재하여 $\bigcup_{\alpha \in \Gamma} f_\alpha(V_\alpha) = M^n$을 만족한다.

이때 $\mathscr{A}$를 경계를 가진 위상다양체 M^n의 **위상좌표첩** 또는 **위상좌표계**(topological atlas)라 한다.

정의 4.2.4

경계를 가진 n차원 위상다양체 M^n의 위상좌표첩

$$\mathscr{A} = \{(V_\alpha, f_\alpha) \mid f_\alpha : V_\alpha \to f_\alpha(V_\alpha) \subset M,\ \alpha \in \Gamma\}$$

에 대하여, 다음이 성립한다.

(1) $\mathscr{A}$가 다음 두 조건 (i), (ii)를 만족할 때, M^n을 **경계를 가진 n차원 미분다양체**(smooth manifold of dimension n with bounadry)라 하고 $(M^n, \mathscr{A})$ 또는 간단히 M^n으로 나타낸다.

(i) $f_\alpha(V_\alpha) \cap f_\beta(V_\beta) \neq \varnothing$을 만족하는 임의의 두 원소 $(V_\alpha, f_\alpha), (V_\beta, f_\beta) \in \mathscr{A}$에 대하여 $W = f_\alpha(V_\alpha) \cap f_\beta(V_\beta)$일 때, 좌표변환함수

$$f_\beta^{-1} \circ f_\alpha : f_\alpha^{-1}(W) \to f_\beta^{-1}(W)$$

가 미분가능(smooth, C^∞)이다.

(ii) $\mathscr{A}$가 위의 두 조건 (i)을 만족하는 가장 큰 모임이다. 즉 반공간 H^n의 열린 부분집합 W_γ와 W_γ에서 정의된 위상동형사상

$$f_\gamma : W_\gamma \to f_\gamma(W_\gamma) \subset M^n$$

로 이루어진 순서쌍 (W_γ, f_γ)가 $\mathscr{A}$의 적당한 원소 (V_α, f_α)에 대하여 위의 조건 (i)을 만족할 때, (W_γ, f_γ)가 다시 $\mathscr{A}$의 원소이다.

(2) 위상좌표첩 $\mathscr{A}$기 위의 조건 (1)을 만족할 때, $(V_\alpha, f_\alpha) \in \mathscr{A}$를 **국소좌표계**(local coordinate system 또는 local chart)라 하고, $p \in f_\alpha(V_\alpha)$일 때 $f_\alpha(V_\alpha)$를 p의 **좌표근방**(coordinate neighborhood)이라 한다.

(3) 위의 조건 (1)-(i)만을 만족하는 위상좌표계 $\mathscr{A}$를 **미분구조**(smooth structure 또는 differentiable structure)라 하고, 조건 (1)-(i)과 (1)-(ii)를 동시 만족하는 위상좌표계 $\mathscr{A}$를 **극대좌표첩**(maximal atlas) 또는 **극대미분구조**(maximal smooth structure)라 한다.

정의 4.2.5

M^n이 경계를 가진 n차원 위상다양체일 때, $p \in M^n$에 대하여 다음이 성립한다.

(1)

$$f(0, x_2, x_3, \ldots, x_n) = p \in f(V)$$

를 만족하는 국소좌표계 (V, f)가 존재할 때, p를 M^n의 **경계점**(boundary point)이라 한다.

(2) ∂M^n은 M^n의 모든 경계점의 모임을 나타낸다.

(3) $\partial M^n = \varnothing$이고 M^n이 컴팩트일 때, M^n을 **닫힌다양체**(closed manifold)라 한다.

정리 4.2.6

$\partial M^n \neq \varnothing$ 을 만족하는 n차원 미분다양체 M^n에 대하여 다음이 성립한다.

(1) ∂M^n은 $(n-1)$차원 경계가 없는 미분다양체이다.

(2) $\mathscr{A} = \{(V_\alpha, f_\alpha) \mid \alpha \in \Gamma\}$가 M^n의 방향성일 때, $\mathscr{A}$는 ∂M^n에 방향성을 유도한다. 즉 M^n이 방향성을 가진 미분다양체일 때, ∂M^n도 다시 방향성을 가진 미분다양체이다.

증명 (1) 증명을 위해, 먼저 $\mathscr{A} = \{(V_\alpha, f_\alpha) \mid \alpha \in \Gamma\}$가 M^n의 미분구조라 하자. 정의에 의해, 임의의 경계점 $p \in \partial M^n$에 대하여 p 근방에 국소좌표계 $(V_{\alpha(p)}, f_{\alpha(p)}) \in \mathscr{A}$가 존재한다. 이때

$$\overline{V}_{\alpha(p)} = V_{\alpha(p)} \cap \partial H^n = V_{\alpha(p)} \cap \{(x_1, x_2, \ldots, x_n) \in \mathbb{R}^n \mid x_1 = 0\}$$

이고 $\overline{f}_{\alpha(p)} = f_{\alpha(p)}|_{\overline{V}_{\alpha(p)}}$라 하자. 그러면 $\overline{V}_{\alpha(p)}$는 $\partial H^n \cong \mathbb{R}^{n-1}$의 열린집합이고 $p \in \overline{f}_{\alpha(p)}(\overline{V}_{\alpha(p)}) \subset \partial M^n$이다. 또한

$$\overline{f}_{\alpha(p)} : \overline{V}_{\alpha(p)} \to \overline{f}_{\alpha(p)}(\overline{V}_{\alpha(p)}) \subset \partial M^n$$

은 위상동형사상이다. 따라서 $\{(\overline{V}_{\alpha(p)}, \overline{f}_{\alpha(p)}) \mid p \in \partial M^n\}$가 ∂M^n의 경계가 없는 미분구조를 정의함을 쉽게 보일 수 있다.

(2) 가정에 의해, $\mathscr{A} = \{(V_\alpha, f_\alpha) \mid \alpha \in \Gamma\}$가 M^n의 방향성이므로 $W = f_\alpha(V_\alpha) \cap f_\beta(V_\beta) \neq \varnothing$을 만족하는 임의의 두 국소좌표계 (V_α, f_α)와 (V_β, f_β)에 대하여 W 상에서

$$\det(d(f_\beta^{-1} \circ f_\alpha)) > 0$$

가 성립한다.

한편 $\mathscr{A}$가 ∂M^n에 방향성을 유도함을 보이기 위해

$$W = f_\alpha(V_\alpha) \cap f_\beta(V_\beta) \neq \varnothing,\ f_\alpha(V_\alpha) \cap \partial M^n \neq \varnothing,\ f_\beta(V_\beta) \cap \partial M^n \neq \varnothing$$

을 만족하는 임의의 두 국소좌표계 (V_α, f_α)와 (V_β, f_β)만 고려하면 충분하다. $\overline{V} = f_\alpha^{-1}(\overline{W})$일 때, 변수변환함수 $f_\beta^{-1} \circ f_\alpha$의 야코비 행렬식 $\det(d(f_\beta^{-1} \circ f_\alpha))|_{\overline{V}}$를 계산하면 다음과 같다.

$$\det(d(f_\beta^{-1}\circ f_\alpha))|_{\overline{V}}=\det\begin{pmatrix}\frac{\partial x_1^\beta}{\partial x_1^\alpha} & \frac{\partial x_1^\beta}{\partial x_2^\alpha} & \cdots & \frac{\partial x_1^\beta}{\partial x_n^\alpha}\\ \frac{\partial x_2^\beta}{\partial x_1^\alpha} & \frac{\partial x_2^\beta}{\partial x_2^\alpha} & \cdots & \frac{\partial x_2^\beta}{\partial x_n^\alpha}\\ & & \cdots & \\ \frac{\partial x_n^\beta}{\partial x_1^\alpha} & \frac{\partial x_n^\beta}{\partial x_2^\alpha} & \cdots & \frac{\partial x_n^\beta}{\partial x_n^\alpha}\end{pmatrix}$$

이때 $f_\beta^{-1}\circ f_\alpha$는 $\overline{V}$의 임의의 점 $(0,x_2^\alpha,x_3^\alpha,\ldots,x_n^\alpha)$을 $\overline{V}$의 임의의 점 $(0,x_2^\beta,x_3^\beta,\ldots,x_n^\beta)$으로 보낸다. 즉 모든 $(0,x_2^\alpha,x_3^\alpha,\ldots,x_n^\alpha)\in\overline{V}$에 대하여

$$x_1^\beta(0,x_2^\alpha,x_3^\alpha,\ldots,x_n^\alpha)=0$$

이다. 따라서

$$\left.\frac{\partial x_1^\beta}{\partial x_j^\alpha}\right|_{\overline{V}}=0,\quad j=2,3,\ldots,n$$

이다. 또한 x_1^α가 음의 방향으로 움직일 때 x_1^β도 같이 음의 방향으로 움직이므로

$$\left.\frac{\partial x_1^\beta}{\partial x_1^\alpha}\right|_{\overline{V}}>0$$

이 성립한다. 이를 이용하면

$$\det(d(f_\beta^{-1}\circ f_\alpha))|_{\overline{V}}=\frac{\partial x_1^\beta}{\partial x_1^\alpha}\cdot\det(d(\overline{f}_\beta^{-1}\circ\overline{f}_\alpha))\Big|_{\overline{V}}>0$$

이므로 $\det(d(\overline{f}_\beta^{-1}\circ\overline{f}_\alpha))|_{\overline{V}}>0$이 성립한다.

결론적으로 M^n의 미분구조 $\mathscr{A}=\{(V_\alpha,f_\alpha)\mid\alpha\in\Gamma\}$로부터 유도된 미분구조 $\{(\overline{V}_{\alpha(p)},\overline{f}_{\alpha(p)})\mid p\in\partial M^n\}$가 ∂M^n의 방향성을 유도함을 알 수 있다. ■

정리 4.2.7 (스토크스 정리, Stokes theorem)

경계 $\partial M^n\neq\varnothing$인 방향성을 줄 수 있는 컴팩트 n차원 미분다양체 M^n과 $(n-1)$차 미분형식 ω에 대하여 다음 등식이 성립한다.

$$\int_{\partial M^n} i^* \omega = \int_{M^n} d\omega$$

단, 여기서 $i : \partial M^n \hookrightarrow M^n$는 **포함함수**(inclusion)를 나타낸다.

(증명) $K = \text{supp}(\omega)$라 놓고, 증명을 크게 두 가지 경우로 나누어 한다.

(1) (V, f)가 M^n의 국소좌표계일 때, $K \subset W = f(V)$인 경우:

국소좌표계 (V, f)를 이용하여 ω를 먼저 다음과 같이 나타내자.

$$\omega = \sum_{j=1}^{n} a_j(x_1, x_2, \ldots, x_n) dx_1 \wedge dx_2 \wedge \cdots \wedge dx_{j-1} \wedge dx_{j+1} \wedge \cdots \wedge dx_n$$

그러면 ω의 외미분 $d\omega$는 다음과 같다.

$$d\omega = \sum_{j=1}^{n} (-1)^{j-1} \frac{\partial a_j}{\partial x_j} dx_1 \wedge dx_2 \wedge \cdots \wedge dx_n$$

(i) $W \cap \partial M^n = \varnothing$ 인 경우:

이 경우에는 자명하게 $i^* \omega = 0$이다. 따라서

$$\int_{\partial M^n} i^* \omega = 0$$

이 성립한다. 한편 $W \cap \partial M^n = \varnothing$ 이므로

$$f^{-1}(K) \subset V \subset Q = [r_1, s_1] \times [r_2, s_2] \times \cdots \times [r_n, s_n] \subset H$$

를 만족하는 Q를 택할 수 있다([그림 4.5]). 또한 위에서 정의된 함수 a_j를 H^n까지 다음과 같이 확장할 수 있다.

$$a_j(x_1, x_2, \ldots, x_n) = \begin{cases} a_j(x_1, x_2 \ldots, x_n), & (x_1, x_2, \ldots, x_n) \in V, \\ 0, & (x_1, x_2, \ldots, x_n) \in H^n - V \end{cases}$$

따라서

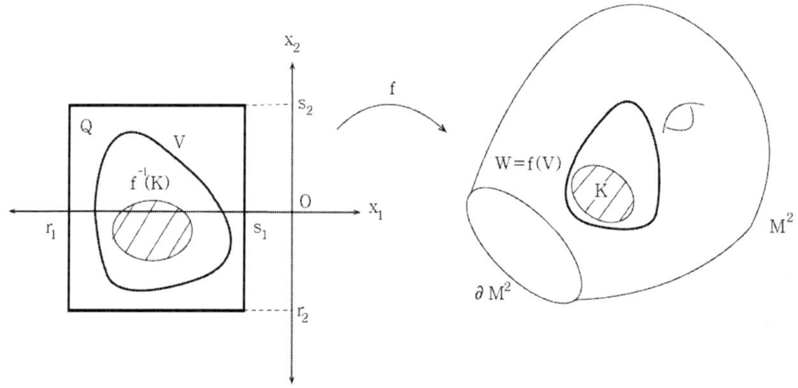

[그림 4.5]

$$\int_{r_j}^{s_j} \frac{\partial a_j}{\partial x_j} dx_j = a_j(x_1, x_2, \ldots, x_{j-1}, s_j, x_{j+1}, \ldots, x_n) - a_j(x_1, x_2, \ldots, x_{j-1}, r_j, x_{j+1}, \ldots, x_n)$$
$$= 0 - 0 = 0$$

이므로

$$\begin{aligned}\int_{M^n} d\omega &= \int_V \sum_{j=1}^{n} (-1)^{j-1} \frac{\partial a_j}{\partial x_j} dx_1 dx_2 \cdots dx_n \\ &= \sum_{j=1}^{n} (-1)^{j-1} \int_U \frac{\partial a_j}{\partial x_j} dx_1 dx_2 \cdots dx_n \\ &= \sum_{j=1}^{n} (-1)^{j-1} \int_{r_n}^{s_n} \int_{r_{n-1}}^{s_{n-1}} \cdots \int_{r_1}^{s_1} \left(\int_{r_j}^{s_j} \frac{\partial a_j}{\partial x_j} dx_j \right) dx_1 dx_2 \cdots dx_{j-1} dx_{j+1} \cdots dx_n \\ &= 0\end{aligned}$$

이다. 즉 다음이 성립한다.

$$\int_{\partial M^n} i^* \omega = 0 = \int_{M^n} d\omega$$

(ii) $W \cap \partial M^n \neq \varnothing$ 인 경우:

이 경우에는 $f^{-1}(W \cap \partial M^n)$의 모든 점을 $(0, x_2, x_3, \ldots, x_n)$으로 나타낼 수 있다. 따라서

$$i^* \omega = a_1(0, x_2, x_3, \ldots, x_n) dx_2 \wedge \cdots \wedge dx_n$$

이 성립한다. 또한 위의 (i)의 경우와 같이

$$f^{-1}(K) \subset V \subset Q = [r_1, 0] \times [r_2, s_2] \times \cdots \times [r_n, s_n] \subset H$$

를 만족하는 Q를 택할 수 있고, 함수 a_j를 H^n까지 다음과 같이 확장할 수 있다([그림 4.6]).

$$a_j(x_1, x_2, \ldots, x_n) = \begin{cases} a_j(x_1, x_2, \ldots, x_n), & (x_1, x_2, \ldots, x_n) \in V, \\ 0, & (x_1, x_2, \ldots, x_n) \in H^n - V \end{cases}$$

한편 $1 < j \leq n$일 때,

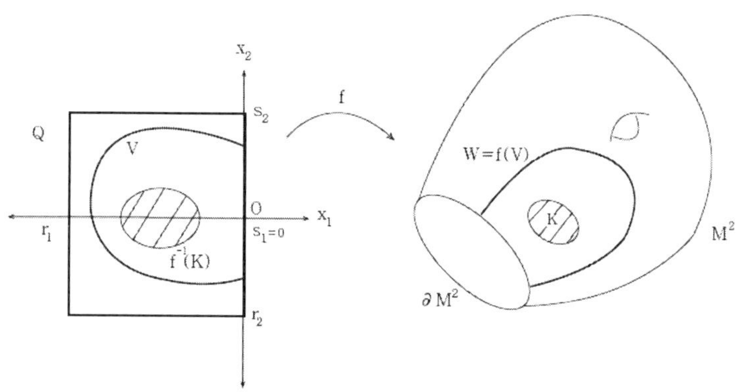

또는

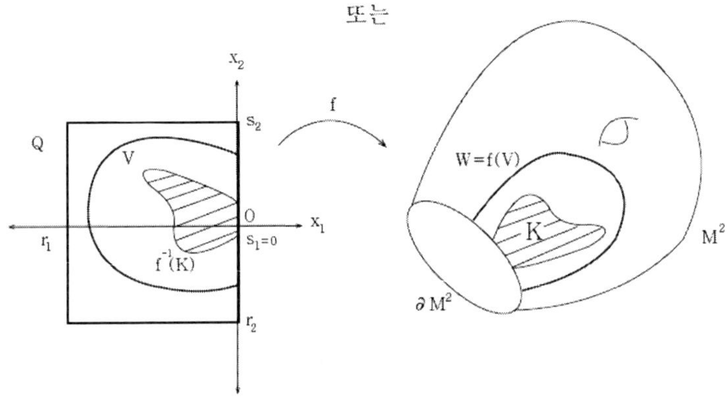

[그림 4.6]

$$\int_{r_j}^{s_j} \frac{\partial a_j}{\partial x_j} dx_j = a_j(x_1, x_2, \ldots, x_{j-1}, s_j, x_{j+1}, \ldots, x_n) - a_j(x_1, x_2, \ldots, x_{j-1}, r_j, x_{j+1}, \ldots, x_n)$$
$$= 0 - 0 = 0$$

이고

$$\begin{aligned}\int_{r_1}^{0} \frac{\partial a_1}{\partial x_1} dx_1 &= a_1(0, x_2, \ldots, x_n) - a_1(r_1, x_2, \ldots, x_n)\\ &= a_1(0, x_2, \ldots, x_n) - 0\\ &= a_1(0, x_2, \ldots, x_n)\end{aligned}$$

이므로 다음이 성립한다.

$$\begin{aligned}\int_{M^n} d\omega &= \int_V \sum_{j=1}^{n} (-1)^{j-1} \frac{\partial a_j}{\partial x_j} dx_1 dx_2 \cdots dx_n\\ &= \sum_{j=1}^{n} (-1)^{j-1} \int_U \frac{\partial a_j}{\partial x_j} dx_1 dx_2 \cdots dx_n\\ &= \sum_{j=1}^{n} (-1)^{j-1} \int_{r_n}^{s_n} \int_{r_{n-1}}^{s_{n-1}} \cdots \int_{r_1}^{s_1} \left(\int_{r_j}^{s_j} \frac{\partial a_j}{\partial x_j} dx_j \right) dx_1 dx_2 \cdots dx_{j-1} dx_{j+1} \cdots dx_n\\ &= \int_{r_n}^{s_n} \int_{r_{n-1}}^{s_{n-1}} \cdots \int_{r_2}^{s_2} a_1(0, x_2, \ldots, x_n) dx_2 dx_3 \cdots dx_n\\ &= \int_{\partial M^n} i^* \omega\end{aligned}$$

(2) $K \subset W = f(V)$을 만족하는 M^n의 국소좌표계 (V, f)가 존재하지 않는 경우:

이 경우에는 먼저 M^n의 방향성을 주는 미분구조 $\mathscr{A} = \{(V_\alpha, f_\alpha) \mid \alpha \in \Gamma\}$와

$$\{W_\alpha = f_\alpha(V_\alpha) \mid \alpha \in \Gamma\}$$

에 의존하는 단위분할 $\{\varphi_i \mid 1 \le i \le m\}$를 택하자. 그런 다음 각각의 $1 \le j \le m$에 대하여

$$\omega_j = \varphi_j \omega$$

라 놓으면 $\mathrm{supp}(\omega_j) \subset W_{\alpha_j}$를 만족하여 위의 (1)의 경우를 이용할 수 있다. 실제로

$$\sum_{j=1}^{m} d\varphi_j = 0$$

이므로

$$\sum_{j=1}^{m} \omega_j = \sum_{j=1}^{m} \varphi_j \omega = \omega, \quad \sum_{j=1}^{m} d\omega_j = \sum_{j=1}^{m} (d\varphi_j \omega + \varphi_j d\omega) = d\omega$$

이다. 따라서 다음이 성립한다.

$$\begin{aligned} \int_{M^n} d\omega &= \sum_{j=1}^{m} \int_{M^n} d\omega_j = \sum_{j=1}^{m} \int_{\partial M^n} i^* \omega_j \\ &= \int_{\partial M^n} i^* \left(\sum_{j=1}^{m} \omega_j \right) \\ &= \int_{\partial M^n} i^* \omega \end{aligned}$$

■

따름정리 4.2.8

$\partial M^n = \varnothing$인 방향성을 줄 수 있는 컴팩트 n차원 미분다양체 M^n과 $(n-1)$차 미분형식 ω에 대하여 다음 등식이 성립한다.

$$\int_{M^n} d\omega = 0$$

증명 가정에 의해 $\partial M^n = \varnothing$이므로 $\int_{\partial M^n} i^* \omega = 0$이다. 따라서 [정리 4.2.7]에 의해

$$\int_{M^n} d\omega = \int_{\partial M^n} i^* \omega = 0$$

이 성립한다.

■

이 절의 마지막 내용으로 발산정리(divergence theorem)을 설명한다. $\mathbb{R}^3$에 포함된 **유계인 영역**(bounded region)은 경계를 가진 유계이고 동시에 연결된 열린집합을 의미한다.

정리 4.2.9 (발산정리, divergence theorem)

$M \subset \mathbb{R}^3$이 경계 ∂M가 정칙곡면인 유계인 영역일 때, $\mathbb{R}^3$ 상에서 미분가능인 벡터장 X와 ∂M 상에서 정의된 단위 법벡터장 N에 대하여 다음 등식이 성립한다.

$$\int_M \mathrm{div}(X)\nu = \int_{\partial M} \langle X, N \rangle \sigma$$

단, 여기서 ν와 σ는 각각 $\mathbb{R}^3$와 ∂M의 부피요소와 면적요소를 나타낸다.

증명 ω가 $\omega = \langle X, \cdot \rangle$로 정의된 1차 미분형식일 때, [연습문제 1.3]의 [문제 9]에 의해 다음 등식이 성립한다.

$$d * \omega = \mathrm{div}(X)\nu$$

이제 $\{e_1, e_2, N\}$를 e_1, e_2가 ∂M의 접벡터장인 정규직교틀마당이라 할 때, 벡터장 X를 ∂M를 따라

$$X = a_1 e_1 + a_2 e_2 + a_3 N$$

라 놓으면 ω는 정의에 의해

$$\omega = a_1 e_1^* + a_2 e_2^* + a_3 N^*$$

로 주어진다. 여기서 $e_i^* = \langle e_i, \cdot \rangle$이고 $N^* = \langle N, \cdot \rangle$이다. 따라서 $i : \partial M \hookrightarrow \mathbb{R}^3$가 포함함수일 때,

$$i^*(* \omega) = a_1 e_2^* \wedge e_3^* + a_2 e_3^* \wedge e_1^* + a_3 e_1^* \wedge e_2^*, \; e_3^* = N^*$$

이므로

$$i^*(* \omega)(e_1, e_2) = a_3 = i^* \omega(N) = \langle X, N \rangle$$

이다. 즉 다음 등식이 성립한다.

$$i^*(* \omega) = \langle X, N \rangle \sigma$$

한편 스토크스 정리 [정리 4.2.7]에 의해

$$\int_M d * \omega = \int_{\partial M} i^*(* \omega)$$

이므로 다음 등식이 성립한다.

$$\int_M \mathrm{div}(X)\nu = \int_M d * \omega = \int_{\partial M} i^*(* \omega) = \int_{\partial M} \langle X, N \rangle \sigma$$

■

▶▶ 연습문제 4.2

1. $\mathbb{R}^3 - \{(0,0,0)\}$ 상에서 정의된 2차 미분형식

$$\omega = \frac{x dy \wedge dz + y dz \wedge dx + z dx \wedge dy}{(x^2+y^2+z^2)^{3/2}}$$

에 대하여 다음 물음에 답하라.

(1) $M = \{(x,y,z) \in \mathbb{R}^3 \mid (x-2)^2 + y^2 + z^2 = 1\}$일 때, $\int_M \omega = 0$임을 보여라.

(2) $M = \{(x,y,z) \in \mathbb{R}^3 \mid x^2 + y^2 + z^2 = 1\}$일 때, $\int_M \omega = 4\pi$임을 보여라.

(3) $M \subset \mathbb{R}^3$이 $(0,0,0)$을 내부점으로 포함하는 유계인 영역일 때, $\int_{\partial M} \omega = 4\pi$임을 보여라.

2. $f : \mathbb{R}^3 \to \mathbb{R}$가 미분가능인 k차 동차함수(즉 $f(tx,ty,tz) = t^k f(x,y,z)$)일 때, 다음 물음에 답하라.

(1) 다음 등식을 보여라.

$$\langle (f_x, f_y, f_z), (x,y,z) \rangle = kf$$

(2) $X = (f_x, f_y, f_z)$일 때, 다음 등식이 성립함을 보여라.

$$\mathrm{div}(X) = f_{xx} + f_{yy} + f_{zz} = \Delta f$$

(3) $B = \{p \in \mathbb{R}^3 \mid \|p\| \le 1\}$일 때, 다음 등식이 성립함을 보여라.

$$\begin{aligned}\int_B \Delta f \, dx \wedge dy \wedge dz &= \int_B \mathrm{div}(X) \, dx \wedge dy \wedge dz \\ &= \int_{\partial B} \langle X, (x,y,z) \rangle \sigma \\ &= \int_{\partial B} kf \sigma\end{aligned}$$

(4) $f(x_1, x_2, x_3) = \sum_{i=1}^{3} a_i x_i^4 + 3\sum_{i=1}^{3} a_{i+3}(x_i x_{i+1})^2$일 때, 다음 등식을 보여라.

$$\int_{S^2} f \sigma = \frac{4\pi}{5} \sum_{i=1}^{6} a_i$$

단, 여기서 $x_4 = x_1$이고 $S^2 = \partial B$를 의미한다.

3. 미분가능인 함수 $f, g : \mathbb{R}^3 \to \mathbb{R}$와 경계 ∂M를 가진 컴팩트 미분다양체 $M \subset \mathbb{R}^3$에 대하여 다음 물음에 답하라.

(1) $X = f \nabla g$일 때, 다음 등식을 보여라.

$$\mathrm{div}(X) = \langle \nabla f, \nabla g \rangle + f \Delta g$$

(2) N이 ∂M 상에서 단위 법벡터장일 때, 발산정리를 이용하여 다음 등식이 성립함을 보여라.

$$\int_M f \Delta g \nu + \int_M \langle \nabla f, \nabla g \rangle \nu = \int_{\partial M} \langle f \nabla g, N \rangle \sigma,$$
$$\int_M (f \Delta g - g \Delta f) \nu = \int_{\partial M} (\langle f \nabla g, N \rangle - \langle g \nabla f, N \rangle) \sigma$$

4. M이 경계 ∂M를 가진 컴팩트 미분다양체이고 ω_1과 ω_2가 M 상에서 닫힌형식일 때, ω_2가 완전형식이면 다음이 성립함을 보여라.

$$\int_M \omega_1 \wedge \omega_2 = 0$$

5. M이 경계 ∂M가 없고 방향성을 가진 n차원 컴팩트 미분다양체이고 ω가 M 상에서 정의된 $(n-1)$차 미분형식일 때, 다음 물음에 답하라.

(1) ν가 M의 부피요소일 때, $d\omega = f\nu$을 만족하는 미분가능인 함수 $f : M \to \mathbb{R}$가 존재함을 보여라.

(2) 스토크스 정리에 의해 $\int_M d\omega = 0$임을 이용하여, $d\omega(p) = 0$을 만족하는 점 $p \in M$가 존재함을 보여라.

(3) 몰입사상 $\varphi : S^1 \to \mathbb{R}$가 존재하지 않음을 보여라.

6. $M \subset \mathbb{R}^3$이 경계 ∂M가 정칙곡선이고 방향성을 가진 컴팩트 정칙곡면일 때, M를 포함하는 $\mathbb{R}^3$의 열린집합에서 미분가능인 벡터장 X와 M 상에서 정의된 단위 법벡터장 N에 대하여 다음 물음에 답하라.

(1) $\omega = \langle X, \cdot \rangle$일 때, 다음 등식을 보여라.

$$d\omega = \langle \mathrm{rot}^{\#}(X), N \rangle \sigma,\ \ i^{*}\omega = \langle X, \mu \rangle$$

단, μ는 ∂M 상에서 정의된 단위 접벡터장이다.

(2) 스토크스 정리를 이용하여 다음 등식이 성립함을 보여라.

$$\int_{M} \langle \mathrm{rot}^{\#}(X), N \rangle \sigma = \int_{\partial M} \langle X, \mu \rangle ds$$

4.3 푸앵카레 보조정리 II

이 절에서는 미분다양체 위의 적분의 응용으로 푸앵카레 보조정리를 자세히 알아본다.

앞에서 언급된 바와 같이, M^n이 n차원 미분다양체일 때 M^n 상에서 정의된 k차 미분형식 ω가 $d\omega = 0$이면 ω를 닫힌형식이라 한다. 반면에 $\omega = d\alpha$를 만족하는 $(k-1)$차 미분형식이 존재하면 ω를 완전형식이라 한다. $d^2 = 0$이므로 모든 완전형식은 항상 닫힌형식이다. 하지만 그 역은 일반적으로 성립하지 않는다. 예를 들어, $\mathbb{R}^2 - \{(0,0)\}$ 상에서 정의된 1차 미분형식

$$\omega = \frac{xdy - ydx}{x^2 + y^2}$$

는 닫힌형식이지만 완전형식은 아니다([예제 1.3.6]과 [예제 2.1.11] 참고).

푸앵카레 보조정리는 닫힌형식이 완전형식이 될 충분조건을 말해주는 정리이다. 이를 설명하기 위해, 먼저 다음 정의가 필요하다.

정의 4.3.1

n차원 미분다양체 M^n에 대하여, 다음이 성립한다.

(1) 적당한 점 $p_0 \in M^n$에 대하여, 다음 조건을 만족하는 미분가능인 호모토피(homotopy)

$$H: M^n \times \mathbb{R} \to M^n$$

가 존재할 때, M^n이 p_0로 C^∞**-축약가능** 또는 간단히 **축약가능**(contractible to p_0)이라고 한다.

$$H(p,1) = p = Id(p), \quad H(p,0) = p_0 \in M^n, \quad p \in M^n$$

(2) M^n이 적당한 점 p_0로 축약가능일 때, M^n이 **축약가능**(contractible)이라 한다.

[정의 4.3.1]에서 호모토피를 미분가능인 함수로 정의했으나, [정의 2.3.2]에서 언급한 바와 같이 연속함수를 미분가능인 함수로 근사할 수 있으므로 문맥에 따라 호모토피를 연속함수로 정의해도 충분하다.

예제 4.3.2

(1) $n \geq 2$인 자연수일 때, n차원 단위구 S^n는 단순연결이지만 축약가능 공간이 아니다.

(2) 중심이 p_0이고 반지름이 r인 열린공 $B_r(p_0)$은 p_0로 축약가능이다. 실제로 다음과 같은 호모토피가 존재한다.

$$H(p,t) = tp + (1-t)p_0, \quad p \in B_r(p_0), \quad t \in \mathbb{R}$$

(3) 위의 (2)에 의해 모든 미분다양체는 국소적으로 축약가능임을 알 수 있다.

(4) 위의 (2)와 비슷한 방법으로 n차원 유클리드 공간 $\mathbb{R}^n$도 축약가능 공간임을 보일 수 있다([연습문제 3.2]의 [문제 4] 참고). □

정리 4.3.3 (푸앵카레 보조정리, Poincaré lemma)

M^n이 축약가능인 n차원 미분다양체이고 ω가 M^n 상에서 정의된 k차 닫힌형식일 때, ω는 항상 완전형식이다.

증명 가정에 의해, 적당한 점 p_0에 대하여 다음 조건을 만족하는 호모토피 H가 존재한다.

$$H: M^n \times \mathbb{R} \to M^n,$$
$$H(p,1) = p = Id(p), \quad H(p,0) = p_0 \in M^n, \quad p \in M^n$$

이때 $\overline{\omega} = H^*(\omega)$라 하자.

다음 보조정리가 성립한다.

보조정리 4.3.4

함수

$$\pi: M^n \times \mathbb{R} \to M^n, \quad (p,t) \mapsto p$$

일 때, $\overline{\omega}$를 다음과 같이 유일하게 나타낼 수 있다.

$$\overline{\omega} = \omega_1 + dt \wedge \eta$$

단, 여기서 ω_1는 $M^n \times \mathbb{R}$ 상에서 정의된 k차 미분형식으로 $v_1, v_2, \ldots, v_k$ 중에서 적어도 하나의 v_i가 $v_i \in \ker(d\pi)$일 때

$$\omega_1(v_1, v_2, \ldots, v_k) = 0$$

이고, η는 $M^n \times \mathbb{R}$ 상에서 정의된 $(k-1)$차 미분형식으로 ω_1과 비슷한 성질을 만족한다.

증명 임의의 점 $p \in M^n$과 $p \in f(U)$를 만족하는 국소좌표계 (U, f)에 대하여

$$(U \times \mathbb{R}, f \times Id_{\mathbb{R}})$$

는 $M^n \times \mathbb{R}$의 국소좌표계이다. 따라서 좌표함수 $(x_1, x_2, \ldots, x_n, t)$를 이용하여 좌표근방 $f(U) \times \mathbb{R}$ 상에서 $\overline{\omega}$를 다음과 같이 나타낼 수 있다.

$$\begin{aligned}\overline{\omega} = & \sum_{1 \le i_1, i_2, \ldots, i_k \le n} a_{i_1 i_2 \cdots i_k} dx_{i_1} \wedge dx_{i_2} \wedge \cdots \wedge dx_{i_k} \\ & + dt \wedge \sum_{1 \le j_1, j_2, \ldots, j_{k-1} \le n} b_{j_1 j_2 \cdots j_{k-1}} dx_{j_1} \wedge dx_{j_2} \wedge \cdots \wedge dx_{j_{k-1}}\end{aligned}$$

이때 $f(U) \times \mathbb{R}$ 상에서 ω_1과 η를

$$\omega_1 = \sum_{1 \le i_1, i_2, \ldots, i_k \le n} a_{i_1 i_2 \cdots i_k} dx_{i_1} \wedge dx_{i_2} \wedge \cdots \wedge dx_{i_k}$$

$$\eta = \sum_{1 \le j_1, j_2, \ldots, j_{k-1} \le n} b_{j_1 j_2 \cdots j_{k-1}} dx_{j_1} \wedge dx_{j_2} \wedge \cdots \wedge dx_{j_{k-1}}$$

라 놓자. 그러면 ω_1는 $M^n \times \mathbb{R}$ 상에서 정의된 k차 미분형식으로 $v_1, v_2, \ldots, v_k$ 중에서 적어도 하나의 v_i가 $v_i \in \ker(d\pi)$일 때

$$\omega_1(v_1, v_2, \ldots, v_k) = 0$$

이고, η는 $M^n \times \mathbb{R}$ 상에서 정의된 $(k-1)$차 미분형식으로 ω_1과 비슷한 성질을 만족한다.

(1) 유일성

유일성을 보이기 위해, $\overline{\omega}$가 $M^n \times \mathbb{R}$ 상에서 보조정리의 조건을 만족하는 $\omega_1, \omega_1', \eta, \eta_1'$을 이용하여 다음과 같이 두 가지 형태로 표현된다고 하자.

$$\overline{\omega} = \omega_1 + dt \wedge \eta = \omega_1' + dt \wedge \eta'$$

그러면 국소좌표계 $(U \times \mathbb{R}, f \times Id_{\mathbb{R}})$에 대하여 위의 논의에 의해

$$\omega_1, \omega_1', \eta, \eta_1'$$

가 다음 등식을 만족한다.

$$\omega_1 = \sum_{1 \le i_1, i_2, \dots, i_k \le n} a_{i_1 i_2 \cdots i_k} dx_{i_1} \wedge dx_{i_2} \wedge \cdots \wedge dx_{i_k} = \omega_1{}'$$
$$\eta = \sum_{1 \le j_1, j_2, \dots, j_{k-1} \le n} b_{j_1 j_2 \cdots j_{k-1}} dx_{j_1} \wedge dx_{j_2} \wedge \cdots \wedge dx_{j_{k-1}} = \eta'$$

따라서 보조정리의 유일성이 증명된다.

(2) 존재성

$\overline{\omega}$를 $M^n \times \mathbb{R}$ 상 전체에서 정의된 미분형식 ω_1과 η를 이용하여 보조정리의 등식과 같이 나타낼 수 있음을 보이기 위해, 먼저 각각의 국소좌표계에 대하여 $\overline{\omega}$를 위와 같이 ω_1과 η를 이용하여 나타내자. 그러면

$$W = f(U) \cap g(V) \neq \varnothing$$

을 만족하는 두 국소좌표계 (U, f), (V, g)에 대하여 각각의 좌표근방 $f(U), g(V)$에서 $\overline{\omega}$를 $\omega_1 + dt \wedge \eta$와 $\omega_1{}' + dt \wedge \eta'$로 나타낼 때, W 상에서

$$\omega_1 = \omega_1{}', \ \ \eta = \eta'$$

이 성립한다. 따라서 국소적으로 정의된 ω_1과 η를 M^n 전체로 확장할 수 있고, 정의에 의해 ω_1과 η는 다음 등식을 만족한다.

$$\overline{\omega} = \omega_1 + dt \wedge \eta$$

■

다음 정의가 필요하다.

정의 4.3.5

함수

$$i_t : M^n \to M^n \times \mathbb{R}, \ p \mapsto (p, t)$$

와 [보조정리 4.3.4]에서 정의된 $\overline{\omega} = \omega_1 + dt \wedge \eta$에 대하여, **호모토피 작용소** (homotopy operator) $I : \Lambda^k(M^n \times \mathbb{R}) \to \Lambda^{k-1}(M^n)$를 다음과 정의한다.

$$(I\overline{\omega})(v_1, v_2, \dots, v_{k-1}) = \int_0^1 \eta(p,t)((i_t)_*(v_1), (i_t)_*(v_2), \dots, (i_t)_*(v_{k-1}))dt,$$
$$v_1, v_2, \dots, v_{k-1} \in T_p M^n$$

다음 보조정리가 성립한다.

보조정리 4.3.6

$$I(d\overline{\omega})+d(I\overline{\omega})=i_1^*\overline{\omega}-i_0^*\overline{\omega}$$

증명 정의에 의해 호모토피 작용소는 덧셈법칙을 만족한다. 즉 다음 등식이 성립함을 쉽게 알 수 있다.

$$I(\overline{\omega}_1+\overline{\omega}_2)=I(\overline{\omega}_1)+I(\overline{\omega}_2)$$

따라서 증명을 다음과 같이 두 가지로 나누어 하면 충분하다.

(1) $\overline{\omega}=f(x,t)dx_{i_1}\wedge dx_{i_2}\wedge\cdots\wedge dx_{i_k}$인 경우:

이때

$$d\overline{\omega}=\frac{\partial f}{\partial t}dt\wedge dx_{i_1}\wedge dx_{i_2}\wedge\cdots\wedge dx_{i_k}+\sum_{l=1}^{n}\frac{\partial f}{\partial x_l}dx_l\wedge dx_{i_1}\wedge dx_{i_2}\wedge\cdots\wedge dx_{i_k}$$

이므로 임의의 점 $p\in M^n$에 대하여 다음이 성립한다.

$$\begin{aligned}I(d\overline{\omega})(p)&=\left(\int_0^1\frac{\partial f}{\partial t}dt\right)dx_{i_1}\wedge dx_{i_2}\wedge\cdots\wedge dx_{i_k}\\&=(f(p,1)-f(p,0))dx_{i_1}\wedge dx_{i_2}\wedge\cdots\wedge dx_{i_k}\\&=i_1^*\overline{\omega}(p)-i_0^*\overline{\omega}(p)\end{aligned}$$

한편 이 경우에는 $I(\overline{\omega})\equiv 0$이다. 따라서 다음이 성립한다.

$$I(d\overline{\omega})+d(I\overline{\omega})=i_1^*\overline{\omega}-i_0^*\overline{\omega}$$

(2) $\overline{\omega}=f(x,t)dt\wedge dx_{i_1}\wedge dx_{i_2}\wedge\cdots\wedge dx_{i_{k-1}}$인 경우:

이때 $i_1^*\overline{\omega}=i_0^*\overline{\omega}=0$이고

$$d\overline{\omega}=\sum_{l=1}^{n}\frac{\partial f}{dx_l}dx_l\wedge dt\wedge dx_{i_1}\wedge dx_{i_2}\wedge\cdots\wedge dx_{i_{k-1}}$$

이다. 따라서

$$I(d\overline{\omega})=-\sum_{l=1}^{n}\left(\int_0^1\frac{\partial f}{dx_l}dt\right)dx_l\wedge dx_{i_1}\wedge dx_{i_2}\wedge\cdots\wedge dx_{i_{k-1}}$$

와

$$\begin{aligned} d(I\overline{\omega}) &= d\left(\left(\int_0^1 f\,dt\right)dx_{i_1}\wedge dx_{i_2}\wedge\cdots\wedge dx_{i_{k-1}}\right) \\ &= \sum_{l=1}^{n}\left(\int_0^1 \frac{\partial f}{\partial x_l}dt\right)dx_l\wedge dx_{i_1}\wedge dx_{i_2}\wedge\cdots\wedge dx_{i_{k-1}} \end{aligned}$$

이 성립하므로

$$I(d\overline{\omega}) + d(I\overline{\omega}) = 0 = i_1^*\overline{\omega} - i_0^*\overline{\omega}$$

이다.

■

이제 [정리 4.3.3]의 증명을 완료한다. 실제로 정의에 의해 ω가 닫힌형식이므로 $\overline{\omega} = H^*\omega$도 역시 닫힌형식이다. 따라서 다음이 성립한다.

$$\begin{aligned} d(I\overline{\omega}) &= d(I\overline{\omega}) + I(d\overline{\omega}) = i_1^*\overline{\omega} - i_0^*\overline{\omega} = i_1^*H^*\omega - i_0^*H^*\omega \\ &= (H\circ i_1)^*\omega - (H\circ i_0)^*\omega = Id^*\omega - p_0^*\omega \\ &= \omega \end{aligned}$$

■

▶▶ 연습문제 4.3

1. M이 경계가 없는 n차원 컴팩트 미분다양체일 때, M에 방향성을 줄 수 있을 필요충분조건은 M 상에서 정의된 0이 아닌 n차의 미분형식이 존재하는 것임을 보여라.

2. M이 경계가 없는 방향성을 줄 수 있는 컴팩트 n차원 미분다양체일 때, 위의 **[문제 1]**, 푸앵카레 보조정리, 그리고 스토크스 정리를 이용하여 M이 축약가능하지 않음을 보여라.

3. $\mathbb{R}^3$에서 정의된 2차 미분형식

$$\omega = A dy \wedge dz + B dz \wedge dx + C dx \wedge dy$$

에 대하여 다음 물음에 답하라.

(1) $d\omega = 0$일 필요충분조건이

$$\frac{\partial A}{\partial x} + \frac{\partial B}{\partial y} + \frac{\partial C}{\partial z} = 0$$

임을 보여라.

(2) $\alpha = Pdx + Qdy + Rdz$일 때, $\omega = d\alpha$일 필요충분조건이

$$A = \frac{\partial R}{\partial y} - \frac{\partial Q}{\partial z},\ B = \frac{\partial P}{\partial z} - \frac{\partial R}{\partial x},\ C = \frac{\partial Q}{\partial x} - \frac{\partial P}{\partial y}$$

임을 보여라.

(3) 함수 $H: \mathbb{R}^3 \times \mathbb{R} \to \mathbb{R}^3$가 $H(p,t) = tp$이고 $\overline{\omega} = H^* \omega$일 때, [정리 4.3.3]의 증명에 의해 $\alpha = I\overline{\omega}$를 이용하여 $\omega = d\alpha$로 나타낼 수 있다. 이때 α가 다음과 같이 주어짐을 보여라.

$$\begin{aligned}\alpha &= I(H^*\omega) \\ &= \left(\int_0^1 tA(tx,ty,tz)dt\right)(ydz - zdy) + \left(\int_0^1 tB(tx,ty,tz)dt\right)(zdx - xdz) \\ &\quad + \left(\int_0^1 tC(tx,ty,tz)dt\right)(xdy - ydx)\end{aligned}$$

4. X가 $\mathbb{R}^3$ 상에서 정의된 미분가능인 벡터장이고 $\omega = \langle X, \cdot \rangle$일 때, 다음 물음에 답하라.

(1) $\mathrm{div}(X) = 0$일 필요충분조건이 $d * \omega = 0$임을 보여라.

(2) $\mathrm{div}(X) = 0$일 때, $* \omega = d\alpha$를 만족하는 1차 미분형식 α가 존재함을 보여라.

(3) $\mathrm{div}(X) = 0$일 때, $\omega = * d\alpha$임을 이용하여 $X = \mathrm{rot}^{\#}(Y)$를 만족하는 벡터장 Y가 존재함을 보여라.

(4) $\mathrm{rot}(X) = 0$일 때, $X = \nabla f$를 만족하는 미분가능인 함수 $f : \mathbb{R}^3 \to \mathbb{R}$가 존재함을 보여라.

5. M이 경계 ∂M가 있고 방향성을 줄 수 있는 n차원 컴팩트 미분다양체일 때, 다음 물음에 답하라.

(1) ∂M 상에서 정의된 0이 아닌 $(n-1)$차의 미분형식 ω가 존재함을 보여라.

(2) 미분가능인 함수 $f : M \to \partial M$에 대하여

$$df^* \omega = f^* d\omega = 0$$

임을 보여라.

(3) $f|_{\partial M} = Id_{\partial M}$을 만족하는 미분가능인 함수 $f : M \to \partial M$에 대하여 다음 등식이 성립함을 보여라.

$$0 = \int_M df^* \omega = \int_{\partial M} \omega$$

(4) $f|_{\partial M} = Id_{\partial M}$을 만족하는 미분가능인 함수 $f : M \to \partial M$가 존재하지 않음을 보여라.

6. $D = \{p \in \mathbb{R}^n \mid \|p\| \le 1\}$일 때, 다음 물음에 답하라.

(1) 모든 점 $p \in D$에 대하여 $f(p) \ne p$을 만족하는 미분가능인 함수 $f : D \to D$가 존재한다고 가정하자. 이때 모든 $p \in \partial D$에 대하여 $\varphi(p) = p$를 만족하는 미분가능인 함수 $\varphi : D \to \partial D$가 존재함을 보여라.

(**힌트** : φ를 정의하기 위해, $f(p)$에서 출발하는 $f(p)$와 p를 잇는 반직선을 이용하라.)

(2) 임의의 미분가능인 함수 $f : D \to D$에 대하여 $f(p) = p$를 만족하는 점 $p \in D$가 항상 존재함을 보여라.

CHAPTER Lectures on Differentiable Manifolds

5 미분형식과 곡면론

이 장에서는 미분형식에 관한 여러 가지 성질을 이용하여 2차원 미분다양체인 곡면의 기하학적인 성질을 자세히 알아본다. 특히 구조방정식, 카르탕의 보조정리, 가우스의 위대한 정리, 제1기본형식 및 제2기본형식과 관련된 여러 가지 성질을 증명한다.

5.1 구조방정식

이 절에서는 n차원 유클리드 공간 $\mathbb{R}^n$ 상에서 쌍대틀마당(coframe field)이 만족하는 구조방정식을 증명한다.

이를 위해 먼저 리만다양체의 정의가 필요하다.

정의 5.1.1

n차원 미분다양체 M^n에 대하여 다음 조건 두 조건 (1), (2)를 만족하는 g가 존재할 때, M^n을 n**차원 리만다양체**(Riemannian manifold of dimension n)라 한다.

(1) 각각의 점 $p \in M^n$에 대하여 g_p가 접공간 T_pM^n에서 양의 정부호 내적이다. 즉 각각의 점 $p \in M^n$와 $0 \neq Z \in T_pM^n$에 대하여 다음 부등식이 성립한다.

$$g_p(Z, Z) > 0$$

(2) M^n 상에서 정의된 임의의 미분가능인 벡터장 X, Y에 대하여 함수

$$M^n \to \mathbb{R},\ p \mapsto g_p(X(p), Y(p))$$

가 미분가능이다.

앞으로 종종 g_p를 간단히 $< \cdot , \cdot >_p$로 나타낸다.

좀 더 엄밀하게 말하면, [정의 5.1.1]에서 정의된 g는 2차 대칭벡터번들(symmetric vector bundle of degree 2)

$$\mathrm{Sym}^2(T^*M^n)$$

의 절편(section) $\Gamma(\mathrm{Sym}^2(T^*M^n))$의 원소로 **리만구조**(Riemannian structure) 또는 **리만거리함수**(Riemannian metric)라 한다. 더 자세한 내용은 이 책의 범위를 벗어나므로 생략한다.

정의 5.1.2

임의의 n차원 리만다양체 (M_1^n, g), (M_2^n, g')과 미분동형사상 $\varphi : M_1^n \to M_2^n$에 대하여 다음 등식이 성립할 때, φ를 **등장사상**(isometry)이라 한다.

$$g_p(X, Y) = (\varphi^* g')_p(X, Y) = g_{\varphi(p)}{}'(d\varphi_p(X), d\varphi_p(Y)),\ \ p \in M_1^n,\ \ X, Y \in T_pM_1^n$$

예제 5.1.3

(1) n차원 벡터공간 $\mathbb{R}^n$ 상에서 정의된 유클리드 거리함수

$$< X, Y >_p = \sum_{i=1}^{n} x_i y_i,\ \ X = (x_1, x_2, \dots, x_n),\ \ Y = (y_1, y_2, \dots, y_n) \in T_p\mathbb{R}^n \cong \mathbb{R}^n$$

는 리만거리함수이다. 따라서 유클리드 공간 $\mathbb{R}^n$은 리만다양체이다. 이때

$$g_{std} := < \cdot , \cdot >$$

를 **표준거리함수**(standard metric 또는 canonical metric)라 한다.

(2) n차원 단위구 S^n와 북극점 $N = (0, 0, \dots, 0, 1)$과 남극점 $S = (0, 0, \dots, 0, -1)$에 대하여 두 입체사영(stereographic projection)

$$p_N : S^n - \{N\} \to \mathbb{R}^n,\ \ p_S : S^n - \{S\} \to \mathbb{R}^n$$

을 고려하자. 이때 S^n 상에서 정의된 표준거리함수 g_{can}를 다음과 같이 정의할 수 있다.

$$g_{can} = \begin{cases} p_N^*(g_{std}), & S^n - \{N\}, \\ p_S^*(g_{std}), & S^n - \{S\} \end{cases}$$

실제로 $S^n - \{N, S\}$ 상에서

$$p_N^*(g_{std}) = p_S^*(g_{std})$$

이 성립하므로 g_{can}는 S^n 상에서 잘 정의된다([연습문제 5.1]의 [문제 1] 참고). 따라서 (S^n, g_{can})는 리만다양체이다. □

정의 5.1.4

U가 n차원 유클리드 공간 $\mathbb{R}^n$의 열린 부분집합일 때, 다음이 성립한다.

(1) U 상의 벡터장 $\{e_1, e_2, \ldots, e_n\}$가

$$< e_i, e_j >_p = \delta_{ij}, \quad p \in U$$

를 만족할 때, $\{e_1, e_2, \ldots, e_n\}$를 **정규직교틀마당**(orthonormal frame field)이라 한다.

(2) U 상에서 정의된 정규직교틀마당 $\{e_1, e_2, \ldots, e_n\}$에 대하여

$$\omega_i(e_j) = \delta_{ij}$$

를 만족하는 1차 미분형식의 모임 $\{\omega_1, \omega_2, \ldots, \omega_n\}$를 $\{e_1, e_2, \ldots, e_n\}$에 대응하는 **쌍대틀마당**(coframe field)이라 한다.

다음 보조정리가 성립한다.

보조정리 5.1.5

n차원 유클리드 공간 $\mathbb{R}^n$ 상에서 정의된 정규직교틀마당 $\{e_1, e_2, \ldots, e_n\}$에 대하여 다음 등식을 만족하는 $\mathbb{R}^n$ 상에서 정의된 1차 미분형식의 모임 $\{\omega_{ij} \mid 1 \le i, j \le n\}$가 존재한다.

$$(de_i)_p(v) = \sum_{j=1}^{n} (\omega_{ij})_p(v)(e_j)_{e_i(p)}, \quad v \in T_p\mathbb{R}^n \cong \mathbb{R}^n$$

증명 증명을 위해, 먼저 $e_i : \mathbb{R}^n \to \mathbb{R}^n$가 미분가능인 함수이므로

$$(de_i)_p : T_p\mathbb{R}^n \cong \mathbb{R}^n \to T_{e_i(p)}\mathbb{R}^n \cong \mathbb{R}^n$$

는 선형사상임을 알자. 따라서 각각의 $1 \le i \le n$에 대하여 $(de_i)_p$를 $\mathbb{R}^n$ 상에서 정의된 적

당한 함수 $(\omega_{ij})_p(v)$를 이용하여 다음과 같이 나타낼 수 있다.

$$(de_i)_p(v)=\sum_{j=1}^{n}(\omega_{ij})_p(v)(e_j)_{e_i(p)},\quad v\in\mathbb{R}^n$$

이때 $(\omega_{ij})_p$가 다음 두 성질을 만족한다.

(1) $(\omega_{ij})_p$가 v에 관해 선형성을 만족한다. 즉 임의의 두 벡터 $v_1,v_2\in T_p\mathbb{R}^n\cong\mathbb{R}^n$에 대하여

$$(\omega_{ij})_p(v_1+v_2)=(\omega_{ij})_p(v_1)+(\omega_{ij})_p(v_2)$$

실제로

$$\begin{aligned}\sum_{j=1}^{n}(\omega_{ij})_p(v_1+v_2)(e_j)_{e_i(p)}=(de_i)_p(v_1+v_2)&=(de_i)_p(v_1)+(de_i)_p(v_2)\\&=\sum_{j=1}^{n}(\omega_{ij})_p(v_1)(e_j)_{e_i(p)}+\sum_{j=1}^{n}(\omega_{ij})_p(v_2)(e_j)_{e_i(p)}\\&=\sum_{j=1}^{n}((\omega_{ij})_p(v_1)+(\omega_{ij})_p(v_2))(e_j)_{e_i(p)}\end{aligned}$$

이므로 다음 등식이 성립한다.

$$(\omega_{ij})_p(v_1+v_2)=(\omega_{ij})_p(v_1)+(\omega_{ij})_p(v_2)$$

비슷한 방법으로, 임의의 벡터 $v\in T_p\mathbb{R}^n$과 $\lambda\in\mathbb{R}$에 대하여 $(\omega_{ij})_p(\lambda v)=\lambda(\omega_{ij})_p(v)$가 성립한다.

(2) 모든 $1\le i,j\le n$과 $v\in T_p\mathbb{R}^n$에 대하여 $(\omega_{ij})_p(v)\in\mathbb{R}$이다.

위의 (1)과 (2)가 임의의 점 $p\in\mathbb{R}^n$에 대하여 성립하므로, 모든 $1\le i,j\le n$에 대하여 ω_{ij}는 $\mathbb{R}^n$ 상에서 정의된 1차 미분형식이다.

■

기호를 간단히 하기 위해, 앞으로

$$(de_i)_p(v)=\sum_{j=1}^{n}(\omega_{ij})_p(v)(e_j)_{e_i(p)},\quad v\in T_p\mathbb{R}^n$$

를 간단히

$$de_i=\sum_{j=1}^{n}\omega_{ij}e_j$$

로 나타낸다.

정의 5.1.6

[보조정리 5.1.5]에서 정의된 1차 미분형식 ω_{ij}를 정규직교틀마당 $\{e_1, e_2, \ldots, e_n\}$에 관한 $\mathbb{R}^n$의 **일차접속형식**(connection 1-form)이라 한다.

일차접속형식에 관해 다음 성질이 성립한다.

보조정리 5.1.7

일차접속형식 ω_{ij}을 이용하여 만든 $n \times n$ 행렬

$$(\omega_{ij})_{1 \le i,j \le n}$$

은 비대칭행렬(skew-symmetric matrix)이다. 즉 다음 등식이 성립한다.

$$\omega_{ij} + \omega_{ji} = 0, \quad 1 \le i,j \le n$$

증명 다음 등식이 성립함을 쉽게 보일 수 있다.

$$\begin{aligned} 0 &= d(\langle e_i, e_j \rangle) = \langle de_i, e_j \rangle + \langle e_i, de_j \rangle \\ &= \left\langle \sum_{k=1}^{n} \omega_{ik} e_k, e_j \right\rangle + \left\langle e_i, \sum_{l=1}^{n} \omega_{jl} e_l \right\rangle = \sum_{k=1}^{n} \omega_{ik} \delta_{kj} + \sum_{l=1}^{n} \omega_{jl} \delta_{il} \\ &= \omega_{ij} + \omega_{ji} \end{aligned}$$

■

정리 5.1.8 (카르탕의 구조방정식, structural equations of Cartan)

n차원 유클리드 공간 $\mathbb{R}^n$ 상에서 정의된 정규직교틀마당 $\{e_1, e_2, \ldots, e_n\}$과 그에 대응하는 쌍대틀마당 $\{\omega_1, \omega_2, \ldots, \omega_n\}$ 및 일차접속형식

$$\{\omega_{ij} \mid 1 \le i,j \le n\}$$

에 대하여, 다음이 성립한다.

(1) 각각의 $1 \le i \le n$에 대하여 다음 등식이 성립한다.

$$d\omega_i = \sum_{k=1}^{n} \omega_k \wedge \omega_{ki}$$

(2) 각각의 $1 \le i,j \le n$에 대하여 다음 등식이 성립한다.

$$d\omega_{ij} = \sum_{k=1}^{n} \omega_{ik} \wedge \omega_{kj}$$

증명 (1) 각각의 $1 \le i, j \le n$에 대하여 $x_i : \mathbb{R}^n \to \mathbb{R}$가 i-번째 좌표함수이고

$$U_j = (0, 0, \ldots, \underbrace{1}_{j-\text{번째}}, 0, \ldots, 0)$$

일 때,

$$dx_i(U_j) = \delta_{ij}$$

이 성립한다. 따라서 미분가능인 함수 β_{ij}를 이용하여

$$e_i = \sum_{j=1}^{n} \beta_{ij} U_j$$

로 나타낼 때, 다음과 같은 사실이 성립한다.

(i) B를 $n \times n$-행렬 $(\beta_{ik})_{n \times n}$라 할 때, B는 직교행렬(orthogonal matrix)이다. 즉

$$BB^T = I_n$$

이 성립한다. 실제로

$$\begin{aligned}\delta_{ij} = \langle e_i, e_j \rangle &= \left\langle \sum_{k=1}^{n} \beta_{ik} U_k, \sum_{l=1}^{n} \beta_{jl} U_l \right\rangle \\ &= \sum_{k,l=1}^{n} \beta_{ik}\beta_{jl}\delta_{kl} = \sum_{k=1}^{n} \beta_{ik}\beta_{jk}\end{aligned}$$

이므로 B는 직교행렬이다.

(ii)

$$\begin{aligned}\sum_{k=1}^{n} \beta_{ik} dx_k(e_j) &= \sum_{k=1}^{n} \beta_{ik} dx_k \left(\sum_{l=1}^{n} \beta_{jl} U_l \right) = \sum_{k,l=1}^{n} \beta_{ik}\beta_{jl} dx_k(U_l) \\ &= \sum_{k,l=1}^{n} \beta_{ik}\beta_{jl}\delta_{kl} = \sum_{k=1}^{n} \beta_{ik}\beta_{jk} \\ &= \delta_{ij} = w_i(e_j)\end{aligned}$$

이므로 $\omega_i = \sum_{k=1}^{n} \beta_{ik} dx_k$가 성립한다.

(iii) $de_i = \sum_{j=1}^{n} \omega_{ij} e_j$이므로

$$de_i = \sum_{k=1}^{n} \omega_{ik} e_k = \sum_{k=1}^{n} w_{ik} \left(\sum_{l=1}^{n} \beta_{kl} U_l \right) = \sum_{k,l=1}^{n} \omega_{ik} \beta_{kl} U_l$$

이 성립한다. 한편 $e_i = \sum_{j=1}^{n} \beta_{ij} U_j$이므로 라이프니츠 법칙과 $dU_l = 0$이라는 사실을 이용하여

$$de_i = \sum_{l=1}^{n} d\beta_{il} U_l + \sum_{l=1}^{n} \beta_{il} dU_l = \sum_{l=1}^{n} d\beta_{il} U_l$$

임을 알 수 있다. 따라서 다음 등식이 성립한다.

$$d\beta_{il} = \sum_{k=1}^{n} \omega_{ik} \beta_{kl}$$

이제 마지막으로 (1)를 증명하기 위해, 위의 (ii)와 (iii)에서 얻은 등식을 이용한다. 실제로

$$\begin{aligned} d\omega_i &= \sum_{l=1}^{n} d\beta_{il} \wedge dx_l = \sum_{l=1}^{n} \left(\sum_{k=1}^{n} \omega_{ik} \beta_{kl} \right) \wedge dx_l = \sum_{k,l=1}^{n} \omega_{ik} \wedge \beta_{kl} dx_l \\ &= \sum_{k=1}^{n} \omega_{ik} \wedge \omega_k = \sum_{k=1}^{n} \omega_k \wedge \omega_{ki} \end{aligned}$$

이 성립한다.

(2) 증명을 위해, 위의 (1)의 (iii)에서 얻은 등식인 $d\beta_{ij} = \sum_{k=1}^{n} \omega_{ik} \beta_{kj}$을 이용한다. 실제로

$$0 = d^2 \beta_{ij} = \sum_{k=1}^{n} d\omega_{ik} \beta_{kj} - \sum_{k=1}^{n} \omega_{ik} \wedge d\beta_{kj}$$

이므로

$$\begin{aligned} \sum_{k=1}^{n} d\omega_{ik} \beta_{kj} &= \sum_{k=1}^{n} \omega_{ik} \wedge d\beta_{kj} = \sum_{k=1}^{n} \omega_{ik} \wedge \left(\sum_{l=1}^{n} \omega_{kl} \beta_{lj} \right) \\ &= \sum_{k,l=1}^{n} \beta_{lj}\, \omega_{ik} \wedge \omega_{kl} \end{aligned}$$

이 성립한다. 따라서 $(\beta^{mj})_{n \times n}$가 B의 역행렬 B^{-1}를 나타낼 때, 다음 등식을 얻을 수 있다.

$$\begin{aligned} d\omega_{ij} &= \sum_{k=1}^{n} d\omega_{ik} \delta_{kj} = \sum_{m=1}^{n} \left(\sum_{k=1}^{n} d\omega_{ik} \beta_{km} \right) \beta^{mj} \\ &= \sum_{k,l=1}^{n} \left(\sum_{m=1}^{n} \beta_{lm} \beta^{ms} \right) \omega_{ik} \wedge \omega_{kl} = \sum_{k,l=1}^{n} \delta_{lj} \omega_{ik} \wedge \omega_{kl} \\ &= \sum_{k=1}^{n} \omega_{ik} \wedge \omega_{kj} \end{aligned}$$

■

카르탕의 보조정리가 다음과 같이 성립한다.

보조정리 5.1.9 (카르탕 보조정리, Cartan lemma)

V가 n차원 벡터공간이고 $\omega_1, \omega_2, \ldots, \omega_r (1 \leq r \leq n)$이 V 상에서 정의된 일차독립인 일차형식일 때, 또 다른 r개의 일차형식 $\theta_1, \theta_2, \ldots, \theta_r$이 다음 등식을 만족한다고 하자.

$$\sum_{i=1}^{r} \omega_i \wedge \theta_i = 0$$

이때 각각의 $1 \leq i \leq r$에 대하여 θ_i를 다음과 같이 나타낼 수 있다.

$$\theta_i = \sum_{j=1}^{r} a_{ij}\omega_j, \quad a_{ij} = a_{ji}$$

증명 증명을 위해, 먼저 일차독립인 r개의 일차형식 $\omega_1, \omega_2, \ldots, \omega_r$를 쌍대공간 V^*의 기저

$$\mathscr{B} = \{\omega_1, \omega_2, \ldots, \omega_r, \omega_{r+1}, \ldots, \omega_n\}$$

으로 확장하자. 그런 다음 각각의 θ_i를 기저 $\mathscr{B}$의 일차결합으로 다음과 같이 나타내자.

$$\theta_i = \sum_{j=1}^{r} a_{ij}\omega_j + \sum_{l=r+1}^{n} b_{il}\omega_l$$

그러면 다음과 같은 성질이 성립한다.

$$a_{ij} = a_{ji}, \ 1 \leq i, j \leq r \quad b_{il} = 0, \ 1 \leq i \leq r, \ r+1 \leq l \leq n$$

실제로

$$\begin{aligned} 0 = \sum_{i=1}^{r} \omega_i \wedge \theta_i &= \sum_{i,j=1}^{r} a_{ij}\omega_i \wedge \omega_j + \sum_{1 \leq i \leq r, r+1 \leq l \leq n} b_{il}\omega_i \wedge \omega_l \\ &= \sum_{1 \leq i < j \leq r} (a_{ij} - a_{ji})\omega_i \wedge \omega_j + \sum_{1 \leq i \leq r, r+1 \leq l \leq n} b_{il}\omega_i \wedge \omega_l \end{aligned}$$

이고 $\{\omega_k \wedge \omega_l \mid 1 \leq k < l \leq n\}$은 일차독립이므로 다음이 성립한다.

$$a_{ij} = a_{ji}, \ 1 \leq i, j \leq r \quad b_{il} = 0, \ 1 \leq i \leq r, \ r+1 \leq l \leq n$$

■

카르탕의 보조정리를 이용하여 다음과 같은 유일성 정리를 얻을 수 있다.

정리 5.1.10

$\omega_1, \omega_2, \ldots, \omega_n$이 $\mathbb{R}^n$ 상에서 정의된 일차독립인 일차형식일 때, 다음 두 조건 (1), (2)를 만족하는 일차형식의 모임 $\{\omega_{ij} \mid 1 \le i,j \le n\}$는 유일하다.

(1) 각각의 $1 \le i,j \le n$에 대하여,

$$\omega_{ij} = -\omega_{ji}$$

(2) 각각의 $1 \le j \le n$에 대하여,

$$d\omega_j = \sum_{k=1}^{n} \omega_k \wedge \omega_{kj}$$

증명 $\{\overline{\omega}_{ij} \mid 1 \le i,j \le n\}$가 위의 두 조건 (1), (2)를 만족하는 또 다른 모임이라 할 때, 각각의 $1 \le j \le n$에 대하여 다음 등식이 성립한다.

$$0 = \sum_{k=1}^{n} \omega_k \wedge (\overline{\omega}_{kj} - \omega_{kj})$$

따라서 [보조정리 5.1.9]에 의해 각각의 $1 \le j,k \le n$에 대하여

$$\overline{\omega}_{kj} - \omega_{kj} = \sum_{i=1}^{n} B_{ki}^{j} \omega_i, \quad B_{ki}^{j} = B_{ik}^{j}$$

이 성립한다. 한편 $\overline{\omega}_{kj} = -\overline{\omega}_{jk}$이고 $\omega_{kj} = -\omega_{jk}$이므로

$$-\sum_{i=1}^{n} B_{ji}^{k} \omega_i = -(\overline{\omega}_{jk} - \omega_{jk}) = -\overline{\omega}_{jk} + \omega_{jk}$$

$$= \overline{\omega}_{kj} - \omega_{kj} = \sum_{i=1}^{n} B_{ki}^{j} \omega_i$$

이다. 따라서 $\omega_1, \omega_2, \ldots, \omega_n$이 일차독립이므로 다음이 성립한다.

$$B_{ki}^{j} = -B_{ji}^{k}, \quad 1 \le i,j,k \le n$$

하지만 이것은

$$B_{ji}^{k} = 0, \quad 1 \le i,j,k \le n$$

임을 의미한다. 실제로

$$B_{ji}^{k} = -B_{ki}^{j} = -B_{ik}^{j} = B_{jk}^{i} = B_{kj}^{i} = -B_{ij}^{k} = -B_{ji}^{k}$$

이므로 모든 $1 \le i,j,k \le n$에 대하여 $B_{ji}^{k} = 0$이다.

결론적으로 모든 $1 \le k,j \le n$에 대하여

$$\overline{\omega}_{kj} - \omega_{kj} = \sum_{i=1}^{n} B_{ki}^{j} \omega_i = 0 \Leftrightarrow \overline{\omega}_{kj} = \omega_{kj}$$

가 성립한다. ■

▶▶ 연습문제 5.1

1. [예제 5.1.3 (2)]에서 정의한 리만거리함수 $p_N^*(g_{std})$와 $p_S^*(g_{std})$에 대하여, $S^n - \{N, S\}$ 상에서

$$p_N^*(g_{std}) = p_S^*(g_{std})$$

이 성립함을 보여라.

2. V와 W가 $\mathbb{R}^3$의 각각의 점에서 서로 일차독립인 벡터장일 때, $e_1 = \dfrac{V}{\|V\|}$이고 $\overline{W} = W - \langle W, e_1 \rangle e_1$라 하자. 이때

$$\left\{ e_1, e_2 = \frac{\overline{W}}{\|\overline{W}\|}, e_3 = e_1 \times e_2 \right\}$$

이 $\mathbb{R}^3$의 정규직교틀마당임을 보여라.

3. $\mathbb{R}^3$의 표준기저 $\{U_1, U_2, U_3\}$로 이루어진 정규직교틀마당에 대응하는 쌍대틀마당이 $\{dx_1, dx_2, dx_3\}$임을 보여라. 단, 여기서 x_1, x_2, x_3는 $\mathbb{R}^3$의 좌표함수를 나타낸다.

4. $\{U_1, U_2, U_3\}$가 $\mathbb{R}^3$의 표준기저이고 $\{e_1, e_2, e_3\}$가 $\mathbb{R}^3$의 정규직교틀마당일 때, 각각의 $i = 1,2,3$에 대하여

$$e_i = \sum_{j=1}^{3} a_{ij} U_j$$

로 나타내자. 이때, 3×3 행렬 $A = (a_{ij})$와 일차접속형식 ω_{ij}로 이루어진 3×3 행렬 $\omega = (\omega_{ij})$에 대하여 다음 물음에 답하라.

(1) 행렬 A가 직교행렬임을 보여라.

(2) $\mathbb{R}^3$의 정규직교틀마당 $\{e_1, e_2, e_3\}$에 대응하는 쌍대틀마당 $\{\omega_1, \omega_2, \omega_3\}$가 다음과 같이 주어짐을 보여라.

$$\omega_i = \sum_{j=1}^{3} a_{ij} dx_j, \quad i = 1,2,3$$

(3) 다음 등식이 성립함을 확인하라.

$$\sum_{k=1}^{3} da_{ik} U_k = de_i = \sum_{j=1}^{3} \omega_{ij} e_j = \sum_{k=1}^{3} \left(\sum_{j=1}^{3} \omega_{ij} a_{jk} \right) U_k, \ \ i = 1,2,3$$

(4) 다음 등식을 보여라.

$$\omega = dA \cdot A^T$$

5. $\{U_1, U_2, U_3\}$가 $\mathbb{R}^3$의 표준기저일 때, 다음 물음에 답하라.

(1)

$$\begin{aligned} &E_1 - \cos\varphi\cos\theta\, U_1 + \cos\varphi\sin\theta\, U_2 + \sin\varphi\, U_3, \\ &E_2 =- \sin\theta\, U_1 + \cos\theta\, U_2, \\ &E_3 =- \sin\varphi\cos\theta\, U_1 - \sin\varphi\sin\theta\, U_2 + \cos\varphi\, U_3 \end{aligned}$$

일 때, $\{E_1, E_2, E_3\}$가 $\mathbb{R}^3$의 정규직교틀마당임을 보여라. 단, 여기서 φ, θ는 구면좌표계를 나타낸다.

(2)

$$F_1 = \cos\theta\, U_1 + \sin\theta\, U_2,\ F_2 =- \sin\theta\, U_1 + \cos\theta\, U_2,\ F_3 = U_3$$

일 때, $\{F_1, F_2, F_3\}$가 $\mathbb{R}^3$의 정규직교틀마당임을 보여라. 단, 여기서 θ는 극좌표계를 나타낸다.

(3) $\mathbb{R}^3$의 정규직교틀마당 $\{E_1, E_2, E_3\}$에 대응하는 쌍대틀마당 $\{\omega_1, \omega_2, \omega_3\}$가 다음과 같이 주어짐을 보여라.

$$\omega_1 = d\rho,\ \omega_2 = \rho\cos\varphi d\theta,\ \omega_3 = \rho d\varphi$$

단, 여기서 ρ, φ, θ는 구면좌표계를 나타낸다.

(4) $\mathbb{R}^3$의 정규직교틀마당 $\{F_1, F_2, F_3\}$에 대응하는 쌍대틀마당 $\{\omega_1, \omega_2, \omega_3\}$가 다음과 같이 주어짐을 보여라.

$$\omega_1 = dr,\ \omega_2 = rd\theta,\ \omega_3 = dz$$

단, 여기서 r, θ, z는 원기둥좌표계를 나타낸다.

(5) $\mathbb{R}^3$의 정규직교틀마당 $\{E_1, E_2, E_3\}$에 대응하는 일차접속형식의 행렬 ω가 다음과 같이 주어짐을 보여라.

$$\omega = \begin{pmatrix} 0 & \cos\varphi d\theta & d\varphi \\ -\cos\varphi d\theta & 0 & \sin\varphi d\theta \\ -d\varphi & -\sin\varphi d\theta & 0 \end{pmatrix}$$

(6) $\mathbb{R}^3$의 정규직교틀마당 $\{F_1, F_2, F_3\}$에 대응하는 일차접속형식의 행렬 ω가 다음과 같이 주어짐을 보여라.

$$\omega = \begin{pmatrix} 0 & d\theta & 0 \\ -d\theta & 0 & 0 \\ 0 & 0 & 0 \end{pmatrix}$$

6. $\mathbb{R}^3$의 표준기저 $\{U_1, U_2, U_3\}$로 이루어진 정규직교틀마당에 대응하는 일차접속형식의 행렬 ω는 영행렬임을 보여라.

7. $\{U_1, U_2, U_3\}$가 $\mathbb{R}^3$의 표준기저일 때,

$$\begin{aligned} E_1 &= \frac{1}{\sqrt{2}}(\sin f\, U_1 + U_2 - \cos f\, U_3), \\ E_2 &= \frac{1}{\sqrt{2}}(\sin f\, U_1 - U_2 - \cos f\, U_3), \\ E_3 &= \cos f\, U_1 + \sin f\, U_3 \end{aligned}$$

에 대하여 다음 물음에 답하라.

(1) $\{E_1, E_2, E_3\}$가 $\mathbb{R}^3$의 정규직교틀마당임을 보여라.

(2) $\{E_1, E_2, E_3\}$에 대응하는 일차접속형식의 행렬 ω가 다음과 같이 주어짐을 보여라.

$$\omega = \begin{pmatrix} 0 & 0 & \frac{df}{\sqrt{2}} \\ 0 & 0 & \frac{df}{\sqrt{2}} \\ -\frac{df}{\sqrt{2}} & -\frac{df}{\sqrt{2}} & 0 \end{pmatrix}$$

8. 함수 f에 대하여, 위의 **[문제 4 (4)]**의 행렬 A가 다음과 같다고 가정하자.

$$A = \begin{pmatrix} \cos^2 f & \cos f \sin f & \sin f \\ \sin f \cos f & \sin^2 f & -\cos f \\ -\sin f & \cos f & 0 \end{pmatrix}$$

이때 A에 대응하는 일차접속형식의 행렬 ω가 다음과 같이 주어짐을 보여라.

$$\omega = \begin{pmatrix} 0 & -df & \cos f df \\ df & 0 & \sin f df \\ -\cos f df & -\sin f df & 0 \end{pmatrix}$$

5.2 곡면의 기하학

이 절에서는 3차원 유클리드 공간 $\mathbb{R}^3$ 상에서 얻은 미분형식에 관한 구조방정식을 이용하여 $\mathbb{R}^3$에 몰입된 2차원 곡면의 기하학적인 성질을 알아본다(더 자세한 내용은 [3], [6], [8], [11] 참고).

이를 위해, 먼저 M^2가 몰입사상(immersion) $x: M^2 \to \mathbb{R}^3$에 의해 3차원 유클리드 공간 $\mathbb{R}^3$에 몰입된 2차원 곡면일 때 M^2의 각각의 점 p의 접평면 T_pM^2에 내적인 거리함수 g_p를 다음과 같이 정의하자.

$$g_p(v_1, v_2) = < dx_p(v_1), dx_p(v_2) >_{x(p)}, \quad v_1, v_2 \in T_pM^2$$

한편, x가 몰입사상이므로 축소함수 $x|_U : U \to \mathbb{R}^3$가 매장사상(embedding)인 p의 열린근방 $U \subset M^2$와 $V \cap x(M^2) = x(U)$를 만족하는 $x(p)$의 열린근방 $V \subset \mathbb{R}^3$를 택할 수 있다. 그런 다음, e_1과 e_2가 $x(U)$를 따라 $x(U)$의 접벡터장이고 e_3가 $x(U)$를 따라 항상 $x(U)$에 수직인 V 상에서 정의된 단위 벡터장일 때, 정규직교틀마당 $\{e_1, e_2, e_3\}$와 그에 대응하는 쌍대틀마당 $\{\omega_1, \omega_2, \omega_3\}$를 고려하자. 이와 같은 정규직교틀마당 $\{e_1, e_2, e_3\}$을 $x(U)$**에 순응된 틀마당**(adpated frame field)이라 한다([그림 5.1]).

이때, $\omega_1, \omega_2, \omega_3$는 $V \subset \mathbb{R}^3$ 상에서 다음과 같은 구조방정식을 만족한다.

$$d\omega_i = \sum_{k=1}^{3} \omega_k \wedge \omega_{ki}, \quad i = 1,2,3$$
$$d\omega_{ij} = \sum_{k=1}^{3} \omega_{ik} \wedge \omega_{kj}, \quad i,j = 1,2,3$$

다시 말해서, $\omega_{ij} = -\omega_{ji}$이므로 다음 구조방정식이 성립한다.

$$\begin{aligned}
d\omega_1 &= \omega_2 \wedge \omega_{21} + \omega_3 \wedge \omega_{31}, \\
d\omega_2 &= \omega_1 \wedge \omega_{12} + \omega_3 \wedge \omega_{32}, \\
d\omega_3 &= \omega_1 \wedge \omega_{13} + \omega_2 \wedge \omega_{23}, \\
d\omega_{12} &= \omega_{13} \wedge \omega_{32}, \quad d\omega_{13} = \omega_{12} \wedge \omega_{23}, \quad d\omega_{23} = \omega_{21} \wedge \omega_{13}
\end{aligned}$$

한편, V에서 정의된 ω_i와 ω_{ij}를 몰입사상 x를 이용하여 당겨 $U \subset M^2$ 상에서 정의

된 일차의 미분형식 $x^*(\omega_i)$와 $x^*(\omega_{ij})$를 얻을 수 있다. 앞으로 기호를 간단히 하기 위해, 혼란이 없는 경우에는 종종 $\omega_i = x^*(\omega_i)$와 $\omega_{ij} = x^*(\omega_{ij})$로 나타낸다.

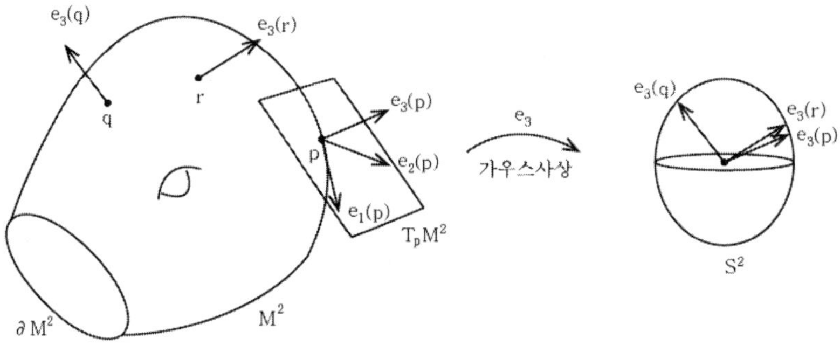

[그림 5.1]

보조정리 **5.2.1**

$U \subset M^2$ 상에서 다음 등식이 성립한다.

$$d\omega_1 = \omega_2 \wedge \omega_{21},\ \ d\omega_2 = \omega_1 \wedge \omega_{12},\ \ d\omega_3 = 0 = \omega_1 \wedge \omega_{13} + \omega_2 \wedge \omega_{23}$$

증명 위의 구조방정식에 의해, U 상에서 $\omega_3 = 0$이 성립함을 보이면 충분하다. 실제로, 임의의 접벡터 $v \in T_qM^2, q \in U$에 대하여 적당한 함수 a_1과 a_2를 이용하여

$$dx(v) = a_1e_1 + a_2e_2$$

로 나타낼 때, $\omega_3(e_i) = 0, i = 1,2,$이므로 다음이 성립한다.

$$\begin{aligned} x^*(\omega_3)(v) &= \omega_3(dx(v)) = \omega_3(a_1e_1 + a_2e_2) \\ &= a_1\omega_3(e_1) + a_2\omega_3(e_2) = 0 \end{aligned}$$

따라서 U 상에서 $\omega_3 = 0$이다.

■

[보조정리 5.2.1]에 의해

$$\omega_1 \wedge \omega_{13} + \omega_2 \wedge \omega_{23} = 0$$

이고 ω_1과 ω_2는 일차독립이므로 카르탕의 보조정리 [보조정리 5.1.9]에 의해 다음 등식을 만족하는 함수 h_{ij}, $i,j = 1,2,$가 U상에 존재한다.

$$\omega_{13} = h_{11}\omega_1 + h_{12}\omega_2,\ \ \omega_{23} = h_{21}\omega_1 + h_{22}\omega_2,\ \ h_{ij} = h_{ji},\ \ i,j = 1,2$$

이 절의 주요 목표 중의 하나는 함수 h_{ij}의 기하학적인 의미를 자세히 알아보는 것이다. 이를 위해, 먼저 e_3를 $e_3 : U \to S^2 \subset \mathbb{R}^3$인 함수로 볼 수 있음을 알 필요가 있다. 다시 말해서 e_3는 $U \subset M^2$ 상에서 정의된 **가우스사상**(Gauss map)이다. 이때, U와 $\mathbb{R}^3$의 방향성을 적절히 택하여 U의 임의의 점에서 $\{e_1, e_2\}$가 U 상의 방향성을 주고 $\{e_1, e_2, e_3\}$가 $V \subset \mathbb{R}^3$ 상의 임의의 점에서 방향성을 준다고 가정해도 일반성을 잃지 않는다. 특히, M^2가 방향성을 가진 곡면이면 위의 가우스사상을 M^2 전제에서 정의할 수 있다.

한편, ω_{ij}의 정의에 의해

$$\begin{aligned} de_3 &= \sum_{j=1}^{3} \omega_{3j} e_j = \omega_{31} e_1 + \omega_{32} e_2 \\ &= -(h_{11}\omega_1 + h_{12}\omega_2) e_1 - (h_{21}\omega_1 + h_{22}\omega_2) e_2 \\ &= -(h_{11} e_1 + h_{21} e_2)\omega_1 - (h_{12} e_1 + h_{22} e_2)\omega_2 \end{aligned}$$

이므로 다음 등식이 성립한다.

$$\begin{aligned} de_3(e_1) &= -h_{11} e_1 - h_{21} e_2, \\ de_3(e_2) &= -h_{12} e_1 - h_{22} e_2 \end{aligned}$$

따라서 정규직교기저 $\{e_1, e_2\}$에 대하여 U 상의 임의의 점에서 de_3를 2×2 행렬을 이용하여 다음과 같이 나타낼 수 있다.

$$G = -\begin{pmatrix} h_{11} & h_{12} \\ h_{21} & h_{22} \end{pmatrix},\quad h_{12} = h_{21}$$

행렬 G가 대칭행렬이므로 가우스사상 e_3의 미분사상 de_3는 자기수반사상(self-adjoint map)임을 알 수 있다. 따라서 선형대수학의 기본적인 성질에 의해 G는 실수 상에서 항상 대각화가 가능하고 서로 수직인 고유벡터를 갖는 두 개의 고유값 $-\lambda_1, -\lambda_2$가 존재한다. 이때, M^2의 **가우스곡률**(Gaussian curvature) K와 **평균곡률**(mean curvature) H를 M^2 상의 임의의 점에서 다음과 같이 정의한다.

$$K = \det(de_3) = \det(G) = \lambda_1\lambda_2 = h_{11}h_{22} - h_{12}^2,$$
$$H = -\frac{1}{2}\mathrm{trace}(de_3) = -\frac{1}{2}\mathrm{trace}(G) = \frac{\lambda_1 + \lambda_2}{2} = \frac{h_{11} + h_{22}}{2}$$

K와 H가 de_3의 행렬식과 대각선의 합으로 정의되었기 때문에 틀마당의 선택에 의존하지 않는다. 또한, 정의에 의해 e_3 대신에 $-e_3$를 택하면 H의 부호는 변하지만 K의 부호는 변하지 않는다. 즉, H는 M^2 상의 방향성의 선택에 의존하는 반면 K는 M^2의 방향성의 선택에 의존하지 않는다.

보조정리 5.2.2

$U \subset M^2$ 상에서 다음 등식이 성립한다.

$$d\omega_{12} = -K\omega_1 \wedge \omega_2, \quad \omega_{13} \wedge \omega_2 + \omega_1 \wedge \omega_{23} = 2H\omega_1 \wedge \omega_2$$

증명 구조 방정식에 의해 $d\omega_{12} = \omega_{13} \wedge \omega_{32}$이고

$$\omega_{13} = h_{11}\omega_1 + h_{12}\omega_2, \quad \omega_{23} = h_{21}\omega_1 + h_{22}\omega_2, \quad h_{ij} = h_{ji}, \quad i, j = 1, 2$$

이므로 다음 등식이 성립한다.

$$\begin{aligned} d\omega_{12} &= \omega_{13} \wedge \omega_{32} \\ &= -(h_{11}\omega_1 + h_{12}\omega_2) \wedge (h_{21}\omega_1 + h_{22}\omega_2) \\ &= -(h_{11}h_{22} - h_{12}^2)\omega_1 \wedge \omega_2 \\ &= -K\omega_1 \wedge \omega_2 \end{aligned}$$

비슷한 방법으로, 두 번째 등식도 쉽게 증명할 수 있다. ■

[보조정리 5.2.2]를 이용하여 가우스의 위대한 정리를 다음과 같이 증명할 수 있다.

정리 5.2.3 (가우스의 위대한 정리, Theorema Egregium of Gauss)

M^2가 몰입사상 $x : M^2 \to \mathbb{R}^3$에 의해 3차원 유클리드 공간 $\mathbb{R}^3$에 몰입된 2차원 곡면일 때, M^2의 가우스곡률 K는 x에 의해 유도된 거리함수에만 의존한다. 다시 말해서, $x' : M^2 \to \mathbb{R}^3$이 M^2 상에 x에 의해 유도된 거리함수와 같은 거리함수를 유도하는 또 다른 몰입사상일 때, M^2의 임의의 점 p에서 x'의 가우스곡률 K'이 K와 서로 같다. 즉, $K'(p) = K(p)$가 성립한다.

증명 M^2의 임의의 점 p에 대하여, x에 의해 유도된 거리함수 g에 관해 p의 적당한 열린근방 $U \subset M^2$에서 정의된 정규직교틀마당 $\{e_1, e_2\}$을 택하자. 이때, 일반성을 잃지 않고 축소함수 $x|_U : U \to \mathbb{R}^3$가 매장사상이고 $V \cap x(M^2) = x(U)$를 만족하는 $x(p)$의 열린근방 $V \subset \mathbb{R}^3$가 존재한다고 가정하자. 그러면,

$$\delta_{ij} = g(e_i, e_j) = < dx(e_i), dx(e_j) >, \quad i, j = 1, 2$$

이므로 $\{dx(e_1), dx(e_2)\}$도 $x(p) \in x(U) \subset \mathbb{R}^3$에서 정규직교틀마당이다. 따라서 V 상에서 $x(U)$를 따라

$$\{dx(e_1), dx(e_2), e_3\}$$

가 정규직교틀마당이 되도록 $\{dx(e_1), dx(e_2)\}$를 확장할 수 있다. 한편, x에 의해 유도된 거리함수 g가 x'에 의해 유도된 거리함수 g'과 같기 때문에 위와 비슷한 방법으로 V' 상에서 $x'(U)$를 따라

$$\{dx'(e_1), dx'(e_2), e'_3\}$$

가 정규직교틀마당이 되도록 $\{dx'(e_1), dx'(e_2)\}$를 확장할 수 있다.

이제 $\{\omega_1, \omega_2, \omega_3\}$가

$$\{dx(e_1), dx(e_2), e_3\}$$

에 대응하는 쌍대틀마당이고 $\{\omega'_1, \omega'_2, \omega'_3\}$가

$$\{dx'(e_1), dx'(e_2), e'_3\}$$

에 대응하는 쌍대틀마당일 때, 정의에 의해 U 상에서 $\omega_1 = \omega'_1$이고 $\omega_2 = \omega'_2$이다. 한편, [정리 5.1.10]의 유일성에 의해 이것은 $\omega_{12} = \omega'_{12}$을 의미하므로 다음이 성립한다.

$$-K\omega_1 \wedge \omega_2 = d\omega_{12} = d\omega'_{12} = -K'\omega'_1 \wedge \omega'_2 = -K'\omega_1 \wedge \omega_2$$

따라서 $K = K'$이다. ■

예제 5.2.4

U가 다음과 같이 정의된 유클리드 공간 $\mathbb{R}^2$의 열린 부분집합이라 하자.

$$U = \{(s, v) \in \mathbb{R}^2 \mid -\infty < s < \infty, \ 0 < v < 2\pi\}$$

두 함수 $h(s) \neq 0$와 $g(s)$가 $(h')^2 + (g')^2 = 1$를 만족하는 미분가능인 함수일 때,

$$x : U \to \mathbb{R}^3, \ x(s, v) = (h(s)\sin v, h(s)\cos v, g(s))$$

는 몰입사상이고 $M^2 = x(U)$는 yz-평면에 놓여있는 단위속력을 갖는 **생성곡선**(generating curve) 또는 **윤곽곡선**(profile curve) $(h(s), g(s))$, $-\infty < s < \infty$,을 z-축으로 회전하여 만든 **회전곡면**(surfaces of revolution)이다([그림 5.2]).

이때, M^2의 가우스곡률

$$K = -\frac{h''}{h}$$

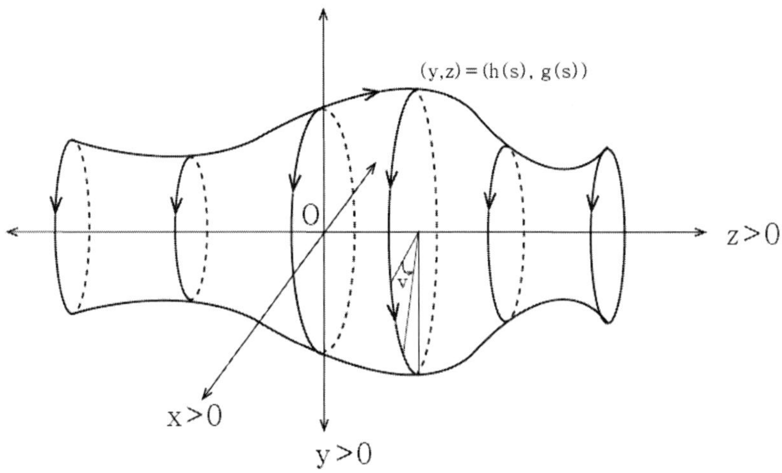

[그림 5.2]

로 주어진다. 실제로,

$$e_1 = dx\left(\frac{\partial}{\partial s}\right) = (h'(s)\sin v, h'(s)\cos v, g'(s)),$$
$$e_2 = dx\left(\frac{1}{h}\frac{\partial}{\partial v}\right) = \frac{1}{h}(h(s)\cos v, -h(s)\sin v, 0)$$

일 때 $< e_i, e_j > = \delta_{ij}$, $i, j = 1, 2$이므로 $\{e_1, e_2\}$는 M^2의 정규직교틀마당이다. 한편,

$$x^*(\omega_1)\left(\frac{\partial}{\partial s}\right) = \omega_1\left(dx\left(\frac{\partial}{\partial s}\right)\right) = \omega_1(e_1) = 1,$$
$$x^*(\omega_1)\left(\frac{1}{h}\frac{\partial}{\partial v}\right) = 0$$

이므로 $\omega_1 := x^*(\omega_1) = ds$이다. 비슷한 방법으로, $\omega_2 = hdv$임도 쉽게 보일 수 있다.

또한, ω_{12}를 계산하기 위해 $\omega_{12} = ads + bdv$라 놓으면,

$$h'(s)ds \wedge dv = d\omega_2 = \omega_1 \wedge \omega_{12} = ds \wedge (ads + bdv) = bds \wedge dv$$

이므로 $b=h'$이다. 비슷한 방법으로, $d\omega_1 = d(ds) = 0$과 $d\omega_1 = \omega_{12} \wedge \omega_2$를 이용하여 $a=0$임을 보일 수 있다. 즉 $\omega_{12} = h'(s)dv$이다.

마지막으로

$$\begin{aligned} d\omega_{12} &= h''(s)ds \wedge dv = \frac{h''(s)}{h(s)} h ds \wedge dv = \frac{h''(s)}{h(s)} \omega_1 \wedge \omega_2 \\ &= -K\omega_1 \wedge \omega_2 \end{aligned}$$

을 이용하여 $K = -\dfrac{h''(s)}{h(s)}$임을 알 수 있다. □

(예제) 5.2.5

위의 [예제 5.2.4]에서 $(h(s), g(s)) = \left(R\cos\left(\frac{s}{R}\right), R\sin\left(\frac{s}{R}\right)\right)$, $-\frac{\pi R}{2} < s < \frac{\pi R}{2}$로 택하면, 회전곡면 M^2는 반지름 R인 2차원 구의 일부이다. 따라서 M^2의 가우스곡률 K는 다음과 같다.

$$K = -\frac{h''(s)}{h(s)} = \frac{\frac{1}{R}\cos\left(\frac{s}{R}\right)}{R\cos\left(\frac{s}{R}\right)} = \frac{1}{R^2}$$

□

정의 5.2.6

몰입사상 $x : M^2 \to \mathbb{R}^3$에 의해 3차원 유클리드 공간 $\mathbb{R}^3$에 몰입된 2차원 곡면 M^2와 각각의 점 $p \in M^2$의 접평면 T_pM^2에서 내적인 리만거리함수 g_p에 대하여, **일차 형식**(first quadratic form) I_p를 다음과 같이 정의한다.

$$I_p(v,v) = g_p(v,v),\ \ v \in T_pM^2$$

$x(U)$에 순응된 정규직교틀마당 $\{e_1, e_2, e_3\}$에 관해 임의의 접벡터 $v \in T_pM^2$를

$$v = ae_1 + be_2$$

로 나타낼 때,

$$I_p(v,v) = I_p(ae_1 + be_2, ae_1 + be_2) = a^2 I_p(e_1,e_1) + b^2 I_p(e_2,e_2) = a^2 + b^2$$

이 성립한다. 한편, $i,j = 1,2$에 대하여 $\omega_i \cdot \omega_j$가 ω_i와 ω_j의 **대칭곱**(symmetric product)을 나타낼 때 임의의 접벡터 $u, v \in TM^2$에 대하여

$$\omega_i \cdot \omega_j(u,v) = \frac{1}{2}(\omega_i(u)\omega_j(v) + \omega_i(v)\omega_j(u))$$

가 성립한다. 사실, **텐서곱**(tensor product)의 개념을 이용하면 대칭곱 $\omega_i \cdot \omega_j$을 다음과 같이 나타낼 수 있다.

$$\omega_i \cdot \omega_j = \frac{1}{2}(\omega_i \otimes \omega_j + \omega_j \otimes \omega_i)$$

예를 들어,

$$\omega_i \cdot \omega_j(e_{k,} e_l) = \frac{1}{2}(\delta_{ik}\delta_{jl} + \delta_{jk}\delta_{il})$$

이고 $\omega_i \cdot \omega_i(e_{j,} e_j) = \delta_{ij}^2$이다. 따라서 $v = ae_1 + be_2$일 때, 다음이 성립한다.

$$I_p(v,v) = a^2 + b^2 = \omega_1(v)\omega_1(v) + \omega_2(v)\omega_2(v) = (\omega_1^2 + \omega_2^2)(v,v)$$

앞으로, $I_p(v,v)$와 $\omega_1^2(v,v)$ 등을 간단히 $I_p(v)$와 $\omega_1^2(v)$로 나타낸다. 이 기호를 이용하면 $I_p(v,v) = (\omega_1^2 + \omega_2^2)(v,v)$를

$$I_p(v) = (\omega_1^2 + \omega_2^2)(v) \text{ 또는 } I = \omega_1^2 + \omega_2^2$$

로 간단히 나타낼 수 있다.

정의 5.2.7

몰입사상 $x: M^2 \to \mathbb{R}^3$에 의해 3차원 유클리드 공간 $\mathbb{R}^3$에 몰입된 2차원 곡면 M^2와 각각의 점 $p \in M^2$의 접평면 T_pM^2에서 내적인 리만거리함수 g_p에 대하여, **이차형식**(second quadratic form) II_p를 $x(U)$에 순응된 틀마당 $\{e_1, e_2, e_3\}$와 그에

대응하는 쌍대틀마당 및 일차접속형식 $\omega_i, \omega_{jk}, i,j,k=1,2,3$을 이용하여 다음과 같이 정의한다.

$$II_p(v)=(\omega_{13}\cdot\omega_1+\omega_{23}\cdot\omega_2)(v),\quad v\in T_pM^2$$

앞에서 얻는 관계식

$$\omega_{13}=h_{11}\omega_1+h_{12}\omega_2,\ \ \omega_{23}=h_{21}\omega_1+h_{22}\omega_2,\ \ h_{ij}=h_{ji},\ \ i,j=1,2$$

를 이용하여 이차형식 II_p를 다음과 같이 나타낼 수 있다.

$$II_p(v)=\left(\sum_{i,j=1}^{2}h_{ij}\omega_i\cdot\omega_j\right)(v),\quad v\in T_pM^2$$

보조정리 5.2.8

다음 등식이 성립한다.

$$II_p(v)=-\langle de_3(v),v\rangle,\quad v\in T_pM^2$$

증명 앞의 논의에 의해, $de_3=-(h_{11}e_1+h_{21}e_2)\omega_1-(h_{12}e_1+h_{22}e_2)\omega_2$이므로

$$de_3(v)=-(h_{11}e_1+h_{21}e_2)\omega_1(v)-(h_{12}e_1+h_{22}e_2)\omega_2(v)$$

이다. 따라서 $v=ae_1+be_2$일 때, 다음이 성립한다.

$$\begin{aligned}-\langle de_3(v),v\rangle&=\langle(h_{11}e_1+h_{21}e_2)\omega_1(v)+(h_{12}e_1+h_{22}e_2)\omega_2(v),v\rangle\\&=\langle a(h_{11}e_1+h_{21}e_2)+b(h_{12}e_1+h_{22}e_2),ae_1+be_2\rangle\\&=a^2h_{11}+2abh_{12}+b^2h_{22}=\left(\sum_{i,j=1}^{2}h_{ij}\omega_i\cdot\omega_j\right)(ae_1+be_2)\\&=II_p(v)\end{aligned}$$

■

다음 보조정리를 통해, 이차형식은 정규직교틀마당의 선택에 의존하지 않음을 알 수 있다.

보조정리 5.2.9

임의의 점 $p \in M^2$와 임의의 단위 접벡터 $v \in T_pM^2$에 대하여 $k_n(p,v)$가 점 p에서 v 방향의 법곡률(normal curvature)을 나타낼 때, 다음 등식이 성립한다.

$$II_p(v) = k_n(p,v)$$

증명 매개함수

$$\alpha : (-\varepsilon, \varepsilon) \to M^2, \ \ \varepsilon > 0$$

가 $\alpha(0) = p$이고 $\alpha'(0) = v$를 만족하는 단위속력곡선일 때, $x(s) = x(\alpha(s))$라 하자. 이때, $0 = \left\langle \frac{dx}{ds}, e_3(x(s)) \right\rangle$이므로 다음 등식이 성립한다.

$$\begin{aligned} 0 &= \frac{d}{ds}\bigg|_{s=0} \left\langle \frac{dx}{ds}, e_3(x(s)) \right\rangle \\ &= \left\langle \frac{d^2x}{ds}\bigg|_{s=0}, e_3(x(0)) \right\rangle + \left\langle \frac{dx}{ds}\bigg|_{s=0}, de_3(v) \right\rangle \end{aligned}$$

따라서

$$\begin{aligned} II_p(v) &= -\langle v, de_3(v) \rangle = \left\langle \frac{d^2x}{ds^2}\bigg|_{s=0}, e_3(x(0)) \right\rangle \\ &= \langle \kappa_\alpha(0) N_\alpha(0), e_3(p) \rangle = \kappa_\alpha(0) \langle N_\alpha(0), e_3(p) \rangle \\ &= k_n(p,v) \end{aligned}$$

이다. 단, 여기서 κ_α와 N_α는 각각 단위속력곡선 α의 곡률과 단위주법벡터장을 나타낸다. ■

임의의 고정된 점 p와 임의의 단위 접벡터 $v \in T_pM^2$에 대하여, 함수

$$f : S = \left\{ v \in T_pM^2 \mid \|v\| = 1 \right\} \to \mathbb{R}, \ \ f(v) = II_p(v)$$

를 정의할 수 있다. 이때, S는 T_pM^2의 단위원으로 컴팩트 공간이고 함수 f는 컴팩트 공간에서 정의된 연속함수이다. 따라서 f가 S에서 최댓값 λ_1과 최솟값 λ_2을 가진다. 한편 선형대수학의 기본적인 성질을 이용하여 λ_1과 λ_2가 $-de_3$의 두 고윳값임을 보일 수 있다. $i = 1,2$에 대하여 $k_i = \lambda_i$라 할 때, k_i를 점 p에서 **주곡률**(principal curvature)라 하고 그에 해당하는 고유벡터의 방향을 **주방향**(principal direction)이라 한다.

다음 정리에 의해, 일차형식과 이차형식이 이차원 곡면의 국소기하를 완벽하게 결정

함을 알 수 있다. 이것은 또한 일차형식과 이차형식이 기하학에서 아주 중요한 개념 중의 하나임을 명확하게 말해준다.

정리 5.2.10

M_1과 M_2가 유클리드 공간 $\mathbb{R}^3$의 방향성을 가진 2차원 연결된 부분다양체일 때, 다음 두 조건이 성립한다고 가정하자.

(1) $\{e_1, e_2, e_3\}$와 $\{e'_1, e'_2, e'_3\}$가 각각 M_1과 M_2의 방향성에 순응된 정규직교틀마당이다.

(2) ω_i, ω_{ij}와 ω'_i, ω'_{ij}가 각각 $\{e_1, e_2, e_3\}$와 $\{e'_1, e'_2, e'_3\}$에 대응하는 쌍대틀마당과 일차접속형식일 때, 다음 조건을 만족하는 방향성을 보존하는 미분동형사상 $f : M_1 \to M_2$가 존재한다.

$$f^*(\omega'_i) = \omega_i,\ f^*(\omega'_{ij}) = \omega_{ij},\quad i, j = 1, 2, 3$$

이때 $\rho|_{M_1} = f$를 만족하는 등장사상 $\rho : \mathbb{R}^3 \to \mathbb{R}^3$가 존재한다.

증명 임의의 점 $p \in M_1$에 대하여 $p' = f(p)$일 때, $T : \mathbb{R}^3 \to \mathbb{R}^3$는 p를 p'으로 보내는 평행이동이고 $R : \mathbb{R}^3 \to \mathbb{R}^3$는 p'를 고정하고 $dT_p(e_i)$를 e'_i로 보내는 직교변환이라 하자. 이때, 등장사상 ρ를 다음과 같이 정의하자.

$$\rho : \mathbb{R}^3 \to \mathbb{R}^3,\quad \rho = R \circ T$$

그러면 $g := f \circ \rho^{-1} : \rho(M_1) \to M_2$가 항등사상임을 다음 단계를 통해 보일 수 있다.

(i) g의 정의에 의해, $g(\rho(M_1)) = M_2$이다. 따라서 만약 g가 항등함수이면 $\rho(M_1) = M_2$가 성립한다.

(ii) 임의의 $i = 1, 2, 3$에 대하여, $\tilde{e}_i = d\rho(e_i)$라 놓으면

$$\tilde{e}_i(p') = d\rho_p(e_i) = dR_{p'} \circ dT_p(e_i) = dR_{p'}(dT_p(e_i)) = e'_i(p')$$

이다. 따라서 ρ가 방향성을 보존하는 등장사상이므로 $\{\tilde{e}_1, \tilde{e}_2, \tilde{e}_3\}$도 M_2의 방향성에 순응하는 정규직교틀마당이다.

(iii) $\tilde{\omega}_{ij}$가 $\rho(M_1)$에서 정의된 다음 등식을 만족하는 일차접속형식이라 하자.

$$d\tilde{e}_i = \sum_{j=1}^{3} \tilde{\omega}_{ij} \tilde{e}_j$$

일차접속형식 ω_{ij}와 $\widetilde{\omega}_{ij}$의 유일성에 의해, $(\rho^{-1})^* \omega_{ij} = \widetilde{\omega}_{ij}$이다. 이 사실을 이용하면, 임의의 점 $q \in \rho(M_1)$와 $v \in T_q(\rho(M_1))$에 대하여 다음이 성립함을 보일 수 있다.

$$\begin{aligned} d(e'_i \circ g)_q(v) &= de'_i(dg_q(v)) \\ &= \sum_{j=1}^{3} \omega'_{ij}(dg(v)) e'_j(g(q)) = \sum_{j=1}^{3} g^*(\omega'_{ij})(v)(e'_j \circ g)_q \\ &= \sum_{j=1}^{3} (\rho^{-1})^* f^*(\omega'_{ij})(v)(e'_j \circ g)_q \\ &= \sum_{j=1}^{3} (\rho^{-1})^*(\omega_{ij})(v)(e'_j \circ g)_q \\ &= \sum_{j=1}^{3} \widetilde{\omega}_{ij}(v)(e'_j \circ g)_q \end{aligned}$$

따라서 $d(\widetilde{e}_i - e'_i \circ g) = \sum_{j=1}^{3} \widetilde{\omega}_{ij}(\widetilde{e}_j - e'_j \circ g)$을 얻는다. 한편

$$(\widetilde{e}_j - e'_j \circ g)(\rho(p)) = e'_j(p') - e'_j(f \circ \rho^{-1} \circ \rho(p)) = e'_j(p') - e'_j(p') = 0$$

이므로 일계 상미분방정식(first-order ordinary differential equation)의 해의 유일성에 의해 $\rho(M_1)$ 상에서

$$\widetilde{e}_j = e'_j \circ g$$

가 성립한다.

(iv) 마지막으로 $\widetilde{x}: \rho(M_1) \hookrightarrow \mathbb{R}^3$와 $x_2 : M_2 \hookrightarrow \mathbb{R}^3$가 포함함수일 때, 위의 (iii)에 의해 다음 등식이 성립한다.

$$d(\widetilde{x} - x_2 \circ g) = \sum_{i=1}^{3} \widetilde{\omega}_i(\widetilde{e}_i - e_i' \circ g) = 0$$

한편 $\widetilde{x}(p') = p' = x_2(p') = x_2(g(p'))$이므로 (iii)에서와 같이 일계 상미분방정식의 해의 유일성에 의해 $\rho(M_1)$ 상에서 다음 등식이 성립한다.

$$\widetilde{x} = x_2 \circ g$$

따라서 $\widetilde{x}: \rho(M_1) \hookrightarrow \mathbb{R}^3$와 $x_2 : M_2 \hookrightarrow \mathbb{R}^3$가 포함함수이므로 g가 $\rho(M_1)$ 상에서 항등함수가 되어야 한다. ■

따름정리 5.2.11

M_1과 M_2가 유클리드 공간 $\mathbb{R}^3$의 방향성을 가진 2차원 연결된 부분다양체일 때, 임의의 점 $q \in M_2$와 $f(p)=q$를 만족하는 점 $p \in M_1$에 대하여 $f^*(I_q)=I'_p$와 $f^*(II_q)=II'_p$을 만족하는 방향성을 보존하는 미분동형사상 $f: M_1 \to M_2$가 존재한다고 가정하자. 이때 $\rho|_{M_1}=f$를 만족하는 등장사상 $\rho: \mathbb{R}^3 \to \mathbb{R}^3$가 존재한다. 단, 여기서 I, I', II, II' 등은 각각 M_1과 M_2의 일차형식과 이차형식을 나타낸다.

증명 $\{e_1, e_2, e_3\}$가 M_1의 방향성에 순응된 정규직교틀마당일 때, 각각의 $i=1,2,3$에 대하여 $e'_i = df(e_i)$라 하자. 미분동형사상 f가 일차형식을 보존함으로 f는 리만거리함수도 보존한다. 따라서 $\{e'_1, e'_2, e'_3\}$도 M_2의 방향성에 순응된 정규직교틀마당이다. 또한, $\{\omega'_1, \omega'_2, \omega'_3\}$가 $\{e'_1, e'_2, e'_3\}$에 대응하는 쌍대틀마당일 때, 각각의 $i=1,2,3$에 대하여 $\omega_i = f^*(\omega'_i)$라 놓으면 $\{\omega_1, \omega_2, \omega_3\}$가 $\{e_1, e_2, e_3\}$에 대응하는 쌍대틀마당이 된다.

한편, $II = \sum_{i,j=1}^{3} h_{ij}\omega_i\omega_j$이고 $II' = \sum_{i,j=1}^{3} h'_{ij}\omega'_i\omega'_j$일 때 f가 이차형식을 보존함으로 $f^*(h'_{ij}) = h_{ij}$가 성립한다. 따라서

$$\omega_{13} = h_{11}\omega_1 + h_{12}\omega_2,\ \ \omega_{23} = h_{21}\omega_1 + h_{22}\omega_2,\ \ h_{ij} = h_{ji},\ \ i,j=1,2$$

이므로 $f^*\omega'_{13} = \omega_{13}$이고 $f^*\omega'_{23} = \omega_{23}$이 성립한다. 또한,

$$d\omega'_1 = \omega'_2 \wedge \omega'_{21} + \omega'_3 \wedge \omega'_{31}$$

이므로

$$\begin{aligned} &\omega_2 \wedge f^*(\omega'_{21}) + \omega_3 \wedge \omega_{31} \\ &= f^*\omega'_2 \wedge f^*\omega'_{21} + f^*\omega'_3 \wedge f^*\omega'_{31} \\ &= df^*\omega'_1 = d\omega_1 \\ &= \omega_2 \wedge \omega_{21} + \omega_3 \wedge \omega_{31} \end{aligned}$$

이다. 따라서 [정리 5.1.10]의 유일성 정리에 의해 $f^*\omega'_{21} = \omega_{21}$도 성립한다. 마지막으로, [정리 5.2.10]을 f에 적용하면 정리의 증명이 완료된다. ■

방향성을 갖지 않는 일반적인 2차원 곡면도 국소적으로는 항상 방향성을 갖고 있기 때문에 위의 [따름정리 5.2.11]에 의해 일차형식과 이차형식이 이차원 곡면의 국소기하를 완벽하게 결정한다고 말할 수 있다.

▸▸ 연습문제 5.2

1. 함수

$$\varphi : \mathbb{R}^2 \to \mathbb{R}^4,\ \ (u,v) \mapsto (\cos u, \sin u, \cos v, \sin v)$$

에 대하여 다음 물음에 답하라.

(1) φ가 몰입사상이고 φ의 상 $M = \varphi(\mathbb{R}^2)$이 토러스 T^2와 위상동형임을 보여라.

(2)

$$e_1 = d\varphi\left(\frac{\partial}{\partial u}\right) = (-\sin u, \cos u, 0, 0),$$
$$e_2 = d\varphi\left(\frac{\partial}{\partial v}\right) = (0, 0, -\sin v, \cos v)$$

가 다음 등식을 만족함을 보여라.

$$\langle e_i, e_j \rangle = \delta_{ij}$$

(3) 정규직교틀마당 $\{e_1, e_2\}$에 대응하는 $\mathbb{R}^2$ 상의 쌍대틀마당 $\{\omega_1, \omega_2\}$와 일차접속형식 ω_{12}가 다음과 같이 주어짐을 보여라.

$$\omega_1 = du,\ \omega_2 = dv,\ \omega_{12} = 0$$

(4) $\mathbb{R}^2$의 가우스곡률이 0임을 보여라.

2. 반평면

$$H^2 = \{(x,y) \in \mathbb{R}^2 \mid y > 0\}$$

상에 다음과 같은 리만거리함수를 고려하자.

$$\ll u, v \gg_p = \frac{\langle u, v \rangle}{y^2},\ \ p = (x,y) \in H^2,\ \ u, v \in T_pH^2$$

이때 다음 물음에 답하라.

(1) $e_1 = y(1,0)$, $e_2 = y(0,1)$일 때, $\{e_1, e_2\}$가 리만거리함수 $\ll \cdot\,, \cdot \gg$에 관해 H^2 상에서 정규직교틀마당임을 보여라.

(2) 정규직교틀마당 $\{e_1, e_2\}$에 대응하는 H^2 상의 쌍대틀마당 $\{\omega_1, \omega_2\}$와 일차접속형식 ω_{12}가 다음과 같이 주어짐을 보여라.

$$\omega_1 = \frac{dx}{y},\ \omega_2 = \frac{dy}{y},\ \omega_{12} = \frac{dx}{y}$$

(3) $d\omega_{12} = -K\omega_1 \wedge \omega_2$를 이용하여 H^2의 가우스곡률이 -1임을 보여라.

3. 양의 미분가능한 함수 $h : \mathbb{R}^2 \to \mathbb{R}$에 대하여 $\mathbb{R}^2$ 상에 다음과 같은 리만거리함수를 고려하자.

$$\ll u, v \gg_p = \frac{\langle u, v \rangle}{h(p)^2},\ p = (x, y) \in \mathbb{R}^2,\ u, v \in T_p\mathbb{R}^2$$

이때 다음 물음에 답하라.

(1) $e_1 = h(p)(1, 0),\ e_2 = h(p)(0, 1)$일 때, $\{e_1, e_2\}$가 리만거리함수 $\ll \cdot, \cdot \gg$에 관해 H^2 상에서 정규직교틀마당임을 보여라.

(2) 정규직교틀마당 $\{e_1, e_2\}$에 대응하는 H^2 상의 쌍대틀마당 $\{\omega_1, \omega_2\}$이 다음과 같이 주어짐을 보여라.

$$\omega_1 = \frac{dx}{h(p)},\ \omega_2 = \frac{dy}{h(p)}$$

(3) H^2의 가우스곡률이 다음과 같이 주어짐을 보여라.

$$K = h(h_{xx} + h_{yy}) - (h_x^2 + h_y^2)$$

4. 2차원 리만다양체 M에 대하여 $\varphi : U \subset \mathbb{R}^2 \to M$가 M의 국소좌표계일 때,

$$\varphi_u = d\varphi\left(\frac{\partial}{\partial u}\right),\ \varphi_v = d\varphi\left(\frac{\partial}{\partial v}\right),\ E = \langle \varphi_u, \varphi_u \rangle,\ G = \langle \varphi_v, \varphi_v \rangle,\ \langle \varphi_u, \varphi_v \rangle = 0$$

을 만족한다고 하자. 이때 다음 물음에 답하라.

(1) $\left\{e_1 = \frac{\varphi_u}{\sqrt{E}}, e_2 = \frac{\varphi_v}{\sqrt{G}}\right\}$가 $\varphi(U)$ 상에서 정규직교틀마당임을 보여라.

(2) 정규직교틀마당 $\{e_1, e_2\}$에 대응하는 쌍대틀마당 $\{\omega_1, \omega_2\}$과 일차접속형식 ω_{12}가 다음과 같이 주어짐을 보여라.

$$\omega_1 = \sqrt{E}\,du,\ \omega_2 = \sqrt{G}\,dv,\ \omega_{12} = -\frac{(\sqrt{E})_v}{\sqrt{G}}du + \frac{(\sqrt{G})_u}{\sqrt{E}}dv$$

(3) M의 가우스곡률 K가 다음과 같이 주어짐을 보여라.

$$K = -\frac{1}{\sqrt{EG}}\left\{\left(\frac{(\sqrt{E})_v}{\sqrt{G}}\right)_v + \left(\frac{(\sqrt{G})_u}{\sqrt{E}}\right)_u\right\}$$

5. 임의의 양의 실수 a,b,c에 대하여

$$E^2 = \left\{(x,y,z)\in\mathbb{R}^3 \mid \frac{x^2}{a^2}+\frac{y^2}{b^2}+\frac{z^2}{c^2}=1\right\}\subset \mathbb{R}^3$$

일 때, 다음 물음에 답하라.

(1) E^2 상에서 0이 아닌 접벡터장 X가 존재한다고 가정하자. 이때 E^2 전체에서 정의된 정규직교틀마당

$$\left\{e_1 = \frac{X}{\|X\|}, e_2\right\}$$

에 대하여 다음 부등식이 성립함을 보여라.

$$\left|\int_{E^2} d\omega_{12}\right| = \left|\int_{E^2} K\omega_1\wedge\omega_2\right| \geq m\mathrm{Area}(E^2) > 0$$

단, 여기서 m은 양의 상수이다.

(2) E^2 상에서 0이 아닌 접벡터장 X가 존재하지 않음을 보여라.

5.3 곡면의 내재적 기하학

가우스의 위대한 정리에 의해 가우스곡률은 이차원 곡면의 일차형식에만 의존함을 알 수 있다. 다시 말해서, 가우스곡률은 몰입사상의 선택에 의존하지 않고 몰입사상이 달라도 유도된 리만구조가 일치하면 같은 가우스곡률을 갖는다. 이와 같은 기하학적인 양을 내재적 기하불변량(intrinsic geometric quantity)이라 한다. 이절에서는 이차원 곡면에 존재하는 내재적 기하불변량에 대해 조금 더 체계적으로 알아보는 기회를 갖는다.

앞으로의 논의를 위해, M^2가 항상 리만거리함수 $\langle \cdot, \cdot \rangle$를 가진 2차원 리만다양체라 하자. 이때, 임의의 점 $p \in M^2$에 대하여, p의 적당한 열린근방 U에서 정의된 정규직교틀마당 $\{e_1, e_2\}$와 그에 대응하는 쌍대틀마당 $\{\omega_1, \omega_2\}$을 택하자. 즉 $\omega_i(e_j) = \delta_{ij}$, $i, j = 1, 2$가 성립한다.

다음 보조정리가 성립한다.

보조정리 5.3.1 (레비-치비타 정리, Levi-Civita theorem)
다음 등식을 만족하는 1차 미분형식 $\omega_{12} = -\omega_{21}$이 유일하게 존재한다.

$$d\omega_1 = \omega_{12} \wedge \omega_2, \; d\omega_2 = \omega_{21} \wedge \omega_1$$

증명 (i) 유일성
유일성을 증명하기 위해 $\overline{\omega}_{12}$를 다음 등식이 성립하는 또 다른 1차 미분형식이라 하자.

$$d\omega_1 = \overline{\omega}_{12} \wedge \omega_2, \; d\omega_2 = \overline{\omega}_{21} \wedge \omega_1, \; \overline{\omega}_{12} = -\overline{\omega}_{21}$$

그러면 [정리 5.1.10]의 유일성 정리에 의해 $\overline{\omega}_{12} = \omega_{12}$이다. 또는,

$$(\omega_{12} - \overline{\omega}_{12}) \wedge \omega_2 = 0, \; (\omega_{21} - \overline{\omega}_{21}) \wedge \omega_1 = 0$$

이 성립하므로 $\omega_{12} - \overline{\omega}_{12} = a\omega_1 + b\omega_2$라 놓으면 $a = b = 0$임을 쉽게 보일 수 있다.

(ii) 존재성
ω_{12}를 다음 등식을 만족하는 1차 미분형식으로 정의하자.

$$\omega_{12}(e_1) = d\omega_1(e_1, e_2), \; \omega_{12}(e_2) = d\omega_2(e_1, e_2)$$

정의에 의해, 다음이 성립힌다.

$$d\omega_1 = \omega_{12} \wedge \omega_2,\ \ d\omega_2 = \omega_{21} \wedge \omega_1$$

예를 들어, 위의 첫 번째 등식을 다음과 같이 증명할 수 있다.

$$d\omega_1(e_1, e_2) = \omega_{12}(e_1) = \omega_{12}(e_1)\omega_2(e_2) - \omega_{12}(e_2)\omega_2(e_1) = \omega_{12} \wedge \omega_2(e_1, e_2)$$

■

보조정리 5.3.2

$\{e_1, e_2\}$와 $\{\bar{e}_1, \bar{e}_2\}$가 같은 방향성을 가진 U에서 정의된 정규직교틀마당이고 $\{\omega_1, \omega_2\}$, ω_{12}와 $\{\bar{\omega}_1, \bar{\omega}_2\}$, $\bar{\omega}_{12}$가 [보조정리 5.3.1]의 등식을 만족하는 그에 대응하는 쌍대틀마당과 일차접속형식일 때, 미분가능인 함수 f와 g가 다음 등식을 만족한다고 가정하자.

$$\bar{e}_1 = fe_1 + ge_2,\ \ \bar{e}_2 = -ge_1 + fe_2,\ \ f^2 + g^2 = 1$$

이때, 다음이 성립한다.

$$\omega_{12} = \bar{\omega}_{12} - \tau,\ \ \tau = fdg - gdf$$

증명 $\{\omega_1, \omega_2\}$와 $\{\bar{\omega}_1, \bar{\omega}_2\}$의 정의에 의해,

$$\omega_1 = f\bar{\omega}_1 - g\bar{\omega}_2,\ \ \omega_2 = g\bar{\omega}_1 + f\bar{\omega}_2$$

가 성립함을 쉽게 보일 수 있다. 예를 들어, $\omega_1 = a\bar{\omega}_1 + b\bar{\omega}_2$라 놓으면

$$\begin{aligned} a &= \omega_1(\bar{e}_1) = \omega_1(fe_1 + ge_2) = f, \\ b &= \omega_1(\bar{e}_2) = \omega_1(-ge_1 + fe_2) = -g \end{aligned}$$

이다.

이제 $\omega_1 = f\bar{\omega}_1 - g\bar{\omega}_2$로부터 다음 등식을 얻을 수 있다.

$$\begin{aligned} d\omega_1 &= df \wedge \bar{\omega}_1 + fd\bar{\omega}_1 - dg \wedge \bar{\omega}_2 - gd\bar{\omega}_2 \\ &= df \wedge \bar{\omega}_1 + f\bar{\omega}_{12} \wedge \bar{\omega}_2 - dg \wedge \bar{\omega}_2 - g\bar{\omega}_{21} \wedge \bar{\omega}_1 \\ &= \bar{\omega}_{12} \wedge (f\bar{\omega}_2 + g\bar{\omega}_1) + df \wedge (f\omega_1 + g\omega_2) - dg \wedge (-g\omega_1 + f\omega_2) \\ &= \bar{\omega}_{12} \wedge \omega_2 + (fdf + gdg) \wedge \omega_1 + (gdf - fdg) \wedge \omega_2 \\ &= \bar{\omega}_{12} \wedge \omega_2 + \frac{1}{2} d(\underbrace{f^2 + g^2}_{=1}) \wedge \omega_1 - \tau \wedge \omega_2 \\ &= \bar{\omega}_{12} \wedge \omega_2 - \tau \wedge \omega_2 = (\bar{\omega}_{12} - \tau) \wedge \omega_2 \end{aligned}$$

비슷한 방법으로, $\omega_2 = g\bar{\omega}_1 + f\bar{\omega}_2$로부터 다음 등식이 성립함을 보일 수 있다.

$$d\omega_2 = -(\bar{\omega}_{12} - \tau) \wedge \omega_1$$

따라서 [정리 5.1.10]의 유일성 정리에 의해 $\omega_{12} = \overline{\omega}_{12} - \tau$가 성립한다.

■

[보조정리 5.3.2]에서 $\{e_1, e_2\}$와 $\{\overline{e}_1, \overline{e}_2\}$가 서로 다른 방향성을 가진 경우에는

$$\overline{e}_1 = fe_1 + ge_2,\ \ \overline{e}_2 = ge_1 - fe_2,\ \ f^2 + g^2 = 1$$

라 놓고, 비슷한 방법으로 다음 등식을 얻을 수 있다.

$$\omega_{12} = -\,\omega_{12} - \tau,\ \ \tau = fdg - gdf$$

다음 보조정리는 [보조정리 5.3.2]에서 정의된 함수 τ의 기하학적인 의미를 말해준다. 좀 더 구체적으로, U에서 정의된 임의의 곡선 γ에 대하여 τ는 γ을 따라 정의된 e_1과 $\overline{e}_1$사이의 각도함수 φ의 미분계수로 주어진다. 다음 증명은 특히 φ가 미분가능인 함수임을 명확하게 보여준다.

보조정리 5.3.3

임의의 점 $p \in U \subset M^2$와 $\gamma(t_0) = p$를 만족하는 임의의 매개함수 $\gamma : I \to U$에 대하여 φ_0가 $e_1(p)$에서 $\overline{e}_1(p)$로 양의 방향으로 측정한 각도를 나타낼 때,

$$\varphi(t) = \int_{t_0}^{t}\left(f\frac{dg}{dt} - g\frac{df}{dt}\right)dt + \varphi_0$$

는 다음 등식을 만족하는 미분가능인 함수이다. 단, 여기서 f와 g는 [보조정리 5.3.2]에서 정의된 함수를 나타낸다.

$$\cos\varphi(t) = f(t),\ \ \sin\varphi(t) = g(t),\ \ \varphi(t_0) = \varphi_0,\ \ d\varphi = \gamma^*\tau$$

증명 φ의 정의에 의해, $\varphi' = fg' - f'g$이고 $f^2 + g^2 = 1$이므로 $ff' + gg' = 0$이다. 따라서 다음 등식이 성립한다.

$$\begin{aligned}(f\cos\varphi + g\sin\varphi)' &= (g' + fgf' - f^2g')\sin\varphi + (f' - g^2f' + gfg')\cos\varphi \\ &= (g' - g^2g' - f^2g')\sin\varphi + (f' - g^2f' - f^2f')\cos\varphi \\ &= 0\end{aligned}$$

한편, 이것은 $f(t_0) = \cos\varphi_0,\ g(t_0) = \sin\varphi_0$이므로

$$(f-\cos\varphi)^2+(g-\sin\varphi)^2=0$$

을 의미한다. 따라서 $f=\cos\varphi$이고 $g=\sin\varphi$이다. $\varphi(t_0)=\varphi_0$인 것과 $d\varphi=\gamma^*\tau=\tau\circ\gamma$는 정의에 의해 자명하다.

■

위와 같은 기본적인 수학적 지식을 바탕으로 이차원 곡면의 몇 가지 내재적인 기하학적 불변량에 관해 알아본다.

보조정리 5.3.4

M^2가 리만거리함수 $\langle\cdot,\cdot\rangle$와 방향성을 가진 2차원 미분다양체일 때, 적당한 열린근방 $U\subset M^2$에서 정의된 정규직교틀마당 $\{e_1,e_2\}$와 그에 대응하는 쌍대틀마당 $\{\omega_1,\omega_2\}$에 대하여

$$\sigma=\omega_1\wedge\omega_2$$

라 하자. 이때, 다음이 성립한다.

(1) σ는 같은 방향성을 갖는 정규직교틀마당의 선택에 의존하지 않는다. 따라서 σ를 M^2 전체로 확장하여 정의할 수 있다.

(2) $v_1=ae_1+be_2$, $v_2=ce_1+de_2$일 때, $\sigma(v_1,v_2)=ad-bc$이고 이것은 v_1과 v_2에 의해 생성된 평행사변형의 면적 $\mathrm{Area}(v_1,v_2)$를 나타낸다. 따라서 σ를 M^2의 **면적 요소**(area element)라 부른다.

증명 (1) $\{e_1,e_2\}$와 $\{\overline{e}_1,\overline{e}_2\}$가 같은 방향성을 가진 U에서 정의된 정규직교틀마당이고 $\{\omega_1,\omega_2\}$와 $\{\overline{\omega}_1,\overline{\omega}_2\}$가 그에 대응하는 쌍대틀마당일 때, $\{e_1,e_2\}$와 $\{\overline{e}_1,\overline{e}_2\}$ 사이에 다음을 만족하는 미분가능 함수 f와 g가 존재한다.

$$\overline{e}_1=fe_1+ge_2,\ \ \overline{e}_2=-ge_1+fe_2,\ \ f^2+g^2=1$$

따라서 $\{\omega_1,\omega_2\}$와 $\{\overline{\omega}_1,\overline{\omega}_2\}$ 사이에 다음 등식이 성립함을 알 수 있다.

$$\omega_1=f\overline{\omega}_1-g\overline{\omega}_2,\ \ \omega_2=g\overline{\omega}_1+f\overline{\omega}_2$$

이제

$$\omega_1\wedge\omega_2=(f\overline{\omega}_1-g\overline{\omega}_2)\wedge(g\overline{\omega}_1+f\overline{\omega}_2)=(f^2+g^2)\overline{\omega}_1\wedge\overline{\omega}_2=\overline{\omega}_1\wedge\overline{\omega}_2$$

이므로 증명이 완료된다.

(2) 정의에 의해,

$$\begin{aligned}\sigma(v_1,v_2) &= \omega_1(ae_1+be_2)\omega_2(ce_1+de_2)-\omega_1(ce_1+de_2)\omega_2(ae_1+be_2) \\ &= ad-bc=\det\begin{pmatrix} a & c \\ b & d\end{pmatrix} \\ &= \mathrm{Area}(v_1,v_2)\end{aligned}$$

가 성립한다.

정리 5.3.5

M^2가 리만거리함수 $\langle \cdot, \cdot \rangle$와 방향성을 가진 2차원 미분다양체일 때, 적당한 열린 근방 $U \subset M^2$에서 정의된 정규직교틀마당 $\{e_1,e_2\}$와 그에 대응하는 쌍대틀마당 $\{\omega_1,\omega_2\}$에 대하여 U에서 함수 K를 다음 등식을 이용하여 정의하자.

$$d\omega_{12}=-K\omega_1\wedge\omega_2$$

이때, K는 방향성을 가진 정규직교틀마당의 선택에 의존하지 않는다. 따라서 K를 M^2 전체로 확장하여 정의할 수 있고, K를 M^2의 **가우스곡률**(Gaussian curvature)이라 부른다.

증명 $\{e_1,e_2\}$와 $\{\overline{e}_1,\overline{e}_2\}$가 같은 방향성을 가진 열린근방 $U\subset M^2$에서 정의된 정규직교틀마당이고 $\{\omega_1,\omega_2\}$, ω_{12}와 $\{\overline{\omega}_1,\overline{\omega}_2\}$, $\overline{\omega}_{12}$가 [보조정리 5.3.1]의 등식을 만족하는 그에 대응하는 쌍대틀마당과 일차접속형식일 때, $\{e_1,e_2\}$와 $\{\overline{e}_1,\overline{e}_2\}$ 사이에 다음을 만족하는 미분가능인 함수 f와 g가 존재한다.

$$\overline{e}_1=fe_1+ge_2,\ \ \overline{e}_2=-ge_1+fe_2,\ \ f^2+g^2=1$$

그리고 [보조정리 5.3.2]에 의해 다음 등식이 성립한다.

$$\omega_{12}=\overline{\omega}_{12}-\tau,\ \ \tau=fdg-gdf$$

한편, [보조정리 5.3.3]에 의해

$$d\tau=df\wedge dg-dg\wedge df=-\sin\varphi\cos\varphi d\varphi\wedge d\varphi+\sin\varphi\cos\varphi d\varphi\wedge d\varphi=0$$

이므로 $d\omega_{12}=d\overline{\omega}_{12}$이다. 따라서 [보조정리 5.3.4] (1)에 의해 다음 등식이 성립한다.

$$-K\omega_1\wedge\omega_2=d\omega_{12}=d\overline{\omega}_{12}=-\overline{K}\overline{\omega}_1\wedge\overline{\omega}_2=-\overline{K}\omega_1\wedge\omega_2$$

즉 $\omega_1\wedge\omega_2\neq 0$이므로 $K=\overline{K}$이다.

공변미분의 개념도 정규직교틀마당의 선택에 의존하지 않는다. 이를 보이기 위해, 먼저 공변미분의 정의부터 알아본다.

정의 5.3.6

M^2가 리만거리함수 $\langle \cdot , \cdot \rangle$을 가진 2차원 미분다양체일 때, Y가 M^2 상에서 정의된 미분가능인 접벡터장이라 하자. 임의의 점 $p \in M^2$와 접벡터 $v \in T_pM^2$에 대하여 매개함수 $\alpha : (-\varepsilon, \varepsilon) \to M^2$가 $\alpha(0) = p$와 $\alpha'(0) = v$를 만족할 때, p근방에서 정의된 정규직교틀마당 $\{e_1, e_2\}$을 이용하여 α를 따라 $Y(\alpha(t))$를 다음과 같이 나타내자.

$$Y(\alpha(t)) = \sum_{i=1}^{2} y_i(t) e_i$$

이때, **p에서 v에 관한 Y의 공변미분**(covariant derivative of Y relative to v at p) $(\nabla_v Y)(p)$를 다음과 같이 정의한다.

$$(\nabla_v Y)(p) = \sum_{i=1}^{2} \left(\frac{dy_i}{dt}(0) + \sum_{j=1}^{2} \omega_{ij}(v) y_j(0) \right) e_i$$

단, 여기서 ω_{ij}는 $\{e_1, e_2\}$에 대응하는 일차접속형식을 나타낸다.

보조정리 5.3.7

공변미분 $\nabla_v Y$는 정규직교틀마당의 선택에 의존하지 않는다.

증명 $\{e_1, e_2\}$와 $\{\overline{e}_1, \overline{e}_2\}$가 같은 방향성을 가진 열린근방 $U \subset M^2$에서 정의된 정규직교틀마당이고 $\{\omega_1, \omega_2\}$, ω_{12}와 $\{\overline{\omega}_1, \overline{\omega}_2\}$, $\overline{\omega}_{12}$가 [보조정리 5.3.1]의 등식을 만족하는 그에 대응하는 쌍대틀마당과 일차접속형식일 때, $\{e_1, e_2\}$와 $\{\overline{e}_1, \overline{e}_2\}$ 사이에 다음을 만족하는 미분가능인 함수 f와 g가 존재한다.

$$e_1 = f\overline{e}_1 - g\overline{e}_2, \quad e_2 = g\overline{e}_1 + f\overline{e}_2, \quad f^2 + g^2 = 1$$

따라서

$$\begin{aligned} Y(\alpha(t)) &= \sum_{i=1}^{2} y_i(t)e_i \\ &= (f\overline{e}_1 - g\overline{e}_2)y_1 + (g\overline{e}_1 + f\overline{e}_2)y_2 \\ &= (fy_1 + gy_2)\overline{e}_1 + (fy_2 - gy_1)\overline{e}_2 \\ &= \sum_{i=1}^{2} \overline{y}_i(t)\overline{e}_i \end{aligned}$$

이므로 다음 관계식이 성립한다.

$$\overline{y}_1 = fy_1 + gy_2, \quad \overline{y}_2 = fy_2 - gy_1$$

비슷한 방법으로, 다음 관계식도 쉽게 성립함을 알 수 있다.

$$y_1 = f\overline{y}_1 - g\overline{y}_2, \quad y_2 = g\overline{y}_1 + f\overline{y}_2$$

이때, 공변미분 $\nabla_v Y$의 정의, $\omega_{12} = \overline{\omega}_{12} - \tau$, 그리고 $ff' + gg' = 0$을 이용하여 $t = 0$에서 다음 계산이 성립한다.

$$\begin{aligned} &(y'_1 + \omega_{21}(v)y_2)e_1 + (y'_2 + \omega_{12}(v)y_1)e_2 \\ &= (f'\overline{y}_1 + f\overline{y}'_1 - g'\overline{y}_2 - g\overline{y}'_2 + (\overline{\omega}_{21} + \tau)(g\overline{y}_1 + f\overline{y}_2))(f\overline{e}_1 - g\overline{e}_2) \\ &+ (g'\overline{y}_1 + g\overline{y}'_1 + f'\overline{y}_2 + f\overline{y}'_2 + (\overline{\omega}_{12} - \tau)(f\overline{y}_1 - g\overline{y}_2))(g\overline{e}_1 + f\overline{e}_2) \\ &= (\overline{y}'_1 + \overline{\omega}_{21}(v)\overline{y}_2)\overline{e}_1 + (\overline{y}'_2 + \overline{\omega}_{12}(v)\overline{y}_1)\overline{e}_2 \end{aligned}$$

따라서 공변미분 $\nabla_v Y$는 정규직교틀마당의 선택에 의존하지 않는다. ■

위의 [보조정리 5.3.7]의 증명에서 사용했던 기호를 계속해서 이용할 때, 다음 따름정리가 성립함을 쉽게 보일 수 있다.

따름정리 5.3.8

다음 등식이 성립한다.

$$\nabla_v e_1 = \omega_{12}(v)e_2, \quad \omega_{12}(v) = \langle \nabla_v e_1, e_2 \rangle$$

증명 [보조정리 5.3.7]의 증명에서 사용했던 기호를 이용할 때, $e_1 = 1e_1 + 0e_2$이므로 $y_1 = 1$이고 $y_2 = 0$이 된다. 따라서 $y'_1 = y'_2 = 0$이므로 공변미분의 정의에 의해

$$\nabla_v e_1 = \omega_{12}(v)e_2$$

가 성립한다. 또한, $\langle e_i, e_j \rangle = \delta_{ij}$이므로

$$\langle \nabla_v e_1, e_2 \rangle = \langle \omega_{12}(v)e_2, e_2 \rangle = \omega_{12}(v)$$

이 성립한다. ■

정의 5.3.9

매개함수 $\alpha: I \to M^2$에 대하여 α를 따라 정의된 접벡터장 Y가 다음 조건을 만족할 때, Y가 α**를 따라 평행하다**(parallel along α)라고 말한다.

$$\nabla_{\alpha'(t)} Y = 0, \quad t \in I$$

위의 정의에 의해, Y가 α를 따라 평행할 때 다음과 같은 일계 상미분방정식계가 성립한다.

$$\frac{dy_i}{dt} + \sum_{j=1}^{2} \omega_{ij}(v) y_j = 0, \quad i = 1,2$$

정의 5.3.10

매개함수 $\alpha: I \to M^2$에 대하여 α를 따라 정의된 접벡터장

$$Y(\alpha(t)) = \sum_{i=1}^{2} y_i(t) e_i$$

가 일계 상미분방정식계

$$\frac{dy_i}{dt} + \sum_{j=1}^{2} \omega_{ij}(v) y_j = 0, \quad i = 1,2, \quad Y(\alpha(0)) = Y_0$$

의 해일 때, Y를 α**를 따라** Y_0**의 평행이동**(parallel transport of Y_0 along α)이라 한다.

정의 5.3.11

매개함수 $\alpha: I \to M^2$에 대하여 접벡터장 $\alpha'(t)$가 α를 따라 평행할 때(즉 $\nabla_{\alpha'(t)} \alpha'(t) = 0$), α를 **측지선**(geodesic)이라 한다.

α를 따라 정의된 정규직교틀마당 $\{e_1, e_2\}$이 평행하고 $\alpha = \sum_{i=1}^{2} x_i(t) e_i$일 때, 다음이 성립한다.

$$\alpha'(t) = \sum_{i=1}^{2} x'_i(t) e_i$$

따라서 α가 측지선이면 α가 다음과 같은 이계 비선형 상미분방정식계를 만족한다.

$$\begin{aligned} 0 &= \frac{d^2 x_i}{dt^2} + \sum_{j=1}^{2} \omega_{ij} \left(\sum_{k=1}^{2} \frac{dx_k}{dt} e_k \right) \frac{dx_j}{dt} \\ &= \frac{d^2 x_i}{dt^2} + \sum_{j,k-1}^{2} \omega_{ij}(e_k) \frac{dx_k}{dt} \frac{dx_j}{dt}, \quad i = 1,2 \end{aligned}$$

당연히 2차원 미분다양체 상에서 정의된 일반적인 매개함수는 측지선이 아니다. 하지만 측지곡률이란 개념을 이용하여 주어진 매개함수가 측지선인지 쉽게 판별할 수 있다.

정리 5.3.12

M^2가 리만거리함수 $\langle \cdot, \cdot \rangle$와 방향성을 가진 2차원 미분다양체일 때, M^2 상에서 정의된 단위속력곡선 $\alpha : I \to M^2$와 $\alpha(s)$의 적당한 열린근방 U에서 $e_1(s) = \alpha'(s)$를 만족하는 방향성을 가진 정규직교틀마당 $\{e_1, e_2\}$를 택하자. 측지곡률 $k_g(s) = \alpha^* \omega_{12}\left(\frac{d}{d\varepsilon}\right)$라 정의할 때, $\alpha' = e_1$이 α를 따라 평행할 필요충분조건은 다음 등식이 성립하는 것이다.

$$k_g(s) = 0$$

증명 [따름정리 5.3.8]과 측지곡률의 정의에 의해, 다음이 성립한다.

$$\begin{aligned} \nabla_{\alpha'} e_1 = 0 &\Leftrightarrow \nabla_{e_1} e_1 = 0 \Leftrightarrow \omega_{12}(e_1) = \langle \nabla_{e_1} e_1, e_2 \rangle = 0 \\ &\Leftrightarrow \omega_{12}(\alpha'(s)) = \alpha^* \omega_{12}\left(\frac{d}{ds}\right) = k_g(s) = 0 \end{aligned}$$

■

다음 정리는 측지곡률의 기하학적인 의미를 말해준다.

정리 5.3.13

M^2가 리만거리함수 $\langle \cdot, \cdot \rangle$와 방향성을 가진 2차원 미분다양체일 때, M^2상에서 정의된 단위속력곡선 $\alpha : I \to M^2$에 대하여 V가 α를 따라 정의된 평행인 단위 접벡터장이라 하자. $\varphi(s)$가 $V(\alpha(s))$에서 $\alpha'(s)$로 양의 방향으로 측정한 각도함수일 때, 다음 등식이 성립한다.

$$k_g(s) = \frac{d\varphi}{ds}$$

증명 증명을 위해, 먼저 α를 따라 방향성을 가진 두 개의 정규직교틀마당 $\{e_1 = V, e_2\}$, $\{\overline{e}_1 = \alpha', \overline{e}_2\}$과 그에 대응하는 일차접속형식 ω_{12}, $\overline{\omega}_{12}$를 택하자. 정의에 의해, $\varphi(s)$는 e_1에서 $\overline{e}_1$로 양의 방향으로 측정한 각도함수이다. 그러면, [보조정리 5.3.3]에 의해 다음 등식이 성립한다.

$$d\varphi = \alpha^* \overline{\omega}_{12} - \alpha^* \omega_{12}$$

한편, 가정의 의해 e_1는 α를 따라 평행하므로 [정리 5.3.12]에 의해 $\alpha^* \omega_{12} = 0$이다. 따라서 $d\varphi = \alpha^* \overline{\omega}_{12}$을 얻을 수 있고 이로부터 다음 등식을 쉽게 유도할 수 있다.

$$\frac{d\varphi}{ds} = d\varphi\left(\frac{d}{ds}\right) = \alpha^* \overline{\omega}_{12}\left(\frac{d}{ds}\right) = k_g(s)$$

■

따름정리 5.3.14

M^2가 리만거리함수 $\langle \cdot, \cdot \rangle$와 방향성을 가진 2차원 미분다양체일 때, 임의의 점 $p \in M^2$에 대하여 단위원판과 위상동형인 경계가 매끄러운 p의 적당한 열린근방 $D \subset M^2$을 택하자. $\alpha : I = [a, b] \to M^2$가 양의 방향을 가진 경계 ∂D의 단위속력을 갖는 매개함수이고, $V_0 \in T_{\alpha(a)} M^2$, $\| V_0 \| = 1$에 대하여 V가 ∂D를 따라 양의 방향으로 얻은 단위 길이를 갖는 V_0의 평행이동이라 하자. $\varphi(s)$가 $\alpha'(s)$에서 $V(s) = V(\alpha(s))$로 양의 방향으로 측정한 각도함수일 때, 다음 등식이 성립한다.

$$K(p) = \lim_{D \to p} \frac{\varphi(b) - \varphi(a)}{\text{Area}(D)}$$

단, 여기서 K의 M^2의 가우스곡률을 나타낸다.

증명 [정리 5.3.13], [정리 5.3.5], 그리고 스토크스 정리(Stokes theorem)에 의해 다음 등식이 성립한다.

$$\varphi(b)-\varphi(a)=\int_{\partial D} d\varphi=-\int_{\partial D}\alpha^{*}\omega_{12}=-\int_{D} d\omega_{12}=\int_{D} K\sigma$$

그런 다음, 적분에 관한 평균값 정리를 적용하면 다음 등식을 얻을 수 있다.

$$\varphi(b)-\varphi(a)=K(q)\int_{D}\sigma=K(q)\mathrm{Area}(D),\ \ q\in D$$

따라서

$$K(q)=\frac{\varphi(b)-\varphi(a)}{\mathrm{Area}(D)}$$

이므로 극한 $D\rightarrow p$를 택하여 따름정리의 등식을 얻을 수 있다. ■

[따름정리 5.3.14]에서 각도함수 $\varphi(s)$를 $\varphi(s)=\measuredangle(V(s),\alpha'(s))$로 간단히 나타낼 때, $\alpha(a)=\alpha(b)$이고 $\alpha'(a)=\alpha'(b)$이므로 다음 등식이 성립한다.

$$\begin{aligned}\varphi(b)-\varphi(a)&=\measuredangle(V(b),\alpha'(a))-\measuredangle(V(a),\alpha'(a))\\&=\measuredangle(V(b),V(a))\end{aligned}$$

따라서 2차원 곡면의 가우스곡률은 주어진 점 근처에서 선택한 작은 원을 따라 평행이동을 하여 얻은 벡터장이 항등벡터장과 얼마나 다른가를 측정해 주는 양이라고 말할 수 있다.

▶▶ 연습문제 5.3

1. $\mathbb{R}^2$의 열린 부분집합

$$U = \{(s,v) \in \mathbb{R}^2 \mid -\infty < s < \infty,\ 0 < v < 2\pi\}$$

와 $(h')^2 + (g')^2 = 1$를 만족하는 미분가능인 함수 두 함수 $h(s) > 0$와 $g(s)$에 대하여

$$\varphi : U \to \mathbb{R}^3,\ \varphi(s,v) = (h(s)\sin v, h(s)\cos v, g(s))$$

는 몰입사상이고 $M^2 = \varphi(U)$는 2차원 회전곡면이다. 이때 다음 물음에 답하라.

(1) 각각의 $0 < v_0 < 2\pi$에 대하여 $\alpha(s) = \varphi(s, v_0)$일 때, 측지곡률

$$k_g = \alpha^* \omega_{12}\left(\frac{d}{ds}\right) = 0$$

임을 보여라.

(2) 각각의 $-\infty < s_0 < \infty$에 대하여 $\beta(u) = \varphi\left(s_0, \frac{u}{h(s_0)}\right)$일 때, 측지곡률

$$k_g = \beta^* \omega_{12}\left(\frac{d}{du}\right)$$

을 계산하라.

2. 함수

$$\varphi : \mathbb{R}^2 \to \mathbb{R}^3,\ (u,v) \mapsto (\cos u, \sin u, \cos v, \sin v)$$

상 $M = \varphi(\mathbb{R}^2)$에 대하여 다음 물음에 답하라.

(1) 각각의 u_0에 대하여 $\alpha(v) = \varphi(u_0, v)$일 때, 측지곡률

$$k_g = \alpha^* \omega_{12}\left(\frac{d}{dv}\right)$$

을 계산하라.

(2) 각각의 v_0에 대하여 $\beta(u) = \varphi(u, v_0)$일 때, 측지곡률

$$k_g = \beta^* \omega_{12}\left(\frac{d}{du}\right)$$

을 계산하라.

3. 단위구 S^2의 모든 측지선은 대원이거나 대원의 일부임을 보여라.

4. 원기둥

$$M=\{(x,y,z)\in\mathbb{R}^3 \mid x^2+y^2=r^2,\ r>0\}$$

의 모든 측지선은 나선이거나 나선의 일부임을 보여라.

5. 대척사상 $A:S^2\to S^2$, $A(x,y,z)=-(x,y,z)$가 등장사상임을 보여라.

6. 2차원 리만다양체 M의 가우스곡률 $K=0$일 때, 임의의 점 $p\in M$에 대하여 $d\omega_{12}=-K\omega_1\wedge\omega_2=0$을 만족하는 정규직교틀마당 $\{e_1,e_2\}$가 적당한 열린근방 $p\in U$에 존재한다. 이때 다음 물음에 답하라.

(1) U의 적당한 열린 부분집합 $p\in V$ 상에서 $\omega_{12}=-d\varphi$를 만족하는 함수 $\varphi:V\to\mathbb{R}$가 존재함을 보여라.

(2) $\{\overline{e}_1,\overline{e}_2\}$가 $\measuredangle(e_1,\overline{e}_1)=\varphi$을 만족하는 새로운 정규직교틀마당일 때,

$$\overline{\omega}_{12}=\omega_{12}+d\varphi=0$$

이 성립함을 보여라.

(3) $\{\overline{e}_1,\overline{e}_2\}$에 대응하는 쌍대틀마당 $\{\overline{\omega}_1,\overline{\omega}_2\}$가 다음 등식을 만족함을 보여라.

$$d\overline{\omega}_1=d\overline{\omega}_2=0$$

(4) 임의의 점 $p\in M$에 대하여, 제1기본형식 I가 $I=du^2+dv^2$로 주어지는 p 근방의 국소좌표계 (u,v)가 존재함을 보여라.

(5) 2차원 리만다양체 M의 가우스곡률 $K=0$이면 M이 국소적으로 유클리드 공간과 등장임을 설명하라.

CHAPTER 6 Lectures on Differentiable Manifolds

가우스-보네 정리와 모스 정리

이 장에서는 2차원 곡면의 대역적인 성질인 가우스-보네 정리와 모스 정리를 자세히 알아본다. 가우스(Gauss)는 2차원 곡면에 포함된 측지선을 경계로 갖는 삼각형에 관한 초기 형태의 가우스-보네 정리를 1827년에 처음으로 증명하였다. 그 후, 보네(Bonnet)가 1848년에 초기 형태의 가우스-보네 정리를 일반적인 경우까지 확장하였다. 또한, 알렌도에퍼(Allendoerfer)와 베일(Weil)이 독립적으로 2차원 곡면에 관한 가우스-보네 정리를 고차원 다양체로 확장하는 초기 결과를 발표하였고, 마침내 천(Chern)이 1944년에 거의 완벽한 형태의 고차원 가우스-보네 정리를 증명하였다. 가우스-보네 정리와 모스 정리는 기하학과 위상수학을 밀접하게 연결해 주는 아주 중요한 수학적 업적이다.

6.1 가우스-보네 정리

정의 6.1.1

M^2가 방향성을 가진 2차원 컴팩트 미분다양체이고 X가 M^2 상에서 정의된 미분가능인 접벡터장일 때, 다음 정의가 성립한다.

(1) 임의의 점 $p \in M^2$가 $X(p) = 0$을 만족할 때, p를 X의 **특이점**(singular point, 또는 non-regular point)이라 한다.

(2) 점 $p \in M^2$가 X의 특이점이고 X의 특이점이 p뿐인 p의 열린근방 V가 존재할 때, p를 X의 **고립점**(isolated point)이라 한다.

정의에 의해, M^2가 컴팩트 공간이므로 고립된 특이점의 개수는 항상 유한이다.

정의 6.1.2

M^2가 리만거리함수 $\langle \cdot , \cdot \rangle$와 방향성을 가진 2차원 컴팩트 미분다양체이고 X가 M^2 상에서 정의된 미분가능인 접벡터장일 때, 점 $p \in M^2$가 p의 열린 근방 V에서 X의 고립된 특이점이라 하자. $\left\{ \overline{e}_1 = \frac{X}{\|X\|}, \overline{e}_2 \right\}$가 영역 $V - \{p\}$에서 정의된 M^2의 방향성에 순응된 정규직교틀마당이고 $\{\overline{\omega}_1, \overline{\omega}_2\}$와 $\overline{\omega}_{12}$가 그에 대응하는 쌍대틀마당과 일차접속형식일 때, **p에서 X의 지표**(index) $I(p)$를 다음과 같은 단계를 통해 정의한다.

(i) 먼저 $V - \{p\}$에서 정의된 M^2의 방향성에 순응된 정규직교틀마당 $\{e_1, e_2\}$과 그에 대응하는 쌍대틀마당과 일차접속형식 $\{\omega_1, \omega_2\}$와 ω_{12}을 택하자.

(ii) [보조정리 5.3.2]에 의해 다음 등식이 성립한다.

$$\omega_{12} = \overline{\omega}_{12} - \tau, \ \ \tau = f dg - g df, \ \ f^2 + g^2 = 1$$

C가 단순 닫힌곡선으로 p를 내점으로 갖는 V의 컴팩트 부분집합의 경계이고 $\alpha : [a,b] \to V - \{p\}$가 양의 방향성을 가진 C의 단위속력을 갖는 매개함수일 때, [보조정리 5.3.3]에서 정의된 기호를 이용하여 다음 등식이 성립한다.

$$\varphi(t) = \int_a^t \left(f \frac{dg}{dt} - g \frac{df}{dt} \right) dt + \varphi_0, \ \ t \in [a,b]$$

$$\cos\varphi(t) = f(t), \ \ \sin\varphi(t) = g(t), \ \ \varphi(a) = \varphi_0, \ \ d\varphi = \gamma^* \tau$$

여기서 $\varphi(t)$는 기하학적으로 γ를 따라 $e_1(t)$에서 $\overline{e}_1(t)$로 양의 방향으로 측정한 각도함수를 나타낸다.

(iii) 마지막으로 p에서 X의 지표 $I(p)$를 다음과 같이 정의한다.

$$I(p) = \frac{1}{2\pi} \int_C \tau$$

따라서 다음 등식이 성립한다.

$$I(p) = \frac{1}{2\pi} \int_a^b \gamma^* \tau = \frac{1}{2\pi} \int_a^b d\varphi = \frac{1}{2\pi} (\varphi(b) - \varphi(a))$$

[정의 6.1.2]에 의해, 위에서 정의한 지표 $I(p)$는 항상 정수임을 알 수 있다. 실제로,

$$\cos\varphi(b)=f(b)=f(a)=\cos\varphi(a),\ \ \sin\varphi(b)=g(b)=g(a)=\sin\varphi(a)$$

이므로 $e^{\varphi(b)\sqrt{-1}}=e^{\varphi(a)\sqrt{-1}}$이다. 즉 $e^{(\varphi(b)-\varphi(a))\sqrt{-1}}=1$이므로 다음 등식이 성립한다.

$$\varphi(b)-\varphi(a)=2\pi k,\ \ k\in\mathbb{Z}$$

[정의 6.1.2]에서 지표를 정의하기 위해 M^2 상의 리만거리함수, 정규직교틀마당 $\{e_1,e_2\}$, 그리고 p를 중심으로 갖는 아주 작은 단순 닫힌곡선 C를 선택할 필요가 있다. 하지만 다음 보조정리를 통해 지표는 이와 같은 특별한 선택에 의존하지 않음을 보일 수 있다. 다음 보조정리에서는 [정의 6.1.2]에서 사용했던 기호를 그대로 이용한다.

보조정리 6.1.3

지표 $I(p)$의 정의는 단순 닫힌곡선 C, 정규직교틀마당 $\{e_1,e_2\}$, 그리고 M^2 상의 리만거리함수의 선택에 의존하지 않는다.

증명 (1) 먼저 $I(p)$의 정의가 단순 닫힌곡선 C의 선택에 의존하지 않음을 보인다. 이를 위해, C_1과 C_2가 [정의 6.1.2]의 두 곡선일 때 다음 두 가지 경우로 나누어 증명을 완료한다.

(i) C_1과 C_2과 서로 만나지 않는 경우:

Δ를 C_1과 C_2에 의해 둘러싸인 영역이라 하자. 이때 $C_i,\ i=1,2$에 의존하는 지표를 $I(p,C_i)$로 나타낼 때, 스토크스 정리와 Δ 상에서 $d\tau=0$임을 이용하여 다음 등식이 성립함을 알 수 있다.

$$\begin{aligned}I(p,C_1)-I(p,C_2)&=\frac{1}{2\pi}\int_{C_1}\tau-\frac{1}{2\pi}\int_{C_2}\tau\\&=\frac{1}{2\pi}\int_{\Delta}d\tau=0\end{aligned}$$

따라서 $I(p,C_1)=I(p,C_2)$이다.

(ii) C_1과 C_2과 서로 만나는 경우:

이 경우에는 먼저 C_1과 C_2와 만나지 않는 새로운 단순 닫힌곡선 $C_3\subset V-\{p\}$를 택하자. 그러면 위의 (i)과 같이 다음 등식이 성립한다.

$$I(p, C_1) = I(p, C_3) = I(p, C_2)$$

따라서 이 경우에도 $I(p, C_1) = I(p, C_2)$임을 알 수 있다.

(2) 다음으로 $I(p)$의 정의가 정규직교틀마당 $\{e_1, e_2\}$의 선택에 의존하지 않음을 보인다. 이를 위해, $D_r \subset M^2$이 중심이 p이고 반지름이 $r > 0$인 닫힌공(closed ball)이고 $S_r = \partial D_r \subset M^2$이 D_r의 경계인 원일 때, $\{\overline{e}_1, \overline{e}_2\}$가 [정의 6.1.2]와 같은 정규직교틀마당이라 하자. 이때, 위의 (1)에 의해 다음 등식을 보이면 충분하다.

$$\lim_{r \to 0} \frac{1}{2\pi} \int_{S_r} \overline{\omega}_{12} = I(p)$$

실제로, $0 < r_2 < r_1$일 때 Δ를 S_{r_1}과 S_{r_2}에 의해 둘러싸인 영역이라 하자. 그러면 스토크스 정리에 의해 다음 등식이 성립한다.

$$\begin{aligned} \int_{S_{r_1}} \overline{\omega}_{12} - \int_{S_{r_2}} \overline{\omega}_{12} &= \int_{\Delta} d\overline{\omega}_{12} \\ &= \int_{\Delta} -K\sigma \\ &\leq \max_{M^2}|K| \mathrm{Area}(\Delta) \to 0, \ \ r_1, r_2 \to 0 \end{aligned}$$

여기서 M^2가 컴팩트 공간이므로 $\max_{M^2}|K|$가 존재한다. 따라서

$$\left\{ \int_{S_{r_i}} \overline{\omega}_{12} \right\}_{i=1}^{\infty}$$

가 코시수열이고 이 수열의 수렴값 I_0가 존재한다.

이제 마지막으로 $I_0 = I(p)$를 보인다. 이를 위해, 먼저 r_1를 임의로 고정하고 $r_2 \to 0$를 택하면

$$\int_{S_{r_1}} \overline{\omega}_{12} - \int_{S_{r_2}} \overline{\omega}_{12} = \int_{\Delta} d\overline{\omega}_{12}$$

로부터 다음 등식을 쉽게 보일 수 있다.

$$\int_{S_{r_1}} \overline{\omega}_{12} - 2\pi I_0 = \int_{D_{r_1}} d\overline{\omega}_{12} = -\int_{D_{r_1}} K\overline{\omega}_1 \wedge \overline{\omega}_2$$

한편, $\overline{\omega}_{12} = \omega_{12} + \tau$이므로 스토크스 정리에 의해 다음 등식이 성립한다.

$$\begin{aligned} 2\pi I_0 - \int_{D_{r_1}} K\overline{\omega}_1 \wedge \overline{\omega}_2 &= \int_{S_{r_1}} \overline{\omega}_{12} = \int_{S_{r_1}} \omega_{12} + \int_{S_{r_1}} \tau \\ &= \int_{D_{r_1}} d\omega_{12} + \int_{S_{r_1}} \tau \\ &= -\int_{D_{r_1}} K\omega_1 \wedge \omega_2 + 2\pi I(p) \end{aligned}$$

따라서 $\int_{D_{r_1}} K\overline{\omega}_1 \wedge \overline{\omega}_2 = -\int_{D_{r_1}} K\omega_1 \wedge \omega_2$이므로 $I_0 = I(p)$이다.

(3) 마지막으로 $I(p)$의 정의가 M^2 상의 리만거리함수의 선택에 의존하지 않음을 보인다. 이를 위해 g_0와 g_1를 M^2 상의 두 개의 리만거리함수라 하자. 이때 리만거리함수의 정의에 의해

$$g_t = tg_0 + (1-t)g_1, \ \ 0 \le t \le 1$$

도 M^2 상의 리만거리함수이다. 즉 리만거리함수들의 모임은 항상 볼록집합이다. 이때,

$$\left\{\overline{e}_1^t = \frac{X}{\|X\|_{g_t}}, \overline{e}_2^t\right\}$$

가 g_t에 관한 정규직교틀마당이고 $\left\{\overline{\omega}_1^t, \overline{\omega}_2^t\right\}$와 $\overline{\omega}_{12}^t$를 그에 대응하는 일차형식과 일차접속형식일 때, [정의 6.1.2]와 같이 리만거리함수 g_t에 대응하는 p에서의 지표 $I_t(p)$를 정의하자. 그러면 I_t는 t에 관한 연속함수이다. 하지만 I_t는 정수이므로 I_t는 상수함수가 되어야 한다. 즉 다음 등식이 성립한다.

$$I_t = I_0 = I_1, \ \ 0 \le t \le 1$$

따라서 p에서 X의 지표 $I(p)$는 M^2 상의 리만거리함수에 의존하지 않는다.

■

(예제) **6.1.4**

평면에서 그림과 같은 **흐름곡선**(flow line)으로 정의된 접벡터장 X의 특이점 p에서 지표를 오른손 법칙을 만족하는 방향성에 관해 계산하면 다음과 같다.

(1) [그림 6.1]인 경우, $I(p) = 1$

(2) [그림 6.2]인 경우, $I(p) = 1$

(3) [그림 6.3]인 경우, $I(p) = -1$

(4) [그림 6.4]인 경우, $I(p) = 2$

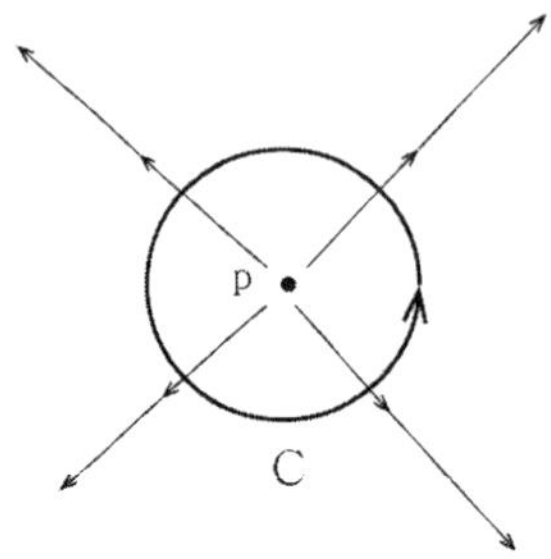

[그림 6.1]

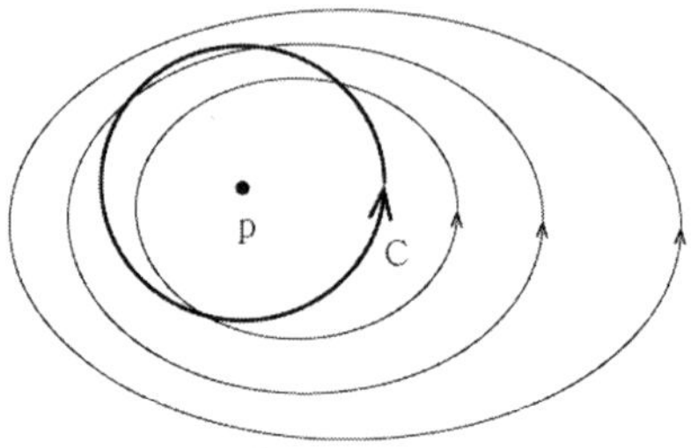

[그림 6.2]

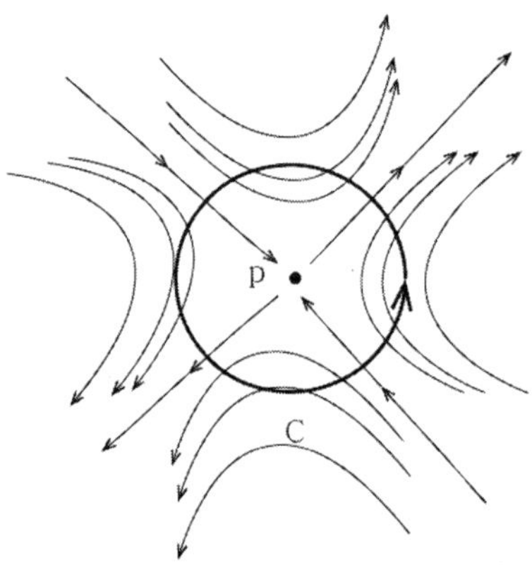

[그림 6.3]

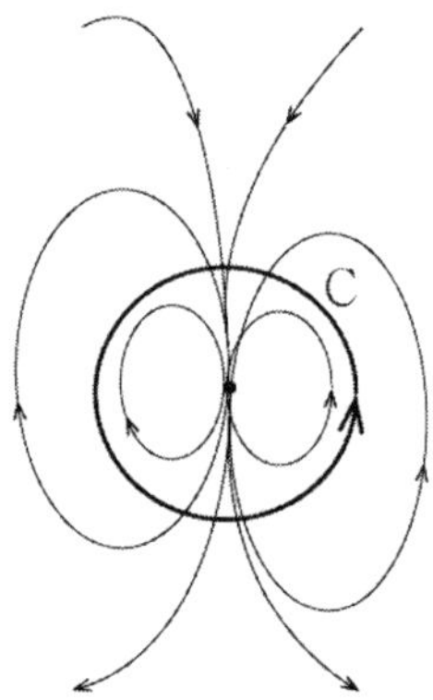

[그림 6.4]

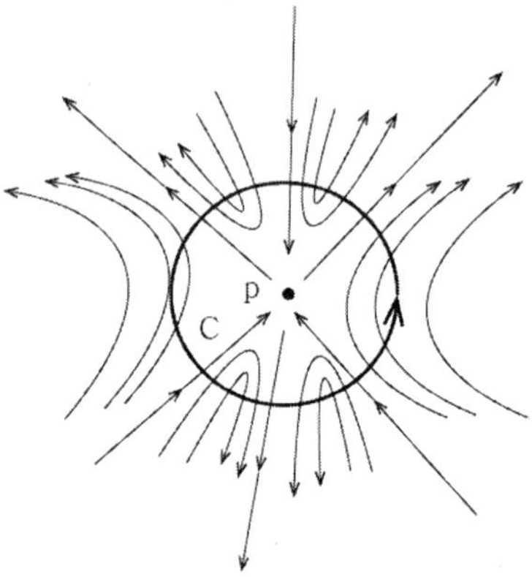

[그림 6.5]

(5) [그림 6.5]인 경우, $I(p)=-2$ □

정리 6.1.5 (가우스–보네 정리, Gauss–Bonnet theorem)

M^2가 다음 두 조건을 만족한다.

(1) M^2가 경계가 없고 방향성을 가진 2차원 컴팩트 미분다양체이다.

(2) X가 유한개의 고립된 특이점 $p_1, p_2, \dots, p_k$를 갖는 M^2 상에서 정의된 미분가능인 접벡터장이다.

이때, M^2 상의 임의의 리만거리함수에 대하여 다음 등식이 성립한다.

$$\int_{M^2} K\sigma = 2\pi \sum_{i=1}^{k} I_i$$

단, 여기서 I_i는 점 p_i에서 X의 지표를 나타낸다.

증명 $N = M^2 - \bigcup_{i=1}^{k} \{p_i\}$라 놓을 때, N 상에서 정의된 정규직교틀마당

$$\left\{ \bar{e}_1 = \frac{X}{\|X\|}, \bar{e}_2 \right\}$$

을 택하자. 각각의 $i = 1, 2, \dots, k$에 대하여 B_i가 중심이 p_i이고 반지름이 $r_i > 0$인 열린공일 때, B_i에는 p_i 이외에 다른 특이점이 없다고 가정하자([그림 6.6]).

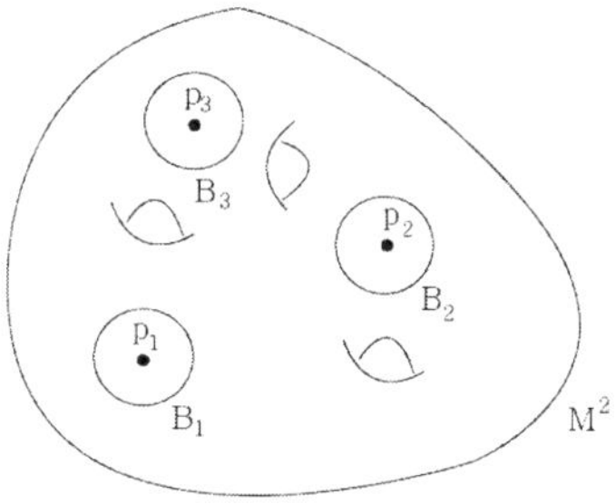

[그림 6.6]

이때 [보조정리 6.1.3]의 증명 (2)와 스토크스 정리에 의해 다음 등식이 성립한다.

$$\begin{aligned}\int_{M^2 - \bigcup_{i=1}^{k} B_i} \bar{K}\, \bar{\omega}_1 \wedge \bar{\omega}_2 &= -\int_{M^2 - \bigcup_{i=1}^{k} B_i} d\bar{\omega}_{12} = \int_{\bigcup_{i=1}^{k} \partial B_i} \bar{\omega}_{12} \\ &= \sum_{i=1}^{k} \int_{\partial B_i} \bar{\omega}_{12} \to 2\pi \sum_{i=1}^{k} I_i, \ r_i \to 0, \ i = 1, 2, \dots, k\end{aligned}$$

한편,

$$\int_{M^2 - \bigcup_{i=1}^{k} B_i} \bar{K}\, \bar{\omega}_1 \wedge \bar{\omega}_2 \to \int_{M^2} K \bar{\omega}_1 \wedge \bar{\omega}_2 = \int_{M^2} K\sigma, \ r_i \to 0, \ i = 1, 2, \dots, k$$

이다. 따라서 가우스–보네 정리의 증명이 완료된다. ■

위의 정리에서 $\sum_{i=1}^{k} I_i$를 **오일러-푸앵카레 특성수**(Euler-Poincaré characteristic)라 부르고, $\sum_{i=1}^{k} I_i$를 보통 $\chi(M^2)$로 나타낸다. $\chi(M^2)$를 M^2 상에서 정의된 삼각분할(triangulation) $\mathfrak{T}$를 이용하여 계산할 수 있고, $\chi(M^2)$는 삼각분할 $\mathfrak{T}$의 선택에 의존하지 않는다. 또한, 임의의 두 2차원 곡면 M과 M'에 대하여 $\chi(M) = \chi(M')$일 필요충분조건은 M과 M'이 서로 위상동형인 것이다.

실제로,

$$V = \mathfrak{T}\text{의 꼭짓점의 개수}$$
$$E = \mathfrak{T}\text{의 모서리의 개수}$$
$$F = \mathfrak{T}\text{의 면의 개수}$$

라 할 때, 2차원 곡면 M^2의 오일러-푸앵카레 특성수 $\chi(M^2)$를 다음 보조정리를 이용하여 계산할 수 있다.

정리 6.1.6

M^2가 2차원 컴팩트 미분다양체일 때, 오일러-푸앵카레 특성수 $\chi(M^2)$는 다음 등식을 만족한다.

$$\chi(M^2) = V - E + F$$

증명 증명을 위해, 먼저 [그림 6.7]의 예와 같은 흐름곡선으로 구성된 접벡터장을 가진 삼각형들로 구성된 M^2의 삼각분할 $\mathfrak{T}$를 택하자.

이때 문자 A, B, C는 각각 같은 지표를 가지는 특이점을 나타낸다. 좀 더 구체적으로, A라는 특이점의 지표는 항상 $+1$이고 삼각분할 $\mathfrak{T}$의 각 면에 해당하고 B라는 특이점의 지표도 항상 $+1$이며 삼각분할 $\mathfrak{T}$의 각 꼭짓점에 해당한다. 반면에 C라는 특이점의 지표는 항상 -1이고 삼각분할 $\mathfrak{T}$의 각 모서리에 해당한다. 따라서 다음과 같은 등식이 성립한다.

$$\begin{aligned}\chi(M^2) = \sum_i I_i &= \sum_{p_i : A-\text{type}} I_i + \sum_{p_i : B-\text{type}} I_i + \sum_{p_i : C-\text{type}} I_i \\ &= \sum_{p_i : A-\text{type}} (+1) + \sum_{p_i : B-\text{type}} (+1) + \sum_{p_i : C-\text{type}} (-1) \\ &= V - E + F\end{aligned}$$

■

(예제) **6.1.7**

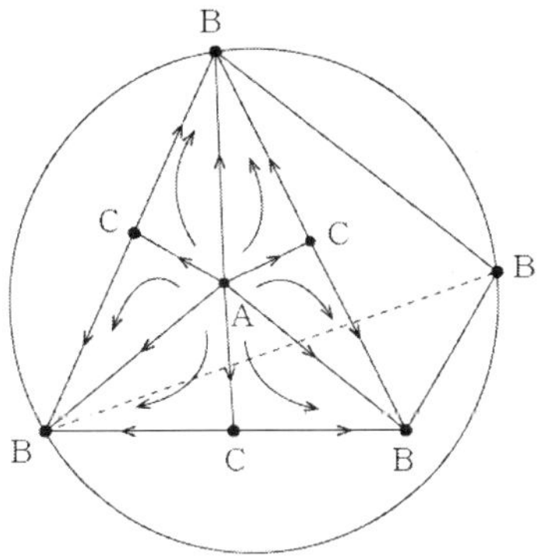

[그림 6.7] 모든 면이 같은 구조를 가진 사면체의 한 면에만 그린 흐름곡선,
이 경우에는 A, B, C형의 개수가 각각 4개, 4개, 6개

(1) 2차원 단위구 S^2에 [그림 6.7]과 같은 흐름곡선으로 정의된 접벡터장과 사면체 모양의 삼각분할을 택할 수 있다. 따라서 S^2의 오일러-푸앵카레 특성수

$$\chi(S^2) = V - E + F = 4 - 6 + 4 = +2$$

이다. 사실, S^2를 유클리드 공간 $\mathbb{R}^3$에 매장할 수 있으므로 S^2상에 가우스곡률 $K \equiv 1$인 리만거리함수를 택할 수 있다. 따라서 [정리 6.1.5]에 의해

$$4\pi = \text{Area}(S^2) = \int_{S^2} 1\sigma = \int_{S^2} K\sigma = 2\pi\chi(S^2)$$

이므로 $\chi(S^2) = 2$이다. 이것은 S^2 상에서 정의된 모든 접벡터장은 적어도 한 점 이상의 특이점을 가지고 있다는 것을 의미한다.

(2) 2차원 토러스(torus, 또는 원환면) T^2에 [그림 6.8]과 같은 흐름곡선으로 정의된 접벡터장과 삼각분할을 택할 수 있다.

위의 삼각분할에서 A, B, C 형의 개수가 각각 2개, 1개, 3개이다. 따라서 T^2의 오일러-푸앵카레 특성수

$$\chi(T^2) = V - E + F = 1 - 3 + 2 = 0$$

이다. S^2의 경우와 같이, T^2상에 가우스곡률 $K \equiv 0$인 리만거리함수를 택할 수 있다.

따라서 $\chi(T^2)=0$임을 다음 등식을 이용하여 계산할 수 있다.

$$0=\int_{T^2} 0\sigma = \int_{T^2} K\sigma = 2\pi\chi(T^2)$$

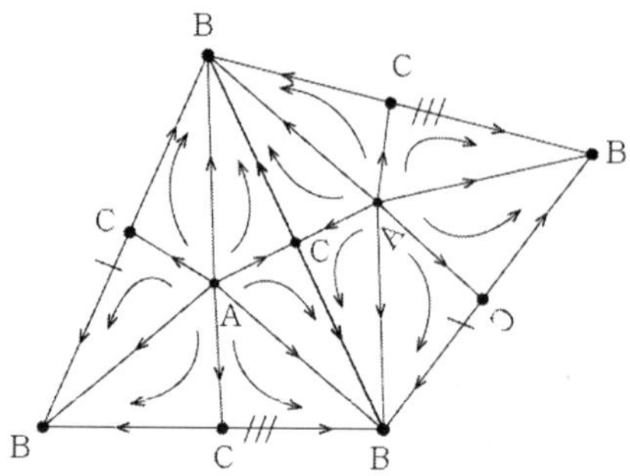

[그림 6.8]

(3) T^2의 경우와 비슷한 방법으로, 2차원 실사영평면(real projective space) $\mathbb{R}P^2$ 상에 A, B, C 형의 개수가 각각 2개, 1개, 2개 또는 각각 모두 1개인 흐름곡선을 갖는 벡터장과 삼각분할을 택할 수 있다. 따라서 $\mathbb{R}P^2$의 오일러-푸앵카레 특성수

$$\chi(\mathbb{R}P^2) = V-E+F = 1-1+1 = 1-2+2 = +1$$

이다. 여기서 2차원 실사영평면 $\mathbb{R}P^2$는 방향성이 없는 2차원 컴팩트 곡면이다. $\mathbb{R}P^2$는 방향성을 가질 수 없어 이 책의 논의만으로는 $\mathbb{R}P^2$ 상에서는 미분형식의 적분을 정의할 수 없다. □

경계가 없는 2차원 컴팩트 곡면 M^2의 오일러-푸앵카레 특성수는 종수(genus)를 이용하여 다음과 같이 계산할 수 있다.

$$\chi(M^2) = 2-2g(M^2)$$

따라서 [정리 6.1.5]에 의해 다음과 같은 유명한 등식이 성립함을 알 수 있다.

$$\int_{M^2} K\sigma = 2\pi\chi(M^2) = 4\pi(1-g(M^2))$$

또한, [정리 6.1.5]의 결과와 [보조정리 6.1.3]에 의해 $\int_{M^2} K\sigma$가 M^2 상에서 정의된 접벡터장과 리만거리함수의 선택에 의존하지 않음도 쉽게 알 수 있다.

2차원 컴팩트 곡면이 매끄러운 경계를 갖는 경우에도 가우스-보네 정리가 다음과 같이 성립한다.

정리 6.1.8 (가우스-보네 정리, 경계를 갖는 경우)

M^2가 다음 두 조건을 만족한다.

(1) M^2가 매끄러운 경계 ∂M^2와 방향성을 가진 2차원 컴팩트 미분다양체이다.

(2) X가 유한개의 고립된 특이점 $p_1, p_2, \ldots, p_k$를 M^2의 내부에서 갖고 경계 ∂M^2을 따라 접하지 않는 M^2 상에서 정의된 미분가능인 접벡터장이다. 접벡터장 X가 이와 같은 조건을 만족할 때, X가 경계 ∂M^2를 따라 **횡단적**(transversal)이라고 말한다([그림 6.9]).

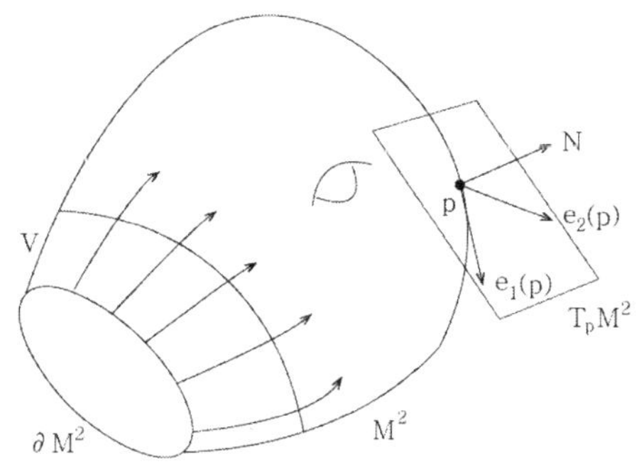

[그림 6.9]

이때, M^2 상의 임의의 리만거리함수에 대하여 다음 등식이 성립한다.

$$\int_{M^2} K\sigma + \int_{\partial M^2} k_g\, ds = 2\pi \sum_{i=1}^{k} I_i$$

단, 여기서 I_i는 점 p_i에서 X의 지표를 나타내고 k_g는 경계 ∂M^2의 양의 방향에 관한 측지곡률을 타내낸다. 또한 ds는 경계 ∂M^2의 **길이요소**(arc-length element)를 나타낸다.

증명 증명을 위해, 먼저 M^2 상에 리만거리함수 g와 접벡터장 X의 특이점 이외의 점에서 M^2의 방향성에 순응한 정규직교틀마당 $\left\{\overline{e}_1 = \dfrac{X}{\|X\|_g}, \overline{e}_2\right\}$을 택하자. 또한, e_1이 ∂M^2에 접하는 정규직교틀마당 $\{e_1, e_2\}$을 경계 ∂M^2의 적당한 열린근방 V 상에서 정의하자. 그러면 $i : \partial M^2 \to M$가 포함함수이고 φ가 경계 ∂M^2를 따라 e_1에서 $\overline{e}_1$으로 양의 방향으로 측정한 각도함수일 때, [보조정리 5.3.2]와 [보조정리 5.3.3]에 의해 일차접속형식 $\overline{\omega}_{12}$와 ω_{12}는 V 상에서 다음 등식을 만족한다.

$$i^*\overline{\omega}_{12} = i^*\omega_{12} + d\varphi$$

각각의 $i = 1, 2, \ldots, k$에 대하여 B_i가 중심이 p_i이고 p_i만을 특이점으로 가지고 있는 아주 작은 열린공일 때, 스토크스 정리에 의해 다음 등식이 성립한다.

$$\int_{M^2-\bigcup_{i=1}^{k}B_i} K\overline{\omega}_1\wedge\overline{\omega}_2 = -\int_{M^2-\bigcup_{i=1}^{k}B_i} d\overline{\omega}_{12} = \int_{\bigcup_{i=1}^{k}\partial B_i}\overline{\omega}_{12} - \int_{\partial M^2} i^*\overline{\omega}_{12}$$
$$= \int_{\bigcup_{i=1}^{k}\partial B_i}\overline{\omega}_{12} - \int_{\partial M^2} i^*\omega_{12} - \int_{\partial M^2} d\varphi$$
$$= \int_{\bigcup_{i=1}^{k}\partial B_i}\overline{\omega}_{12} - \int_{\partial M^2} k_g ds - \int_{\partial M^2} d\varphi$$

한편, 접벡터장 X가 단순 닫힌곡선 ∂M^2를 따라 횡단적이고 e_1는 ∂M^2에 항상 접하기 때문에

$$\int_{\partial M^2} d\varphi = 0$$

이다([그림 6.10]). 따라서 위의 등식과 [보조정리 6.1.3]의 (2)의 증명으로부터 다음 등식이 성립한다.

$$\int_{M^2} K\sigma = \int_{M^2} K\overline{\omega}_1\wedge\overline{\omega}_2 \leftarrow \int_{M^2-\bigcup_{i=1}^{k}B_i} K\overline{\omega}_1\wedge\overline{\omega}_2$$
$$= \int_{\bigcup_{i=1}^{k}\partial B_i}\overline{\omega}_{12} - \int_{\partial M^2} k_g ds - \int_{\partial M^2} d\varphi$$
$$\rightarrow 2\pi\sum_{i=1}^{k} I_i - \int_{\partial M^2} k_g ds,\ r_i \rightarrow 0,\ i = 1,2,,\ldots,k$$

결론적으로, 다음 등식이 성립함을 알 수 있다.

$$\int_{M^2} K\sigma + \int_{\partial M^2} k_g ds = 2\pi\sum_{i=1}^{k} I_i$$

■

방향성을 가진 2차원 컴팩트 미분다양체 M^2의 경계 ∂M^2가 매끄럽지 않고 각진 경우에도 외각의 개념을 이용하여 [정리 6.1.8]을 조금 더 일반화할 수 있다. 하지만 그 증명은 많은 복잡한 단계를 포함하고 있으므로 증명은 생략하고 그 결과만 서술하면 다음과 같다.

$$\int_{M^2} K\sigma + \int_{\partial M^2} k_g ds + \sum_{j=1}^{n}\alpha_j = 2\pi\sum_{i=1}^{k} I_i$$

여기서 α_j, $j = 1,2,\ldots,n$는 경계 ∂M^2의 각각의 각진 점에서 양의 방향성으로 측정한 외각을 나타낸다.

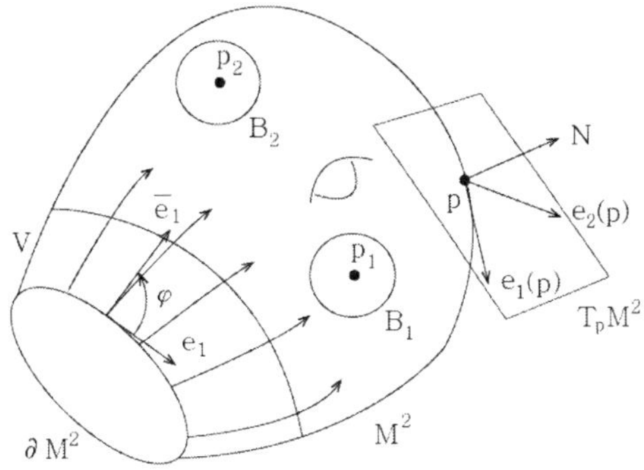

[그림 6.10]

예제 6.1.9

(1) 2차원 곡면 M^2가 다음과 같이 정의된 바깥쪽으로 향하는 방향성을 가진 원기둥의 일부라 하자.

$$M^2 = \{(x,y,z) \in \mathbb{R}^3 \mid x^2 + y^2 = r^2,\ -1 \le z \le 1\}$$

이때 유클리드 공간 $\mathbb{R}^3$에서 유도된 리만거리함수에 관해 M^2의 가우스곡률 $K \equiv 0$이다. 또한 M^2의 두 경계선인 원은 모두 측지선이다. 즉 ∂M^2를 따라 $k_g \equiv 0$이다. 한편 M^2의 오일러-푸앵카레 특성수 $\chi(M^2)$는 M^2과 원환(annulus)과 위상동형이므로 $\chi(M^2) = 0$이다. 따라서 다음 등식이 성립한다.

$$0 = 2\pi\chi(M^2) = 2\pi\sum I_i = \int_{M^2} K\sigma + \int_{\partial M^2} k_g\, ds = 0 + 0$$

(2) 2차원 곡면 M^2가 다음과 같이 정의된 z-축의 양의 방향을 방향성으로 갖는 반지름이 r인 원판(disk)이라 하자.

$$M^2 = \{(x,y,z) \in \mathbb{R}^3 \mid x^2 + y^2 \le r^2,\ z = 0\}$$

이때 유클리드 공간 $\mathbb{R}^3$에서 유도된 리만거리함수에 관해 M^2의 가우스곡률 $K \equiv 0$이다. 또한 M^2의 경계선인 원의 측지곡률은 곡률 $\frac{1}{r}$과 같다. 즉 ∂M^2를 따라 $k_g \equiv \frac{1}{r}$이다. 한편 M^2의 오일러-푸앵카레 특성수 $\chi(M^2) = 1$이다. 따라서 다음 등식이 성립한다.

$$2\pi = 2\pi\chi(M^2) = 2\pi\sum I_i = \int_{M^2} K\sigma + \int_{\partial M^2} k_g\, ds = 0 + \frac{1}{r}2\pi r$$

(3) 2차원 곡면 M^2가 다음과 같이 정의된 바깥쪽으로 향하는 방향성을 가진 단위구의 일부라 하자([그림 6.11]).

$$M^2 = \left\{(x,y,z) \in \mathbb{R}^3 \mid x^2+y^2+z^2=r^2,\ -r\cos\varphi_0 \le z \le r\cos\varphi_0,\ 0<\varphi_0<\frac{\pi}{2}\right\}$$

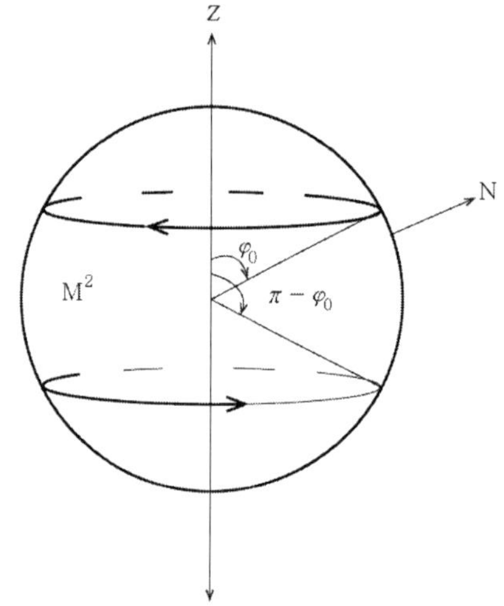

[그림 6.11]

이때 유클리드 공간 $\mathbb{R}^3$에서 유도된 리만거리함수에 관해 M^2의 가우스곡률 $K \equiv \frac{1}{r^2}$이다. 또한 M^2의 두 경계선인 원의 곡률은 모두 $\frac{1}{r\sin\varphi_0}$이고 법곡률 $k_n = -\frac{1}{r}$이다. 한편, M^2의 두 경계선을

$$C_1 = M^2 \cap \left\{(x,y,z)\in\mathbb{R}^3 \mid z = r\cos\varphi_0\right\},\ \ C_2 = M^2 \cap \left\{(x,y,z)\in\mathbb{R}^3 \mid z = -r\cos\varphi_0\right\}$$

라 놓을 때, C_1의 양의 방향을 따른 측지곡률 $k_g(C_1) = -\frac{1}{r}\cot\varphi_0$이고 C_2의 양의 방향을 따른 측지곡률

$$k_g(C_2) = \frac{1}{r}\cot(\pi-\varphi_0) = -\frac{1}{r}\cot\varphi_0$$

이다. 마지막으로 M^2의 오일러-푸앵카레 특성수 $\chi(M^2)$는 M^2과 원환과 위상동형이므로 $\chi(M^2)=0$이다. 따라서 다음 등식이 성립한다.

$$
\begin{aligned}
0 &= 2\pi\chi(M^2) = 2\pi\sum I_i = \int_{M^2} K\sigma + \int_{\partial M^2} k_g\,ds \\
&= \int_{M^2} K\sigma + \int_{C_1} k_g\,ds + \int_{C_2} k_g\,ds \\
&= \int_{\varphi_0}^{\pi-\varphi_0}\int_0^{2\pi} \frac{1}{r^2} r^2 \sin\varphi\, d\theta\, d\varphi + \int_0^{2\pi}\left(-\frac{1}{r}\cot\varphi_0\right) r\sin\varphi_0\, d\theta \\
&+ \int_0^{2\pi}\left(-\frac{1}{r}\cot\varphi_0\right) r\sin\varphi_0\, d\theta \\
&= 4\pi\cos\varphi_0 - 2\pi\cos\varphi_0 - 2\pi\cos\varphi_0
\end{aligned}
$$

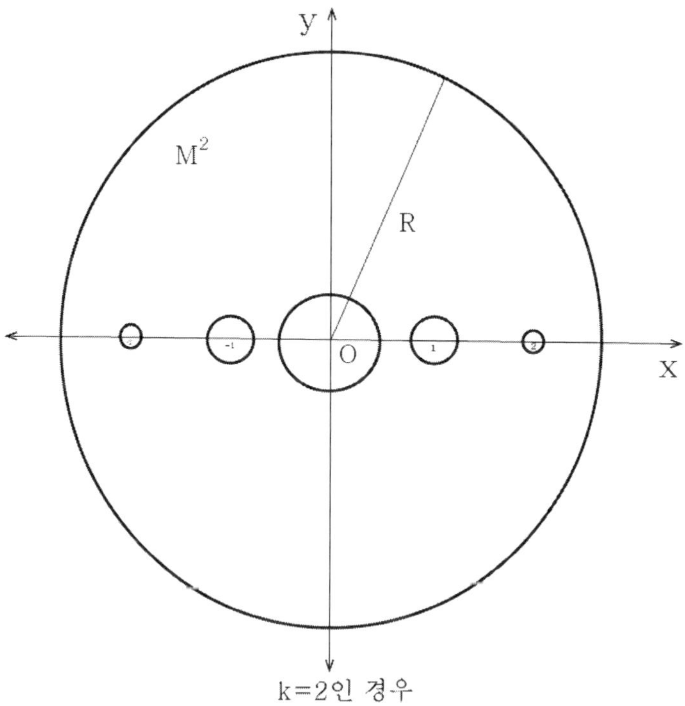

k=2인 경우

[그림 6.12]

(4) 2차원 곡면 M^2가 다음과 같이 정의된 z-축의 양의 방향을 방향성으로 갖는 영역이다([그림 6.12] 참고).

$$M^2 = \{(x,y,z) \in \mathbb{R}^3 \mid x^2 + y^2 \le R^2,\ z = 0\} - \bigcup_{i=-k}^{k} B_i$$

여기서 $k \in \mathbb{N}$이고 $R > k+1 > 0$일 때, 열린공 B_i는 다음과 같다.

$$B_i = \left\{(x,y,z)\in\mathbb{R}^3 \mid (x-i)^2+y^2 < \frac{1}{(2|i|+2)^2},\ z=0\right\}$$

이때 유클리드 공간 $\mathbb{R}^3$에서 유도된 리만거리함수에 관해 M^2의 가우스곡률 $K\equiv 0$이다. 또한 M^2의 경계인 중심이 $(i,0)$이고 반지름이 $\frac{1}{(2|i|+2)}$인 원 ∂B_i의 양의 방향에 관한 측지곡률은 곡률 $(2|i|+2)$의 음수의 값과 같다. 즉 ∂B_i를 따라 $k_g(B_i)=-(2|i|+2)$이다. 또한

$$C=\left\{(x,y,z)\in\mathbb{R}^3 \mid x^2+y^2=R^2,\ \ z=0\right\}$$

일 때, ∂M^2의 성분인 C의 양의 방향에 관한 측지곡률 $k_g(C)=\frac{1}{R}$이다. 한편 M^2의 오일러-푸앵카레 특성수

$$\chi(M^2)=1-(2k+1)=-2k$$

이다. 따라서 다음 등식이 성립한다.

$$\begin{aligned}
-4\pi k = 2\pi\chi(M^2) &= 2\pi\sum I_i = \int_{M^2} K\sigma + \int_{\partial M^2} k_g\, ds \\
&= 0+\int_C k_g\, ds + \sum_{i=-k}^{k}\int_{\partial B_i} k_g\, ds \\
&= \int_0^{2\pi}\frac{1}{R}R d\theta + \sum_{i=-k}^{k}\int_0^{2\pi} -(2|i|+2)\frac{1}{(2|i|+2)}d\theta \\
&= 2\pi + \sum_{i=-k}^{k}(-2\pi) = 2\pi - 2\pi(2k+1)
\end{aligned}$$

□

▶▶ 연습문제 6.1

1. 토러스 T^2 상에서는 가우스곡률이 양의 부호만 또는 음의 부호만을 갖는 리만거리함수가 존재하지 않음을 보여라.

2. $M \subset \mathbb{R}^3$이 경계가 없고 방향성을 가진 2차원 컴팩트 미분다양체일 때, 다음 물음에 답하라.
   (1) M이 S^2와 위상동형이 아닐 때, M의 가우스곡률이 양의 값, 음의 값, 그리고 0이 되는 점이 M에 존재함을 보여라.
   (2) M의 가우스곡률이 항상 양의 값을 가질 때, 임의의 두 개의 단순 닫힌측지선의 교점이 적어도 하나 존재함을 보여라.

3. 다음 [그림 6.15]와 같이 n개의 정육면체를 연달아 세운 후, 각 모서리를 원기둥의 일부로 교체하여 매끄러운 2차원 미분다양체 M을 만들자. 이때 M의 오일러-푸앵카레 특성수 $\chi(M) = -8n$임을 보여라([그림 6.13]과 [그림 6.14] 참고).

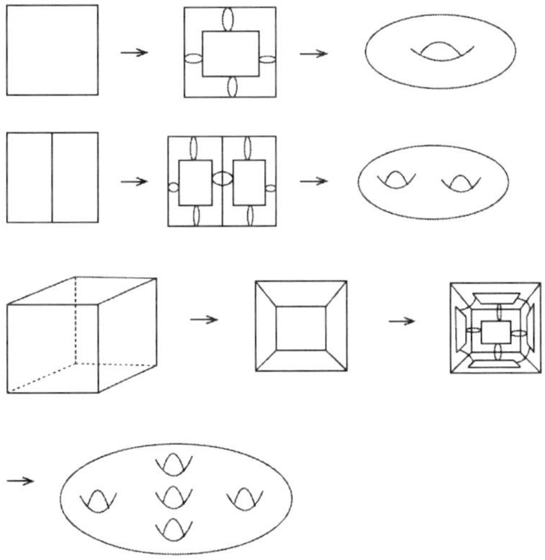

[그림 6.13]

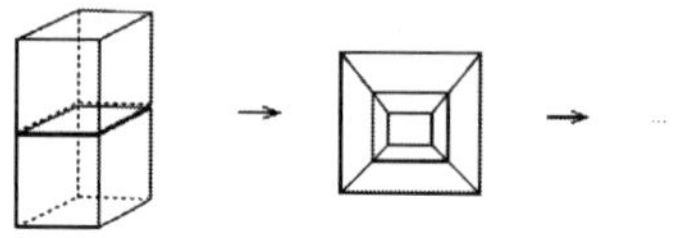

[그림 6.14]

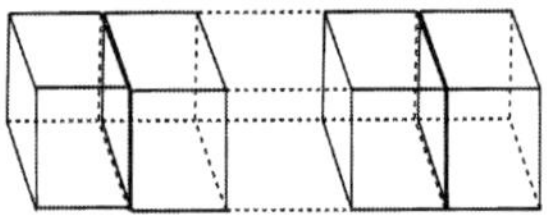

[그림 6.15]

4. 다음과 같이 주어진 2차원 미분다양체 M의 오일러-푸앵카레 특성수 $\chi(M)$를 계산하라.

(1) $M = \{(x, y, z) \mid x^2 + 5y^4 + 7z^6 = 1\}$

(2) $M = \{(x, y, z) \mid x^2 - 5y^4 + 7z^6 = 1\}$

(3) $M = \{(x, y, z) \mid x^2 - 5y^4 - 7z^6 = 1\}$

5. [예제 6.1.7 (3)]과 같이 2차원 실사영평면 $\mathbb{R}P^2$ 상에 A, B, C 형의 개수가 각각 다음과 같은 흐름곡선을 갖는 벡터장과 삼각분할을 구체적으로 찾아라.

(1) $(A, B, C) = (1, 1, 1)$

(2) $(A, B, C) = (2, 1, 2)$

6.2 모스 정리

이절에서는 2차원 컴팩트 미분다양체 M^2 상에서 정의된 미분가능인 함수의 임계점의 성질을 이용하여 M^2의 위상을 파악할 수 있음을 말해주는 아주 유용한 정리인 모스 정리(Morse theorem)에 관해 알아본다(더 자세한 내용은 Milnor의 저서 [5] 참고). 일반적으로 모스 정리는 3차원 이상의 고차원 미분다양체에서도 성립하지만, 논의를 간단히 하기 위해 이 책에서는 2차원 미분다양체의 경우에 대해서만 자세히 설명한다.

정의 6.2.1

M^2가 2차원 미분다양체이고 $f: M^2 \to \mathbb{R}$가 M^2 상에서 정의된 미분가능인 함수일 때, 다음이 성립한다.

(1) 임의의 점 $p \in M^2$가 $df_p = 0$을 만족할 때, p를 f의 **임계점**(critical point)이라 하고 $f(p)$를 **임계값**(critical value)이라 한다. 임계점이 아닌 M^2의 점을 **정칙점**(regular point)이라 부른다.

(2) 임계값이 아닌 $\mathbb{R}$의 임의의 점을 f의 **정칙값**(regular value)이라 한다.

정의에 의해, 정칙값의 역상에는 임계점이 존재할 수 없으며 f의 상(image)에 포함되지 않는 점은 모두 정칙값이다. 물론 임계값의 역상(pre-image)에는 임계점이 아닌 점인 정칙점이 포함될 수 있다. 따라서 정칙점의 f의 상(image)이 항상 정칙값인 것은 아니다.

정의 6.2.2

M^2가 리만거리함수 $\langle \cdot, \cdot \rangle$를 가진 2차원 미분다양체이고 $f: M^2 \to \mathbb{R}$가 M^2 상에서 정의된 미분가능인 함수일 때, 임의의 점 $p \in M^2$와 임의의 접벡터 $v \in T_pM^2$에 대하여 다음 조건을 만족하는 접벡터장 ∇f를 f의 **그래디언트**(gradient)라 부른다.

$$\langle \nabla f(p), v \rangle = df_p(v)$$

보조정리 6.2.3

M^2가 리만거리함수 $\langle \cdot, \cdot \rangle$를 가진 2차원 미분다양체이고 $f: M^2 \to \mathbb{R}$가 M^2 상에서 정의된 미분가능인 함수일 때, 임의의 점 $p \in M^2$가 f의 임계점일 필요충분조건은 $\nabla f(p) = 0$(즉 p가 ∇f의 특이점)인 것이다.

증명 [정의 6.2.2]에 의해 점 $p \in M^2$가 f의 임계점일 필요충분조건은

$$\langle \nabla f(p), v \rangle = df_p(v) = 0, \ v \in T_pM^2$$

인 것이다. 위의 등식은 임의의 접벡터 $v \in T_pM^2$에 관해 성립하므로 점 $p \in M^2$가 f의 임계점인 조건과 $\nabla f(p) = 0$인 것은 서로 동치이다. ■

정의 6.2.4

M^2가 2차원 미분다양체이고 $f: M^2 \to \mathbb{R}$가 M^2 상에서 정의된 미분가능인 함수일 때, 다음이 성립한다.

(1) $p \in M^2$가 f의 임의의 임계점이라 하자. $\varphi(0,0) = p$을 만족하는 p 근방의 적당한 국소좌표계 $\varphi: U \to M^2$에 대하여 다음과 같이 정의된 **헤시안함수**(Hessian function) $\mathrm{Hess}(f)$가 $(0,0)$에서 0이 아닌 행렬식을 가질 때, 임계점 p를 **비퇴화적**(non-degenerate)이라 말한다.

$$\mathrm{Hess}(f) = \begin{pmatrix} \dfrac{\partial^2(f \circ \varphi)}{\partial x^2} & \dfrac{\partial^2(f \circ \varphi)}{\partial x \partial y} \\ \dfrac{\partial^2(f \circ \varphi)}{\partial y \partial x} & \dfrac{\partial^2(f \circ \varphi)}{\partial y^2} \end{pmatrix}$$

앞으로, 혼란이 없는 경우에는 $\mathrm{Hess}(f)(0,0)$를 $\mathrm{Hess}(f)(p)$로 나타낸다.

(2) 함수 f가 비퇴화적인 임계점만을 가질 때, f를 **모스함수**(Morse function)라 부른다.

보조정리 6.2.5

M^2가 2차원 미분다양체이고 $f: M^2 \to \mathbb{R}$가 M^2 상에서 정의된 미분가능인 함수일

때, f의 임계점 p가 비퇴화적이라는 정의는 p 근방의 국소좌표계의 선택에 의존하지 않는다.

증명 임계점 p가 $\varphi(0,0)=p$를 만족하는 적당한 국소좌표계 $\varphi : U \to M^2$에 대하여 비퇴화적일 때, $\psi(0,0)=p$를 만족하는 임의의 다른 국소좌표계 $\psi : V \to M^2$에 대해서도 비퇴화적임을 보이면 충분하다. 실제로 $W=\psi^{-1}(\varphi(U)\cap\psi(V))$라 놓으면 W에서

$$\varphi^{-1}\circ\psi(u,v)=(x(u,v),y(u,v))$$

가 미분가능인 함수이다. 또한 연쇄법칙에 의해 다음이 성립함을 알 수 있다.

$$\begin{aligned}\frac{\partial}{\partial u}(f\circ\psi)&=\frac{\partial}{\partial u}((f\circ\varphi)\circ(\varphi^{-1}\circ\psi))\\&=\frac{\partial}{\partial x}(f\circ\varphi)\frac{\partial x}{\partial u}+\frac{\partial}{\partial y}(f\circ\varphi)\frac{\partial y}{\partial u},\end{aligned}$$

$$\begin{aligned}\frac{\partial^2}{\partial u^2}(f\circ\psi)=&\frac{\partial^2}{\partial x^2}(f\circ\varphi)\left(\frac{\partial x}{\partial u}\right)^2+\frac{\partial^2}{\partial y\partial x}(f\circ\varphi)\frac{\partial y}{\partial u}\frac{\partial x}{\partial u}+\frac{\partial}{\partial x}(f\circ\varphi)\frac{\partial^2 x}{\partial u^2}\\&+\frac{\partial^2}{\partial y^2}(f\circ\varphi)\left(\frac{\partial y}{\partial u}\right)^2+\frac{\partial^2}{\partial x\partial y}(f\circ\varphi)\frac{\partial x}{\partial u}\frac{\partial y}{\partial u}+\frac{\partial}{\partial y}(f\circ\varphi)\frac{\partial^2 y}{\partial u^2}\end{aligned}$$

한편 p가 f의 임계점이므로

$$\frac{\partial}{\partial x}(f\circ\varphi)(0,0)=0,\ \frac{\partial}{\partial y}(f\circ\varphi)(0,0)=0$$

이다. 따라서 $(0,0)$에서 다음이 성립한다.

$$\begin{aligned}\frac{\partial^2}{\partial u^2}(f\circ\psi)=&\frac{\partial^2}{\partial x^2}(f\circ\varphi)\left(\frac{\partial x}{\partial u}\right)^2+\frac{\partial^2}{\partial y\partial x}(f\circ\varphi)\frac{\partial y}{\partial u}\frac{\partial x}{\partial u}\\&+\frac{\partial^2}{\partial y^2}(f\circ\varphi)\left(\frac{\partial y}{\partial u}\right)^2+\frac{\partial^2}{\partial x\partial y}(f\circ\varphi)\frac{\partial x}{\partial u}\frac{\partial y}{\partial u}\end{aligned}$$

비슷한 방법으로, $(0,0)$에서 다음 등식이 성립함을 보일 수 있다.

$$\begin{aligned}&\begin{pmatrix}\dfrac{\partial^2(f\circ\psi)}{\partial u^2} & \dfrac{\partial^2(f\circ\psi)}{\partial v\partial u}\\ \dfrac{\partial^2(f\circ\psi)}{\partial u\partial v} & \dfrac{\partial^2(f\circ\psi)}{\partial v^2}\end{pmatrix}\\&=\begin{pmatrix}\dfrac{\partial x}{\partial u} & \dfrac{\partial x}{\partial v}\\ \dfrac{\partial y}{\partial u} & \dfrac{\partial y}{\partial v}\end{pmatrix}^T\cdot\begin{pmatrix}\dfrac{\partial^2(f\circ\varphi)}{\partial x^2} & \dfrac{\partial^2(f\circ\varphi)}{\partial y\partial x}\\ \dfrac{\partial^2(f\circ\varphi)}{\partial x\partial y} & \dfrac{\partial^2(f\circ\varphi)}{\partial y^2}\end{pmatrix}\cdot\begin{pmatrix}\dfrac{\partial x}{\partial u} & \dfrac{\partial x}{\partial v}\\ \dfrac{\partial y}{\partial u} & \dfrac{\partial y}{\partial v}\end{pmatrix}\end{aligned}$$

따라서

$$\det\begin{pmatrix} \frac{\partial x}{\partial u} & \frac{\partial x}{\partial v} \\ \frac{\partial y}{\partial u} & \frac{\partial y}{\partial v} \end{pmatrix} \neq 0$$

이므로

$$\det\begin{pmatrix} \frac{\partial^2(f \circ \psi)}{\partial u^2} & \frac{\partial^2(f \circ \psi)}{\partial v \partial u} \\ \frac{\partial^2(f \circ \psi)}{\partial u \partial v} & \frac{\partial^2(f \circ \psi)}{\partial v^2} \end{pmatrix}(0,0) \neq 0$$

인 조건과

$$\det\begin{pmatrix} \frac{\partial^2(f \circ \varphi)}{\partial x^2} & \frac{\partial^2(f \circ \varphi)}{\partial y \partial x} \\ \frac{\partial^2(f \circ \varphi)}{\partial x \partial y} & \frac{\partial^2(f \circ \varphi)}{\partial y^2} \end{pmatrix}(0,0) \neq 0$$

인 조건은 서로 동치이다.

■

보조정리 6.2.6

M^2가 2차원 미분다양체이고 $f: M^2 \to \mathbb{R}$가 M^2 상에서 정의된 모스함수일 때, f의 비퇴화적 임계점 p와 $\varphi(0,0)=p$를 만족하는 적당한 국소좌표계 $\varphi: U \to M^2$에 대하여 함수 d를 다음과 같이 정의하자.

$$d = d(x,y) = f \circ \varphi(x,y) - f \circ \varphi(0,0), \quad (x,y) \in U$$

이때, 다음과 같은 두 가지 경우가 성립한다.

(1) $\det(\mathrm{Hess}(f)(0,0)) > 0$이면 $(0,0)$가 d의 극소점(local minimum point)이거나 극대점(local maximum point)이다([그림 6.13]).

(2) $\det(\mathrm{Hess}(f)(0,0)) < 0$이면 $(0,0)$가 d의 안장점(saddle point)이다([그림 6.16]).

증명 증명을 위해, 다변수 함수에 관한 테일러 정리(Taylor theorem)을 이용한다. 실제로 x^2+y^2이 충분히 작을 때, p가 f의 임계점이므로

$$
\begin{aligned}
d(x,y) &= \left(\frac{\partial}{\partial x}(f \circ \varphi)(0,0)x + \frac{\partial}{\partial y}(f \circ \varphi)(0,0)y\right) \\
&\quad + \frac{1}{2!}\left(\frac{\partial^2}{\partial x^2}(f \circ \varphi)(0,0)x^2 + 2\frac{\partial^2}{\partial x \partial y}(f \circ \varphi)(0,0)xy + \frac{\partial^2}{\partial y^2}(f \circ \varphi)(0,0)y^2\right) \\
&\quad + o(3) \\
&= \frac{1}{2!}\begin{pmatrix} x \\ y \end{pmatrix}^T \mathrm{Hess}(f)(0,0)\begin{pmatrix} x \\ y \end{pmatrix} + o(3)
\end{aligned}
$$

이 성립한다. 한편 $\mathrm{Hess}(f)(0,0)$는 대칭행렬(symmetric matrix)이므로 실수 상에서 대각화 가능(diagonalizable)하다. 즉 선형대수학의 주축정리(principal axis theorem)에 의해, $d(x,y)$를 적당한 새로운 변수 X, Y에 대하여 다음과 같이 나타낼 수 있다.

$$d(x,y) = d(X,Y) = \lambda_1 X^2 + \lambda_2 Y^2 + o(3), \quad \lambda_1, \lambda_2 \in \mathbb{R}$$

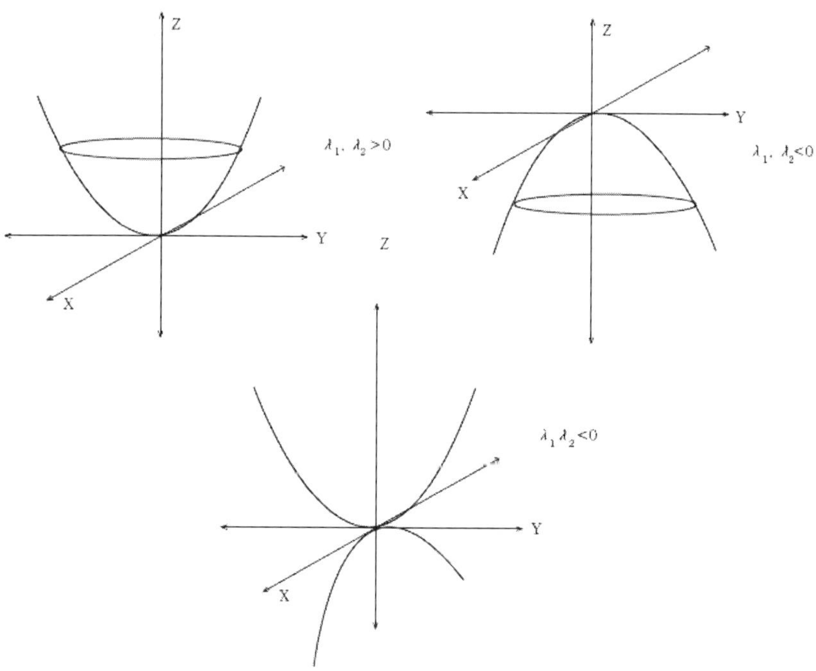

[그림 6.16]

여기서 $\det(\mathrm{Hess}(f)(0,0)) = \lambda_1\lambda_2$가 성립한다. 따라서 $x^2 + y^2$이 충분히 작을 때, $\det(\mathrm{Hess}(f)(0,0)) = \lambda_1\lambda_2$의 부호에 따라 다음과 같은 세 가지 경우가 성립한다.

(i) $\lambda_1 > 0, \lambda_2 > 0$이면 $d(x,y) > 0$이다. 즉 $(0,0)$가 d의 극소점이다.

(ii) $\lambda_1 < 0, \lambda_2 < 0$거나 $d(x,y) < 0$이다. 즉 $(0,0)$가 d의 극대점이다.

(iii) $\lambda_1\lambda_2 < 0$이면 $d(x,y) > 0$이고 $d(z,w) < 0$인 점 (x,y)와 (z,w)가 모두 존재한다. 즉 $(0,0)$가 d의 안장점이다.

■

정의 6.2.7

M^2가 2차원 미분다양체이고 $f : M^2 \to \mathbb{R}$가 M^2 상에서 정의된 모스함수일 때, f의 비퇴화적 임계점 p의 **모스지표**(Morse index)를 $\text{Hess}(f)(p)$의 음의 고윳값의 개수로 정의한다.

모스 정리를 증명하기 위해, 먼저 몇 가지 정의와 사실을 정리할 필요가 있다.

정의 6.2.8

M^2가 2차원 미분다양체이고 X가 M^2 상에서 정의된 접벡터장일 때, X의 특이점 p 근방에서 정의된 $\varphi(0,0) = p$를 만족하는 국소좌표계 $\varphi : U \to M^2$에 대하여 X를 다음과 같이 나타낼 수 있다.

$$X = \alpha(x,y)\frac{\partial}{\partial x} + \beta(x,y)\frac{\partial}{\partial y}, \quad (x,y) \in U, \quad \alpha(0,0) = \beta(0,0) = 0$$

접벡터장 X의 **선형부분**(linear part)에 해당하는 행렬 A_φ를

$$A_\varphi = \begin{pmatrix} \dfrac{\partial\alpha}{\partial x} & \dfrac{\partial\alpha}{\partial y} \\ \dfrac{\partial\beta}{\partial x} & \dfrac{\partial\beta}{\partial y} \end{pmatrix}_{(x,y)=(0,0)}$$

라 놓을 때, $\det A_\varphi \neq 0$이면 점 p를 **단순특이점**(simple singularity)이라 한다.

[보조정리 6.2.5]와 비슷한 방법으로

$$A_\psi = \begin{pmatrix} \dfrac{\partial x}{\partial u} & \dfrac{\partial x}{\partial v} \\ \dfrac{\partial y}{\partial u} & \dfrac{\partial y}{\partial v} \end{pmatrix}^T A_\varphi \begin{pmatrix} \dfrac{\partial x}{\partial u} & \dfrac{\partial x}{\partial v} \\ \dfrac{\partial y}{\partial u} & \dfrac{\partial y}{\partial v} \end{pmatrix}$$

이 성립하므로 접벡터장 X의 특이점 p가 단순이라는 정의가 p 근방의 국소좌표계의 선택에 의존하지 않음을 보일 수 있다.

보조정리 6.2.9

M^2가 리만거리함수 $\langle \cdot , \cdot \rangle$를 가진 2차원 미분다양체이고 $f : M^2 \to \mathbb{R}$가 M^2 상에서 정의된 미분가능인 함수일 때, f의 임계점 p가 비퇴화적일 필요충분조건은 p가 그래디언트 ∇f의 단순특이점인 것이다.

증명 증명을 위해, 먼저 점 p 근방에서 다음 세 가지 조건을 만족하는 국소좌표계 $\varphi : U \to M^2$을 택할 수 있음을 알 필요가 있다.

(i) $\varphi(0,0) = p$

(ii) $\varphi(U)$ 상에서 $g_{12} = \left\langle \frac{\partial}{\partial x}, \frac{\partial}{\partial y} \right\rangle = 0$

(iii) $\varphi(U)$ 상에서 $g_{11} = \left\langle \frac{\partial}{\partial x}, \frac{\partial}{\partial x} \right\rangle$이고 $g_{22} = \left\langle \frac{\partial}{\partial y}, \frac{\partial}{\partial y} \right\rangle$일 때,

$$g_{11}(p) = g_{22}(p) = 1$$

이제 $\nabla f = \alpha(x,y)\frac{\partial}{\partial x} + \beta(x,y)\frac{\partial}{\partial y}$라 할 때, ∇f의 정의

$$\langle \nabla f, v \rangle = df(v), \ \ v \in T_q M^2, \ \ q \in \varphi(U)$$

에 의해 ∇f가 다음과 같이 주어진다.

$$\nabla f = \frac{\partial}{\partial x}(f \circ \varphi)\frac{1}{g_{11}}\frac{\partial}{\partial x} + \frac{\partial}{\partial y}(f \circ \varphi)\frac{1}{g_{22}}\frac{\partial}{\partial y}$$

한편, p가 f의 임계점일 때, $g_{11}(p) = 1$이므로

$$\begin{aligned}\frac{\partial \alpha}{\partial x}(0,0) &= \frac{\partial^2(f \circ \varphi)}{\partial x^2}\frac{1}{g_{11}} + \frac{\partial(f \circ \varphi)}{\partial x}\frac{\partial}{\partial x}\left(\frac{1}{g_{11}}\right)\Bigg|_{(x,y)=(0,0)} \\ &= \frac{\partial^2(f \circ \varphi)}{\partial x^2}\Bigg|_{(x,y)=(0,0)}\end{aligned}$$

이고

$$\begin{aligned}\frac{\partial \alpha}{\partial y}(0,0) &= \frac{\partial^2(f \circ \varphi)}{\partial y \partial x}\frac{1}{g_{11}} + \frac{\partial(f \circ \varphi)}{\partial x}\frac{\partial}{\partial y}\left(\frac{1}{g_{11}}\right)\Bigg|_{(x,y)=(0,0)} \\ &= \frac{\partial^2(f \circ \varphi)}{\partial y \partial x}\Bigg|_{(x,y)=(0,0)}\end{aligned}$$

이다.

비슷한 방법으로, p가 f의 임계점일 때, $g_{22}(p)=1$을 이용하여 다음 등식이 성립함을 알 수 있다.

$$\frac{\partial \beta}{\partial x}(0,0)=\left.\frac{\partial^2(f\circ\varphi)}{\partial x\partial y}\right|_{(x,y)=(0,0)},$$
$$\frac{\partial \beta}{\partial y}(0,0)=\left.\frac{\partial^2(f\circ\varphi)}{\partial y^2}\right|_{(x,y)=(0,0)}$$

따라서 $A_\varphi=\mathrm{Hess}(f)(0,0)$이다. 즉 f의 임계점 p가 비퇴화적일 조건과 p가 그래디언트 ∇f의 단순특이점인 조건은 동치이다.

■

보조정리 6.2.10

M^2가 2차원 미분다양체이고 X가 M^2 상에서 정의된 접벡터장일 때, X의 단순특이점 p는 항상 고립점이다.

증명 증명을 위해, 먼저 X의 단순특이점 p 근방에서 정의된 $\varphi(0,0)=p$를 만족하는 국소좌표계 $\varphi:U\to M^2$에 대하여 X를 다음과 같이 나타내자.

$$X=\alpha(x,y)\frac{\partial}{\partial x}+\beta(x,y)\frac{\partial}{\partial y},\quad (x,y)\in U,\quad \alpha(0,0)=\beta(0,0)=0$$

이때, 다음과 같은 새로운 함수 $\psi:U\subset\mathbb{R}^2\to\mathbb{R}^2$을 정의한다.

$$\psi(x,y)=(\alpha(x,y),\beta(x,y)),\quad (x,y)\in U$$

정의에 의해,

$$\det(d\psi_{(0,0)})=\det A_\varphi\neq 0$$

이므로 역함수 정리를 적용하여 $\psi|_V:V\subset U\to\psi(V)$가 전단사함수가 되는 $(0,0)$를 포함하는 열린집합 V를 찾을 수 있다. 따라서

$$\psi|_V(x,y)=(\alpha(x,y),\beta(x,y))=(0,0),\quad (x,y)\in V\Rightarrow (x,y)=(0,0)$$

이 성립한다. 즉 $(0,0)$에 대응하는 단순특이점 p는 고립점이다.

■

따름정리 6.2.11

M^2가 리만거리함수 $\langle\cdot,\cdot\rangle$를 가진 2차원 미분다양체이고 $f:M^2\to\mathbb{R}$가 M^2 상에서 정의된 미분가능인 함수일 때, f의 모든 비퇴화적 임계점은 항상 고립점이다.

증명 [보조정리 6.2.9]에 의해, f의 임계점이 비퇴화적일 조건과 그래디언트 ∇f의 단순특이점인 조건은 서로 동치이다. 한편, [보조정리 6.2.10]에 의해 모든 접벡터장의 단순특이점은 고립점이므로 f의 비퇴화적 임계점도 고립점이다.

■

보조정리 6.2.12

$f:\mathbb{R}^n \to \mathbb{R}$가 $f(0,0,\dots,0)=0$을 만족하는 미분가능 함수일 때, 다음 조건을 만족하는 미분가능인 함수 $h_i:\mathbb{R}^n \to \mathbb{R}$, $i=1,2,\dots,n$가 존재한다.

(1) $h_i(0,0,\dots,0)=\dfrac{\partial f}{\partial x_i}(0,0,\dots,0)$

(2) $f(x_1,x_2,\dots,x_n)=\displaystyle\sum_{i=1}^{n} x_i h_i(x_1,x_2,\dots,x_n)$

증명 가정의 의해, $f(0,0,\dots,0)=0$이므로 f를 다음과 같이 나타낼 수 있다.

$$\begin{aligned} f(x_1,x_2,\dots,x_n) &= \int_0^1 \frac{df(tx_1,tx_2,\dots,tx_n)}{dt}dt \\ &= \sum_{i=1}^{n} x_i \int_0^1 \frac{\partial f}{\partial x_i}(tx_1,tx_2,\dots,tx_n)dt \end{aligned}$$

따라서

$$h_i(x_1,x_2,\dots,x_n)=\int_0^1 \frac{\partial f}{\partial x_i}(tx_1,tx_2,\dots,tx_n)dt,\ i=1,2,\dots,n$$

라 놓으면 자명하게 h_i가 보조정리의 조건을 모두 만족한다.

■

보조정리 6.2.13

M^2가 2차원 미분다양체이고 X가 M^2 상에서 정의된 접벡터장일 때, X의 단순특이점 p와 p 근방에서 정의된 $\varphi(0,0)=p$를 만족하는 국소좌표계 $\varphi: U \to M^2$에 대하여 다음이 성립한다.

(1) X의 선형부분 A_φ의 행렬식 $\det A_\varphi > 0$이면 p에서 X의 지표는 $+1$이다.

(2) X의 선형부분 A_φ의 행렬식 $\det A_\varphi < 0$이면 p에서 X의 지표는 -1이다.

증명 먼저 국소좌표계 $\varphi: U \to M^2$에 대하여 X를 다음과 같이 나타내자.

$$X = \alpha(x,y)\frac{\partial}{\partial x} + \beta(x,y)\frac{\partial}{\partial y},\ \ (x,y) \in U,\ \ \alpha(0,0) = \beta(0,0) = 0$$

가정에 의해, p가 단순특이점이므로 U 내부에 또 다른 특이점이 없다고 가정해도 일반성을 잃지 않는다. 또한 특이점의 지표는 국소적인 성질이고 리만거리함수의 선택에 의존하지 않는다. 따라서 $U = \varphi(U) = \mathbb{R}^2$이고 $p = (0,0)$라고 가정해도 된다. 그러면 X의 선형부분은 다음과 같이 주어진다.

$$dX_{(0,0)} : \mathbb{R}^2 \to \mathbb{R}^2,\ \ dX_{(0,0)}(v) = \lim_{t \to 0} \frac{X(tv)}{t},\ \ v \in T_{(0,0)}\mathbb{R}^2 \cong \mathbb{R}^2$$

이때, 새로운 함수 F를 다음과 같이 정의하자.

$$F: \mathbb{R}^2 \times [0,1] \to \mathbb{R}^2,\ \ F(v,t) = \begin{cases} \dfrac{X(tv)}{t}, & t \neq 0, \\ dX_{(0,0)}(v), & t = 0 \end{cases}$$

그러면 함수 F는 $\mathbb{R}^2 \times [0,1]$에서 연속임을 보일 수 있다. 실제로, α와 β에 [보조정리 6.2.12]를 적용하여 α와 β를 다음과 같이 나타낼 수 있다.

$$\alpha(x,y) = xh_1(x,y) + yh_2(x,y),\ \ \beta(x,y) = xk_1(x,y) + yk_2(x,y)$$

여기서 h_1, h_2, k_1, k_2는 모두 미분가능인 함수이다. 따라서 모든 $0 \le t \le 1$에 대하여

$$F((x,y),t) = (xh_1(tx,ty) + yh_2(tx,ty), xk_1(tx,ty) + yk_2(tx,ty))$$

이 성립한다. 특히 이것은 함수 F가 $\mathbb{R}^2 \times [0,1]$에서 연속임을 말해준다.

함수 F가 연속이므로 F에 의해 접벡터장 $F(\cdot,0) = dX_{(0,0)}$가 접벡터장 $F(\cdot,1) = X$와 연속적으로 연결되어 있다. 한편 특이점의 지표는 연속적으로 연결된 접벡터장의 선택에 의존하지 않는다. 따라서 $(0,0)$에서 X의 지표를 계산하기 위해 접벡터장 $dX_{(0,0)}$을 이용해도 된다.

마지막으로 $(0,0)$에서 접벡터장 $dX_{(0,0)}$의 지표를 계산하기 위해 $(0,0)$가 중심이고 반지름이 1인 원 $C = \{(x,y) \in \mathbb{R}^2 \mid x^2 + y^2 = 1\}$를 택하자. 그러면 다음이 성립한다.

(i) $(0,0)$이 단순특이점이므로 $\det(dX_{(0,0)}) \neq 0$이다. 따라서 만약 $v_1, v_2 \in C$이고 $v_1 \neq v_2$이면 $dX_{(0,0)}(v_1) \neq dX_{(0,0)}(v_2)$이다. 즉 $dX_{(0,0)}$는 C 상에서 단사함수이다.

(ii) $\det(dX_{(0,0)}) > 0$이면 $dX_{(0,0)}$이 2×2-대칭행렬이므로 대각화가능하고 적당한 기저를 택하여 $dX_{(0,0)}$를 다음과 같이 나타낼 수 있다.

$$dX_{(0,0)} = \begin{pmatrix} \lambda_1 & 0 \\ 0 & \lambda_2 \end{pmatrix},\ \ \lambda_1\lambda_2 > 0$$

따라서 $dX_{(0,0)}$의 흐름곡선이 다음 두 가지 중의 하나이다([그림 6.17]). 이로부터 [예제 6.1.4]와 같이 $(0,0)$에서 $dX_{(0,0)}$의 지표가 1이다.

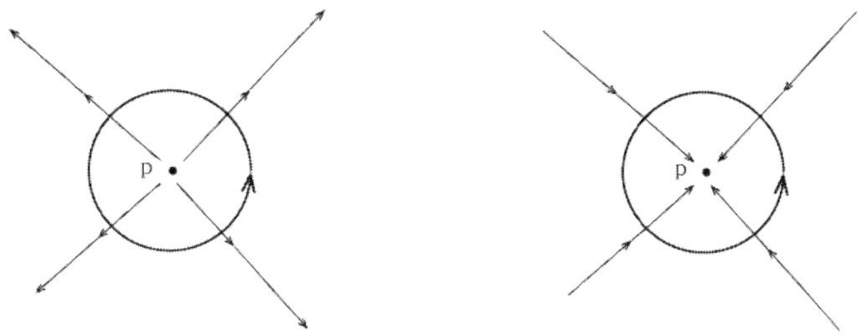

[그림 6.17]

(iii) $\det(dX_{(0,0)}) < 0$이면 위의 (ii)와 같이 $dX_{(0,0)}$이 대각화가능이므로 적당한 기저를 택하여 $dX_{(0,0)}$를 다음과 같이 나타낼 수 있다.

$$dX_{(0,0)} = \begin{pmatrix} \lambda_1 & 0 \\ 0 & \lambda_2 \end{pmatrix},\ \ \lambda_1\lambda_2 < 0$$

따라서 $dX_{(0,0)}$의 흐름곡선과 같은 형태를 가진다([그림 6.18]). 이로부터 [예제 6.1.4]와 같이 $(0,0)$에서 $dX_{(0,0)}$의 지표가 -1임을 알 수 있다.

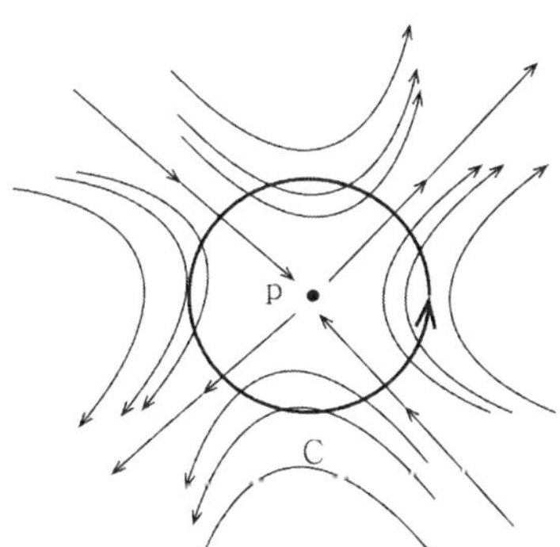

[그림 6.18]

이제 마지막으로 이 절의 주요 정리인 모스 정리를 서술하고 증명한다.

정리 6.2.14 (모스 정리, Morse theorem)

M^2가 방향성을 가진 컴팩트 2차원 미분다양체이고 $f: M^2 \to \mathbb{R}$가 M^2 상에서 정의된 모스함수일 때, m_0, m_1, m_2가 각각 극소점, 극대점, 안장점의 개수라 하자. 이

때, M^2의 오일러-푸앵카레 특성수 $\chi(M^2)$를 다음 등식으로 계산할 수 있다.

$$\chi(M^2) = \sum_{i=0}^{2}(-1)^i m_i = m_0 - m_1 + m_2$$

증명 증명을 위해, 먼저 M^2 상에서 임의의 리만거리함수를 택하자. 가정에 의해 함수 f가 모스함수이므로 모든 임계점이 비퇴화적이다. 또한 f의 비퇴화적 임계점은 그래디언트 ∇f의 단순특이점과 같고, [보조정리 6.2.13]에 의해 f의 극대점이나 극소점에서 ∇f의 지표는 $+1$이고 안장점에서 ∇f의 지표는 -1이다. 따라서 M^2 상에서 ∇f의 지표는 다음과 같다.

$$m_0 - m_1 + m_2$$

한편 가우스-보네 정리 [정리 6.1.5]에 의해 M^2 상의 지표는 M^2의 접벡터장과 리만거리함수의 선택에 의존하지 않으며 M^2의 오일러-푸앵카레 특성수 $\chi(M^2)$와 같다. 즉 다음 등식이 성립한다.

$$\chi(M^2) = \sum_{i=0}^{2}(-1)^i m_i = m_0 - m_1 + m_2$$

■

예제 6.2.15

(1) [그림 6.19]와 같이 단위구 S^2 상에서 정의된 높이함수(height function) $h : S^2 \to \mathbb{R}$는 모스함수이다. 높이함수 h는 하나의 극대점인 북극점 N과 하나의 극소점인 남극점 S를 갖고 있다. 따라서 S^2의 오일러-푸앵카레 특성수는 $\chi(S^2) = 1 + 1 = 2$이다.

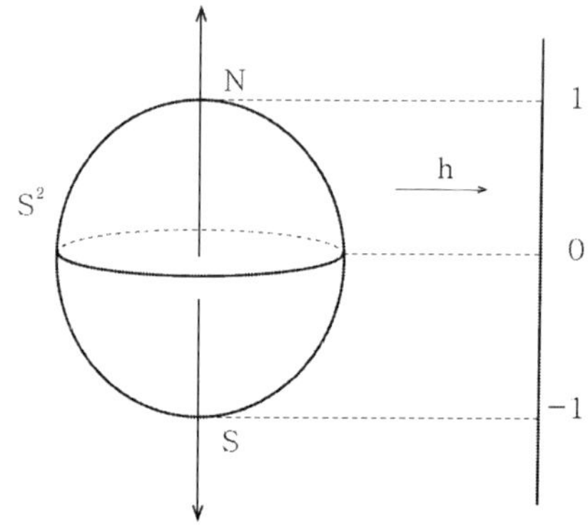

[그림 6.19]

(2) 다음 그림과 같이 토러스 T^2 상에서 정의된 높이함수 $h : S^2 \to \mathbb{R}$는 모스함수이다 ([그림 6.20]). 높이함수 h는 하나의 극대점, 하나의 극소점, 그리고 두 개의 안장점을 갖고 있다. 따라서 T^2의 오일러-푸앵카레 특성수는 다음과 같다.

$$\chi(T^2) = 1 - 2 + 1 = 0$$

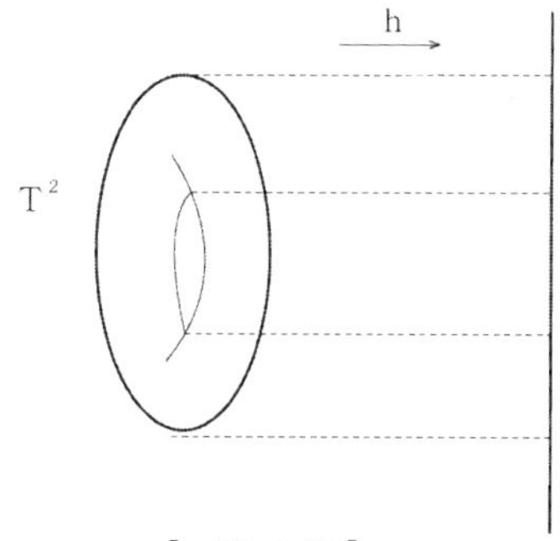

[그림 6.20]

(3) [그림 6.21]과 같이 종수 n을 가진 토러스 Σ_n 상에서 정의된 높이함수 $h : \Sigma_n \to \mathbb{R}$는 모스함수이다. 높이함수 h는 하나의 극대점, 하나의 극소점, 그리고 $2n$ 개의 안장점을 갖고 있다. 따라서 Σ_n의 오일러-푸앵카레 특성수는 다음과 같다.

$$\chi(\Sigma_n) = 1 - 2n + 1 = 2 - 2n$$

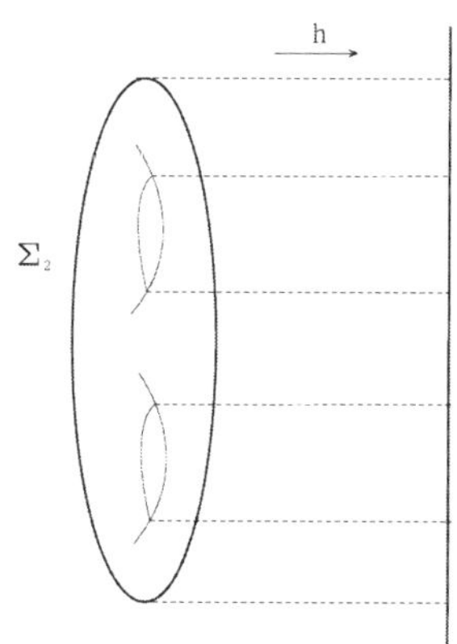

[그림 6.21] $n = 2$인 경우

□

▶▶ 연습문제 6.2

1. 함수

$$f:\mathbb{R}^2 \to \mathbb{R},\ f(x,y) = y^3 - 5x^2y + 1$$

에 대하여 다음 물음에 답하라.

(1) f의 모든 임계점을 찾아라.

(2) f의 모든 임계점을 퇴화점와 비퇴화점으로 분류하라.

(3) $p=(0,0)$일 때, 벡터장 ∇f의 p점에서의 지표를 계산하라.

2. 2차원 미분다양체 $M \subset \mathbb{R}^3$과 임의의 고정된 벡터 $U \neq 0$에 대하여 함수 h를 다음과 같이 정의하자.

$$h: M \to \mathbb{R},\ h(p) = \langle p, U \rangle$$

이때 다음 물음에 답하라.

(1) 임의의 점 $p \in M$과 $\varphi(0,0) = p$를 만족하는 p 근방의 좌표계 $\varphi: V \to M$에 대하여, 다음 등식이 성립함을 보여라.

$$d(h \circ \varphi)_{(0,0)}(v) = \langle d\varphi_{(0,0)}(v), U \rangle,\ v \in T_pV \cong \mathbb{R}^2$$

특히, 기호를 간단하게 표현하면 다음이 성립한다.

$$(h \circ \varphi)_u = \langle \varphi_u, U \rangle,\ (h \circ \varphi)_v = \langle \varphi_v, U \rangle$$

(2) 점 $p \in M$가 h의 임계점일 필요충분조건은 T_pM과 U가 서로 수직임을 보여라.

(3) 위의 (1)를 이용하여 h의 임계점에서 다음이 성립함을 보여라.

$$(h \circ \varphi)_{uu} = \langle \varphi_{uu}, U \rangle = e,\ (h \circ \varphi)_{uv} = \langle \varphi_{uv}, U \rangle = f,\ (h \circ \varphi)_{vv} = \langle \varphi_{vv}, U \rangle = g$$

단, 여기서 e, f, g는 제2기본형식의 계수를 나타낸다.

(4) 가우스곡률 K가

$$K = \frac{eg - f^2}{EG - F^2} = \det\begin{vmatrix} e & f \\ f & g \end{vmatrix} \frac{1}{EG - F^2}$$

로 주어진다는 사실을 이용하여, 임계점 $p \in M$가 h의 비퇴화점일 필요충분조건은 p에서 M의 가우스곡률 $K(p) \neq 0$임을 보여라.

3. 2차원 미분다양체 $M \subset \mathbb{R}^3$과 임의의 $q \notin M$에 대하여 함수 h를 다음과 같이 정의하자.

$$h: M \to \mathbb{R},\ h(p) = \langle p-q, p-q \rangle$$

이때 다음 물음에 답하라.

(1) 임의의 점 $p \in M$과 $\varphi(0,0) = p$를 만족하는 p 근방의 좌표계 $\varphi: U \to M$에 대하여, 다음 등식이 성립함을 보여라.

$$d(h \circ \varphi)_{(0,0)}(v) = 2\langle d\varphi_{(0,0)}(v), \varphi(p) - q \rangle,\quad v \in T_pU \cong \mathbb{R}^2$$

특히, 기호를 간단하게 표현하면 다음이 성립한다.

$$(h \circ \varphi)_u = 2\langle \varphi_u, \varphi - q \rangle,\quad (h \circ \varphi)_v = 2\langle \varphi_v, \varphi - q \rangle$$

(2) 점 $p \in M$가 h의 임계점일 필요충분조건은 T_pM과 $p-q$가 서로 수직임을 보여라.

(3) 위의 (1)를 이용하여 다음이 성립함을 보여라.

$$\begin{aligned}(h \circ \varphi)_{uu} &= 2\langle \varphi_{uu}, \varphi - q \rangle + 2\langle \varphi_u, \varphi_u \rangle, \\ (h \circ \varphi)_{uv} &= 2\langle \varphi_{uv}, \varphi - q \rangle + 2\langle \varphi_u, \varphi_v \rangle, \\ (h \circ \varphi)_{vv} &= 2\langle \varphi_{vv}, \varphi - q \rangle + 2\langle \varphi_v, \varphi_v \rangle\end{aligned}$$

(4) 점 $p \in M$가 h의 임계점(즉 T_pM과 $p-q$가 서로 수직)일 때,

$$\mathrm{Hess}(h)(p) = \begin{pmatrix} 2re + 2E & 2rf + 2F \\ 2rf + 2F & 2rg + 2G \end{pmatrix}$$

임을 보여라. 단, 여기서 $r = \|p-q\|$이고 E, F, G와 e, f, g는 각각 제1기본형식 과 제2기본형식의 계수를 나타낸다.

(5) 임계점 $p \in M$가 퇴화점일 필요충분조건은

$$\det(\mathrm{Hess}(h)(p)) = 0 \text{ 즉 } r^2(eg - f^2) + r(eG - 2fF + gE) + (EG - F^2) = 0$$

임을 보여라.

(6) 가우스곡률 K와 H가 각각

$$K = \frac{eg - f^2}{EG - F^2} = k_1 k_2,\quad H = \frac{eG - 2fF + gE}{2(EG - F^2)} = \frac{1}{2}(k_1 + k_2)$$

로 주어진다는 사실을 이용하여, 임계점 $p \in M$가 h의 비퇴화점일 필요충분조건은

$$r = -\frac{1}{k_1} \text{ 또는 } r = -\frac{1}{k_2}$$

임을 보여라. 단, 여기서 $r = \|p-q\|$이고 $k_i, i=1,2$는 p에서 M의 주곡률(principal curvature)를 나타낸다.

(**힌트** : 위의 (5)로부터 $(rk_1+1)(rk_2+1)=0$을 유도하라.)

CHAPTER 7

Lectures on Differentiable Manifolds

드람코호몰로지

이 책의 제1장에서는 n차원 미분다양체 상에서 정의된 미분형식을 소개하였다. 미분형식은 해석적인 그 정의와 달리 미분다양체의 위상적인 성질을 파악하는 데 아주 유용하다. 이 장에서는 미분형식의 응용으로 드람코호몰로지(De Rham cohomology)를 정의하고 몇 가지 중요한 성질을 알아본다.

7.1 드람코호몰로지의 정의

이 절에서는 드람코호몰로지의 정의와 몇 가지 기본적인 성질을 정리한다.

정의 7.1.1

n차원 미분다양체 M에서 정의된 k차 미분형식 ω에 대하여 다음이 성립한다.

(1) $d\omega = 0$일 때, ω를 M에서 **닫힌형식**(closed form)이라 한다.

(2) $\omega = d\eta$를 만족하는 $(k-1)$차 미분형식 η가 M상에 존재할 때, ω를 **완전형식**(exact form)이라 한다.

정의 7.1.2

n차원 미분다양체 M 상에서 k차 미분형식들로 이루어진 벡터공간 $\Omega^k(M)$의 부분공간 $Z^k(M)$과 $B^k(M)$를 다음과 같이 정의한다.

$$Z^k(M) = \{\omega \in \Omega^k(M) \mid d\omega = 0\} = \ker(d : \Omega^k(M) \to \Omega^{k+1}(M)),$$
$$B^k(M) = \{d\eta \mid \eta \in \Omega^{k-1}(M)\} = \mathrm{Im}(d : \Omega^{k-1}(M) \to \Omega^k(M))$$

이때, $Z^k(M)$를 k**차 닫힌형식들의 공간**이라 부르고 $B^k(M)$를 k**차 완전형식들의 공간**이라 부른다.

[보조정리 1.3.7]에 의해, 외미분 d가 $d^2 = 0$를 만족하므로 $B^k(M) \subset Z^k(M)$이 항상 성립한다. 또한, 모든 자연수 $k > n$에 대하여 $B^k(M) = Z^k(M) = 0$이고 $Z^n(M) = \Omega^n(M)$이 성립한다.

정의 7.1.3

n차원 미분다양체 M에 대하여 k차 드람코호몰로지군 $H_{DR}^k(M, \mathbb{R})$ 또는 간단히 $H_{DR}^k(M)$를 다음과 같이 정의한다.

$$H_{DR}^k(M, \mathbb{R}) = Z^k(M)/B^k(M)$$

그러면 $H_{DR}^k(M)$은 미분형식의 덧셈과 스칼라곱에 의해 유도된 연산에 관해 군을 이룬다. 앞으로, 드람코호몰로지 $H_{DR}^*(M, \mathbb{R})$는 다음과 같은 모든 k차 드람호몰로지군의 직적(direct sum)으로 정의한다.

$$H_{DR}^*(M, \mathbb{R}) = \bigoplus_{k=0}^{n} H_{DR}^k(M, \mathbb{R})$$

비슷한 방법으로, $Z^*(M)$과 $B^*(M)$을 다음과 같이 정의한다.

$$Z^*(M) = \bigoplus_{k=0}^{n} Z^k(M), \quad B^*(M) = \bigoplus_{k=0}^{n} B^k(M)$$

정의에 의해, 자연수 $k > n$에 대하여 $H_{DR}^k(M) = 0$이 성립한다.

보조정리 7.1.4

드람코호몰로지 $H_{DR}^*(M)$는 미분형식들 사이에서 정의된 외적에 관해 대수(algebra)를 이룬다.

증명 임의의 r차 미분형식 φ와 s차 미분형식 ψ에 대하여,

$$d(\varphi \wedge \psi) = d\varphi \wedge \psi + (-1)^r \varphi \wedge d\psi$$

이 성립한다. 따라서 $\varphi, \psi \in \ker d$이면 $d(\varphi \wedge \psi) = 0$이다. 이것은 $Z^*(M)$가 $\Omega^*(M)$에서 외적 $\wedge$에 관해 대수를 이룬다는 것을 의미한다. 한편, 위의 등식은 $B^*(M)$이 $Z^*(M)$에서 아

이디얼(ideal)를 이룬다는 것도 의미한다. 따라서 $[\varphi], [\psi] \in H^*_{DR}(M)$에 대하여 $[\varphi] \wedge [\psi]$를

$$[\varphi] \wedge [\psi] = [\varphi \wedge \psi] \in H^*_{DR}(M, \mathbb{R})$$

로 정의할 때, 이 정의는 잘 정의되고 $H^*_{DR}(M)$가 다시 대수가 된다.

실제로, 임의의 $\varphi, \psi \in Z^*(M)$에 대하여, 다음이 성립한다.

$$(\varphi + d\alpha) \wedge (\psi + d\beta) = \varphi \wedge \psi + d((-1)^r \varphi \wedge \beta + \alpha \wedge \psi + \alpha \wedge d\beta)$$

따라서 $H^*_{DR}(M)$에서 $[(\varphi + d\alpha) \wedge (\psi + d\beta)] = [\varphi \wedge \psi]$이다. 이것은 $H^*_{DR}(M)$ 상에서의 곱 $\wedge$가 대표원의 선택에 의존하지 않는다는 것을 의미한다. 즉 $[\varphi] \wedge [\psi] = [\varphi \wedge \psi] \in H^*_{DR}(M)$는 잘 정의된 연산이다. $H^*_{DR}(M)$가 실제로 대수가 된다는 사실의 구체적 증명은 크게 어렵지 않아 자세한 증명을 생략한다.

■

다음 정리는 보통 드람 정리(De Rham theorem)로 알려져 있다. 특이코호몰로지(singular cohomology)의 정의와 다음 정리의 자세한 증명은 Warner의 저서 [9]을 참고하기 바란다.

정리 7.1.5 (드람 정리, De Rham theorem)

n차원 미분다양체 M에 대하여 다음이 성립한다.

(1) $H^*(M, \mathbb{R})$가 M의 특이코호몰로지를 나타낼 때, $H^*_{DR}(M)$는 $H^*(M, \mathbb{R})$와 대수로서 동형이다.

(2) $H^*_{DR}(M)$는 항상 유한차원 벡터공간이다.

보조정리 7.1.6

임의의 두 미분다양체 M_1, M_2에 대하여 $f: M_1 \to M_2$가 미분가능인 함수일 때, 다음이 성립한다.

(1) 임의의 정수 $k \geq 0$와 k차 미분형식 α에 대하여

$$df^*\alpha = f^*d\alpha$$

이다. 따라서

$$f^*(Z^k(M_2)) \subset Z^k(M_1),\ f^*(B^k(M_2)) \subset B^k(M_1)$$

이 성립한다.

(2) 임의의 정수 $k \geq 0$에 대하여,

$$f^* : H^k_{DR}(M_2) \to H^k_{DR}(M_1),\ [\alpha] \mapsto [f^*\alpha]$$

은 군에 관한 준동형사상(homomorphism)이다.

(3) 위의 (2)를 이용하여 정의된 사상

$$f^* : H^*_{DR}(M_2) \to H^*_{DR}(M_1)$$

가 대수적 준동형사상(algebra homomorphism)이다.

증명 (1) [보조정리 1.3.7]에 의해 $df^*\alpha = f^*d\alpha$이 성립한다. 따라서 만약 $\alpha \in Z^k(M_2)$이면

$$f^*(d\alpha) = 0 = df^*\alpha$$

이므로 $f^*\alpha \in Z^k(M_1)$이다. 비슷한 방법으로, 만약 $\alpha = d\eta \in B^k(M_2)$이면

$$f^*\alpha = f^*d\eta = d(f^*\eta)$$

이 성립한다. 즉 $f^*\alpha \in B^k(M_1)$이다.

(2) 위의 (1)에 의해 잘 정의된 준동형사상

$$f^* : H^k_{DR}(M_2) \to H^k_{DR}(M_1)$$

을 얻을 수 있다.

(3) $f^* : H^*_{DR}(M_2) \to H^*_{DR}(M_1)$가 대수적 구조를 보존함을 보이는 것은 f^*의 성질에 의해 자명하다.

■

다음 보조정리는 자명하다.

보조정리 7.1.7

다음이 성립한다.

(1) 미분다양체 M에 대하여, $f : M \to M$가 항등사상(identity)이면

$$f^* : H_{DR}^*(M) \to H_{DR}^*(M)$$

도 항등사상이다.

(2) 임의의 세 미분다양체 M_1, M_2, M_3에 대하여 $f : M_1 \to M_2$와 $g : M_2 \to M_3$가 미분가능인 함수일 때, 다음 등식이 성립한다.

$$(g \circ f)^* = f^* \circ g^* : H_{DR}^*(M_3) \xrightarrow{g^*} H_{DR}^*(M_2) \xrightarrow{f^*} H_{DR}^*(M_1)$$

증명 (1) 정의에 의해, f가 항등사상이면 임의의 $\alpha \in Z^k(M)$에 대하여

$$f^*[\alpha] = [f^*\alpha] = [\alpha]$$

이다. 따라서 $f^* : H_{DR}^*(M) \to H_{DR}^*(M)$도 항등사상이다.

(2) [보조정리 1.3.4]에 의해, 임의의 $\alpha \in Z^k(M_3)$ 대하여 다음 등식이 성립한다.

$$\begin{aligned}(g \circ f)^*[\alpha] &= [(g \circ f)^*\alpha] = [f^*(g^*\alpha)] \\ &= f^*[g^*\alpha] = f^*(g^*[\alpha]) \\ &= f^* \circ g^*[\alpha]\end{aligned}$$

따라서 $(g \circ f)^* = f^* \circ g^*$가 성립한다.

■

따름정리 7.1.8

임의의 두 미분다양체 M_1, M_2에 대하여 $f : M_1 \to M_2$가 미분동형사상일 때, 대수적 준동형사상

$$f^* : H_{DR}^*(M_2) \to H_{DR}^*(M_1)$$

가 동형사상이다.

증명 [보조정리 7.1.7]의 (2)에 의해 다음이 성립한다.

$$(f^{-1} \circ f)^* = f^* \circ (f^{-1})^* = Id : H_{DR}^*(M_1) \xrightarrow{(f^{-1})^*} H_{DR}^*(M_2) \xrightarrow{f^*} H_{DR}^*(M_1),$$

$$(f \circ f^{-1})^* = (f^{-1})^* \circ f^* = Id : H_{DR}^*(M_2) \xrightarrow{f^*} H_{DR}^*(M_1) \xrightarrow{(f^{-1})^*} H_{DR}^*(M_2),$$

따라서 $f^* : H_{DR}^*(M_2) \to H_{DR}^*(M_1)$가 동형사상이다.

■

예제 7.1.9

n차원 토러스 T^n은 $\mathbb{R}^n$ 상에서 다음과 같이 정의된 동치관계

$$(x_1, x_2, \ldots, x_n) \sim (y_1, y_2, \ldots, y_n) \Leftrightarrow (x_1, x_2, \ldots, x_n) - (y_1, y_2, \ldots, y_n) \in \mathbb{Z}^n$$

을 이용하여 만든 상공간 $T^n = \mathbb{R}^n / \mathbb{Z}^n$이다. $\mathbb{R}^n$ 상에서 정의된 1차 미분형식 $dx_1, dx_2, \ldots, dx_n$은 닫힌형식이고 또한 다음이 성립한다.

$$(x_1, x_2, \ldots, x_n) \sim (y_1, y_2, \ldots, y_n) \Rightarrow dx_1 = dy_1, dx_2 = dy_2, \ \ldots, dx_n = dy_n$$

따라서 $dx_1, dx_2, \ldots, dx_n$은 각각 n개의 원소 $[\alpha_1], [\alpha_2], \ldots [\alpha_n] \in H^*_{DR}(T^n)$을 유도한다. 임의의 $1 \le i \le n$에 대하여 $[\alpha_i]$를 간단히 α_i로 나타낼 때, 코호몰로지환 $H^*_{DR}(T^n)$는 위의 n개의 원소 $\alpha_1, \alpha_2, \ldots, \alpha_n$에 의해 생성된다. 즉 $H^*_{DR}(T^n)$은 다음과 같다.

$$H^*_{DR}(T^n) = \mathbb{R}[\alpha_1, \alpha_2, \ldots, \alpha_n] / \langle \alpha_i \alpha_j + \alpha_j \alpha_i \mid 1 \le i, j \le n \rangle$$

□

▶▶ 연습문제 7.1

1. $\mathbb{R}^1$ 상에서 정의됨 모든 1차 미분형식은 닫힌형식임을 보여라. 즉 $\omega = f(x)dx$일 때,

$$g(x) = \int_0^x f(t)dt$$

가 $\omega = dg$를 만족함을 보여라.

2. 단위원 $S^1 \subset \mathbb{R}^2$에 대하여

$$\varphi : Z^1(S^1) = \Omega^1(S^1) \to \mathbb{R},\ \ \varphi(\alpha) = \int_{S^1} \alpha$$

일 때, 다음 물음에 답하라.

(1) $\omega = -ydx + xdy$일 때,

$$\int_{S^1} i^* \omega = 2\pi$$

임을 보여라. 단, 여기서 $i : S^1 \hookrightarrow \mathbb{R}^2$는 포함함수이다.

(2) φ가 전사함수임을 보여라.

(3) $B^1(S^1) \subset \ker\varphi$를 보여라.

(4) 미분가능인 함수 $f : S^1 \to \mathbb{R}$에 대하여

$$j : \mathbb{R} \to S^1,\ \ t \mapsto (\cos t, \sin t)$$

일 때, $k = j^* f$는 주기가 2π인 주기함수임을 보여라.

(5) 미분가능인 함수 $f : S^1 \to \mathbb{R}$에 대하여 $\alpha = f i^* \omega$이고

$$c : [0, 2\pi] \to S^1,\ \ t \mapsto (\cos t, \sin t)$$

일 때,

$$\int_{S^1} \alpha = \int_0^{2\pi} c^* \alpha = \int_0^{2\pi} k(t)dt = 0$$

임을 보여라. 단, 여기서 $k = j^* f$이다.

(6) 주기가 2π인 미분가능인 함수 $k : \mathbb{R} \to \mathbb{R}$에 대하여

$$\int_0^{2\pi} k(t)dt = 0$$

이면 $k(t)dt = dg$를 만족하는 주기가 2π인 주기함수 $g : \mathbb{R} \to \mathbb{R}$가 존재함을 보여라.

(7) $\ker\varphi = B^1(S^1)$임을 보여 $H^1_{DR}(S^1) \cong \mathbb{R}$임을 증명하라.

3. 임의의 컴팩트 미분다양체 M에 대하여, M 상에서 정의된 어디에서도 0이 아닌 1차 미분형식은 닫힌형식이 될 수 없음을 보여라.

(힌트 : 어디에서도 0이 아닌 1차 미분형식 ω에 대하여 $\omega = df$를 만족하는 미분가능인 함수 $f : M \to \mathbb{R}$가 존재하면 M이 컴팩트 공간이므로 f의 극점이 항상 존재한다.)

7.2 브라우어 부동점정리

이 절에서는 7.1절에서 정의한 드람코호몰로지의 응용으로 일반적인 차원을 갖는 미분다양체의 몇 가지 중요한 위상적 성질을 증명한다. 특히 이 절의 마지막에서는 브라우어 고정점정리 또는 브라우어 부동점정리(Brouwer fixed point theorem)를 증명한다.

정리 7.2.1

r개의 연결성분 $M_1, M_2, \ldots, M_r$을 갖는 n차원 미분다양체 M에 대하여, 다음이 성립한다.

$$H_{DR}^0(M) \cong \mathbb{R}^r$$

증명 정의에 의해 $\Omega^0(M)$은 M 상에서 정의된 미분가능(C^∞)인 함수들로 이루어진 공간이고 $Z^0(M)$은 $df=0$를 만족하는 미분가능인 함수 f들로 이루어진 공간이다. 또한 $B^0(M)=\{0\}$이다. 따라서 0차 드람코호몰로지군 $H_{DR}^0(M)=Z^0(M)$이다.

한편 미분가능인 함수 $f: M \to \mathbb{R}$가 $df=0$을 만족하면 f는 국소적으로 상수함수(locally constant function)이다. 즉 f는 M의 각 연결성분에서 상수함수이다. 결론적으로, 다음이 성립한다.

$$\begin{array}{ccc} H_{DR}^0(M) & \cong & \{(a_1, a_2, \ldots, a_r) \in \mathbb{R}^r \mid a_i \in \mathbb{R},\ i=1,2,\ldots,r\} \\ f & \mapsto & (f(M_1), f(M_2), \ldots, f(M_r)) \end{array}$$

■

정리 7.2.2.

n차원 단순연결인 미분다양체 M에 대하여, 다음이 성립한다.

$$H_{DR}^0(M) \cong \mathbb{R}.\ H_{DR}^1(M) \cong \{0\}$$

증명 M이 단순연결이므로 연결공간이다. 따라서 M의 연결성분의 개수는 하나이다. 따라서 [정리 7.2.1]에 의해 $H_{DR}^0(M) \cong \mathbb{R}$이다.

한편 [정리 2.3.7]과 비슷한 방법을 이용하여, M이 단순연결이면 임의의 1차 미분형식 $\alpha \in Z^1(M)$에 대하여 $\alpha = df$를 만족하는 미분가능인 함수 $f: M \to \mathbb{R}$을 택할 수 있다. 따라서 $H_{DR}^1(M)=\{0\}$이다.

■

정리 7.2.3

경계가 없고 방향성이 주어진 n차원 컴팩트 미분다양체 M에 대하여, 다음이 성립한다.

$$H^n_{DR}(M) \cong \mathbb{R}$$

증명 일반적인 경우의 증명은 복잡하므로 본 증명에서는 전사함수

$$\varphi : H^n_{DR}(M) \to \mathbb{R}$$

가 존재함만을 증명한다(더 자세한 증명은 Spivak의 저서 [8] 참고). 이를 위해, 먼저 $Z^n(M) = \Omega^n(M)$임을 이용하여 다음 함수를 정의한다.

$$\varphi : \Omega^n(M) \to \mathbb{R},\ \ \varphi(\alpha) = \int_M \alpha$$

(i) $\alpha = d\beta$일 때, $\partial M = \varnothing$ 이므로

$$\varphi(\alpha) = \int_M \alpha = \int_M d\beta = \int_{\partial M} \beta = 0$$

이다. 따라서 $B^n(M) \subset \ker\varphi$가 성립한다. 즉 함수 $\varphi : \Omega^n(M) \to \mathbb{R}$는 다음과 같은 함수 ψ을 유도한다.

$$\begin{array}{ccc} Z^n(M) & \xrightarrow{\varphi} & \mathbb{R} \\ \downarrow & & \| \\ H^n_{DR}(M) & \xrightarrow{\psi} & \mathbb{R} \\ [\alpha] & \mapsto & \varphi(\alpha) \end{array}$$

실제로 $[\alpha] = [\alpha'] \in H^n_{DR}(M)$이면 $\alpha = \alpha' + d\beta$이므로 다음 등식이 성립한다.

$$\varphi(\alpha) = \int_M \alpha' + d\beta = \int_M \alpha' + \int_M d\beta = \int_M \alpha' = \varphi(\alpha')$$

(ii) 한편 M은 방향성을 가진 미분다양체이므로 $\int_M \Omega_0 = 1$을 만족하는 n차 미분형식 $\Omega_0 \neq 0$가 존재한다. 따라서 임의의 $r \in \mathbb{R}$에 대하여

$$\int_M r\Omega_0 = r$$

이다. 즉 φ가 전사함수이다. ■

정리 7.2.4

미분다양체 M, N과 미분가능인 함수 $f: M \to N$, $g: M \to N$에 대하여 다음 조건을 만족하는 미분가능인 함수 $H: M \times [0,1] \to N$가 존재할 때, f와 g가 서로 **호모토피 대등**(homotopy equivalent)이라 말한다.

$$H(x,0) = H \circ i_0(x) = f(x),\ H(x,1) = H \circ i_1(x) = g(x)$$

단, 여기서

$$\begin{aligned} i_0 &: M \to M \times \{0\},\ i_0(x) = (x,0), \\ i_1 &: M \to M \times \{1\},\ i_0(x) = (x,1) \end{aligned}$$

이다.

위의 정의에서 M의 차원과 N의 차원이 서로 일치할 필요는 없다.

정리 7.2.5

미분다양체 M과 N에 대하여 미분가능함수 $f: M \to N$와 $g: M \to N$가 서로 호모토피대등일 때, $H_{DR}^*(N)$ 상에서 $f^* = g^*$이다.

증명 가정에 의해, $f: M \to N$와 $g: M \to N$ 사이에 다음 조건을 만족하는 미분가능인 함수 $H: M \times [0,1] \to N$가 존재한다.

$$H(x,0) = H \circ i_0(x) = f(x),\ H(x,1) = H \circ i_1(x) = g(x)$$

따라서 임의의 $\alpha \in Z^k(N)$에 대하여, [정의 4.3.5]의 호모토피 작용소 I와

$$dH^* \alpha = H^* d\alpha = 0$$

을 이용하여 다음 등식을 얻는다.

$$\begin{aligned} dI(H^*\alpha) &= dI(H^*\alpha) + Id(H^*\alpha) \\ &= i_1^*(H^*\alpha) - i_0^*(H^*\alpha) \\ &= g^*\alpha - f^*\alpha \end{aligned}$$

즉 $g^*[\alpha] = f^*[\alpha]$가 성립한다. ■

따름정리 7.2.6

경계가 없는 n차원 C^∞-축약가능한 미분다양체 M에 대하여 다음이 성립한다.

$$H^k_{DR}(M) \cong \begin{cases} \{0\}, & k > 0, \\ \mathbb{R}, & k = 0 \end{cases}$$

결론적으로, [정리 7.2.3]에 의해 경계가 없고 방향성을 가진 $n > 0$차원 컴팩트 미분다양체는 C^∞-축약가능하지 않다.

증명 가정에 의해, 항등함수 $Id : M \to M$와 상수함수 $c : M \to M$ 사이에 다음 조건을 만족하는 미분가능인 함수 $H : M \times [0,1] \to M$가 존재한다.

$$H(x,0) = H \circ i_0(x) = Id(x),\ \ H(x,1) = H \circ i_1(x) = c(x) = c_0$$

한편, 모든 $0 \le k \le n$에 대하여

$$c^* : H^k_{DR}(M) \to H^k_{DR}(M),\ \ c^* = \begin{cases} 0, & k > 0, \\ Id, & k = 0 \end{cases}$$

이고 $Id^* = Id : H^k_{DR}(M) \to H^k_{DR}(M)$이다. 따라서 [정리 7.2.4]에 의해 $H^*_{DR}(M)$ 상에서 $Id^* = c^*$이므로

$$H^k_{DR}(M) \cong \{0\},\ k \ge 1$$

이 성립해야 한다. 그리고 M은 연결공간이므로 $H^0_{DR}(M) \cong \mathbb{R}$이다. ■

모든 연속함수를 미분가능인 함수를 통해 근사할 수 있으므로 [따름정리 7.2.6]를 C^0-축약가능인 미분다양체까지 확장할 수 있다.

미분다양체에서 정의된 미분형식의 마지막 응용으로 브라우어의 부동점정리를 증명한다. 이 정리는 미적분학에서 유명한 사잇값 정리를 고차원 미분다양체로 확장한 것이다.

정리 7.2.7 (브라우어 부동점정리, Brouwer fixed point theorem)

$D^n \subset \mathbb{R}^n$, $n \ge 1$이 중심이 원점이고 반지름이 1인 n차원 닫힌공일 때, ∂D^n을 D^n의 경계라 하자. 이때 ∂D^n의 각 점을 고정하는 미분가능인 함수

$$F: D^n \to \partial D^n$$

가 존재하지 않는다.

증명 귀류법을 이용하기 위해, ∂D^n의 각 점을 고정하는 미분가능인 함수

$$F: D^n \to \partial D^n$$

가 존재한다고 가정하자.

(i) 먼저 $n=1$인 경우에는, 가정에 의해 연속인 함수

$$F: D^1 = [-1,1] \to \partial D^1 = \{-1,1\} \subset D^1,\ F(1)=1,\ F(-1)=-1$$

가 존재한다. 하지만 F가 연속이고 $D^1=[-1,1]$가 연결공간이므로 사잇값 정리에 의해 $F(x_0)=0$을 만족하는 점 $x_0 \in [-1,1]$가 존재해야 한다. 따라서 모순이다.

(ii) 다음으로 $n \geq 2$인 경우를 증명한다. 이를 위해, $j: \partial D^n \hookrightarrow D^n$를 포함함수라 하면

$$F \circ j = Id: \partial D^n \to \partial D^n$$

가 성립한다. 따라서 [정리 7.2.3]과 [따름정리 7.2.6]에 의해 다음이 성립한다.

$$(F \circ j)^* = j^* \circ F^* = Id: \mathbb{R} \cong H_{DR}^{n-1}(\partial D^n) \to H_{DR}^{n-1}(D^n) = \{0\} \to H_{DR}^{n-1}(\partial D^n) \cong \mathbb{R}$$

하지만 위의 식에서 $H_{DR}^{n-1}(D^n) = \{0\}$이므로 $(F \circ j)^*$가 항등함수가 될 수 없다. 따라서 모순이다. ■

다음 보조정리가 성립한다.

보조정리 7.2.8

$D^n \subset \mathbb{R}^n$, $n \geq 1$이 중심이 원점이고 반지름이 1인 n차원 닫힌공일 때, ∂D^n을 D^n의 경계라 하자. 이때 다음 두 명제는 서로 동치이다.

(1) ∂D^n의 각 점을 고정하는 미분가능인 함수

$$F: D^n \to \partial D^n$$

가 존재하지 않는다.

(2) 모든 미분가능인 함수

$$F: D^n \to D^n$$

는 항상 고정점을 갖는다. 즉 $F(p_0)=p_0$을 만족하는 $p_0 \in D^n$가 존재한다.

증명 (1) ⇒ (2) 귀류법을 이용하여 증명한다. 즉 임의의 $p \in D^n$에 대하여 $F(p) \neq p$라고 가정하자. 그러면 $F(p)$에서 출발하는 $F(p)$와 p를 잇는 반직선 l_p가 항상 존재한다([그림 7.1]). $r(p)$가 반직선 l_p와 ∂D^n가 만나는 점일 때, 다음과 같은 미분가능인 함수 r을 정의할 수 있다([연습문제 7.2]의 [문제 7] 참고).

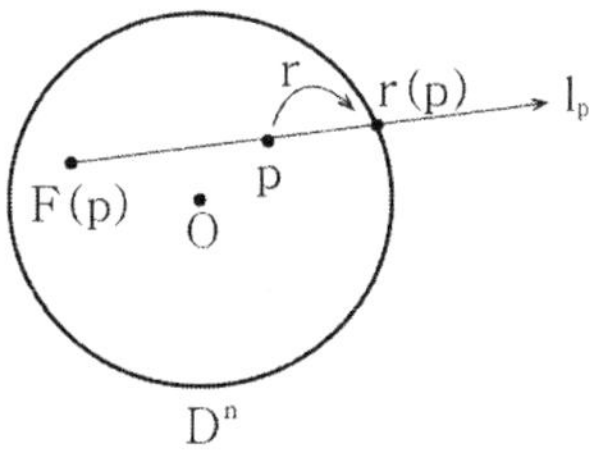

$$r: D^n \to \partial D^n, \ p \mapsto r(p)$$

이때 r의 치역은 ∂D^n이고 모든 점 $p \in \partial D^n$에 대하여 $r(p)=p$이다. 즉 ∂D^n의 각 점을 고정하는 미분가능인 함수 $r: D^n \to \partial D^n$이 존재한다. 하지만 이것은 가정 (1)에 모순이다.

(2) ⇒ (1) 이 방향의 증명도 역시 귀류법을 이용한다. 즉 ∂D^n의 각 점을 고정하는 미분가능인 함수 $F: D^n \to \partial D^n$가 존재한다고 가정하자. 그러면 대척함수(anti-podal map) A가

$$A: \partial D^n \to \partial D^n, \ p \mapsto -p$$

일 때, 합성함수 $A \circ F: D^n \to D^n$는 미분가능이지만 고정점을 갖지 않는다. 하지만 이것은 가정 (2)에 모순이다. ■

[정리 7.2.7]과 [보조정리 7.2.8]에 의해, 다음과 같은 형태의 브라우어 부동점정리가 성립한다. 정리의 증명은 자명하여 생략한다.

따름정리 7.2.9 (브라우어 부동점정리, Brouwer fixed point theorem)

$D^n \subset \mathbb{R}^n$, $n \geq 1$이 중심이 원점이고 반지름이 1인 n차원 닫힌공일 때, 모든 미분가능인 함수 $F: D^n \to D^n$는 항상 고정점을 갖는다.

▶▶ 연습문제 7.2

1. 미분다양체 M과 부분공간 $A \subset M$에 대하여, $r|_A = Id_A$를 만족하는 미분가능인 함수 $r : M \to A$를 **변형수축함수**(deformation retraction)라 한다. 이때 다음 물음에 답하라.

 (1) 변형수축함수 $r : M \to A$이 존재할 때, $H^*_{DR}(A) \cong H^*_{DR}(M)$임을 증명하라.

 (2) 임의의 자연수 $n \geq 1$에 대하여 다음과 같이 정의된 함수

$$r : \mathbb{R}^n - \{0\} \to S^{n-1},\ r(x) = \frac{x}{\|x\|}$$

 가 변형수축함수임을 보여라.

 (3) M이 2차원 뫼비우스 띠일 때, $H^*_{DR}(M)$을 계산하라.

2. 임의의 점 $p \in \mathbb{R}^n$에 대하여 $H_{DR}(\mathbb{R}^n - \{p\})$을 계산하라.

3. $H^*_{DR}(S^1 \times \mathbb{R}^n)$를 계산하라.

4. [예제 7.1.9]의 기호를 이용할 때, 다음 물음에 답하라.

 (1) $\int_{T^2} \alpha_1 \wedge \alpha_2 = 1$을 이용하여 $[\alpha_1 \wedge \alpha_2]$가 $H^2_{DR}(T^2)$의 기저임을 보여라.

 (2) $T^2 \doteq S^1 \times S^1$이고

$$H^1_{DR}(T^2) \cong H^1(T^2, \mathbb{R}) \cong H^1(S^1, \mathbb{R}) \oplus H^1(S^1, \mathbb{R})$$

 임을 이용하여 $\dim H^1_{DR}(T^2) = 2$임을 보여라.

 (3) 두 매개함수

$$c_1 : [0,1] \to T^2,\ c_1(t) = [(t,0)],$$
$$c_2 : [0,1] \to T^2,\ c_2(t) = [(0,t)]$$

 에 대하여, $\int_{c_i} \alpha_j = \delta_{ij}$을 이용하여 $[\alpha_1], [\alpha_2]$가 $H^1_{DR}(T^2)$의 기저임을 보여라.

 (4) 코호몰로지 벡터공간 $H^*_{DR}(T^2)$의 기저가 $1, [\alpha_1], [\alpha_2], [\alpha_1 \wedge \alpha_2]$로 주어짐을 증명하라.

5. 다음이 성립함을 보여라.

$$H_{DR}^k(S^2) \cong \begin{cases} \mathbb{R}, & k=0,2, \\ 0 & , k=1 \end{cases}$$

6. 다음 물음에 답하라.

(1) $j: S^2 \to T^n$, $n \geq 2$가 매장사상일 때, [예제 7.1.9]의 기호를 이용하여 $\alpha \in \Omega^1(S^2)$를 다음과 같이 정의하자.

$$\alpha = j^* \alpha_1 + j^* \alpha_2 + \cdots + j^* \alpha_n$$

이때 $\alpha = df$를 만족하는 미분가능인 함수 $f: S^2 \to \mathbb{R}$가 존재함을 보여라.

(2) 위의 (1)에서 정의된 함수 $f: S^2 \to \mathbb{R}$의 임계점이 존재함을 보여라.

(3) 위의 (1)에서 정의된 1차 미분형식 α가 0이 되는 점이 S^2에 존재함을 보여라.

(4) $\beta = \alpha_1 + \alpha_2 + \cdots + \alpha_n \in \Omega^1(T^n)$일 때, β는 T^n 상에서 0이 되는 점이 없음을 보여라.

(5) S^2가 T^n의 매장된 부분다양체가 될 수 없음을 보여라.

(6) 임의의 자연수 $n \geq k \geq 2$에 대하여, S^k가 T^n의 매장된 부분다양체가 될 수 없음을 보여라.

(7) 임의의 자연수 $k_1, k_2, \ldots, k_l$에 대하여

$$n \geq k_1 + k_2 + \cdots + k_l, \;\; k_1 k_2 \cdots k_l \geq 2$$

일 때, $S^{k_1} \times S^{k_2} \times \cdots \times S^{k_l}$가 T^n의 매장된 부분다양체가 될 수 없음을 보여라.

(8) 임의의 자연수 $n \geq k \geq 2$에 대하여, $H_{DR}^1(M^k) = 0$을 만족하는 k차원 컴팩트 미분다양체 M^k은 T^n의 매장된 부분다양체가 될 수 없음을 보여라.

7. [보조정리 7.2.8]에서 정의한 함수 $r: D^n \to D^n$을 구체적인 수식으로 표현하여 r이 미분가능임을 확인하라.

▶▶ 참고문헌

[1] W. M. Boothby, *An Introduction to Differentiable Manifolds and Riemannian Geometry*, Academic Press, New York, 1954.

[2] R. Bott and L. W. Tu, *Differential Forms in Algebraic Topology*, Springer, 1982.

[3] M. P. do Carmo, *Differential Geometry of Curves and Surfaces*, Prentice Hall, New Jersey, 1976.

[4] M. P. do Carmo, *Differential Forms and Applications*, Springer, New York, 1994.

[5] J. Milnor, *Morse Theory*, Princeton Press, 1963.

[6] B. O' Neill, *Elementary Differential Geometry*, Academic Press, Revised second edition, London, 2006.

[7] L. W. Tu, *An Introduction to Manifolds*, second edition, Springer, New York, 2011.

[8] M. Spivak, *A Comprehensive Introduction to Differentiable Geometry*, Vol. 1, Publish or Perish, Berkeley, 1999.

[9] F. Warner, *Foundations of Differentiable Manifolds and Lie Groups*, Springer, New York, 1986.

[10] 김진홍, **기하학개론**, 교우사, 2017.

[11] 김진홍, **미분기하학개론**, 경문사, 2018.

[12] 김진홍, **위상수학 개론**, 경문사, 2019.

김진홍

- ▷ 조선대학교 수학교육과 교수
- ▷ University of California at Berkeley 수학과 이학박사
- ▷ 서울대학교 수학과 이학석사
- ▷ 서울대학교 수학교육과 이학사

미분다양체론 입문

초판발행 2020년 8월 10일
초판 2쇄 발행 2023년 6월 20일

지은이 김진홍
펴낸이 오판근
펴낸곳 (주) 교우
주 소 서울시 동대문구 약령시로 8 교우빌딩 2층 (주)교우
전 화 02-925-2861 / **팩 스** 02-925-2860. **편집부** 02-925-2825
홈페이지&북스토어 www.kyowoo.co.kr / **이메일** kyowoo@kyowoo.co.kr

등 록 1994년 3월 24일 제1994-000013호
ISBN 979-11-251-0320-2 (93410)

Published by Kyowoo Co., Ltd. Printed in Korea

값 20,000원

교우미디어는 (주) 교우의 Imprint 사입니다.
수학정원·과학정원은 (주) 교우의 새로운 브랜드명입니다.